高等教育规划教材

操作系统原理及应用（Linux）

汪杭军　主编

楼吉林　张镇潮　崔坤鹏　副主编

机械工业出版社

本书讲述了操作系统的基本原理、概念和应用，涵盖了操作系统概论、进程管理、内存管理、设备管理和文件管理；同时以 Linux 系统为主线，对 Fedora 系统安装、桌面系统的使用、Linux 应用程序的安装和升级、服务器环境配置、Linux 环境下的 C 语言编程，以及 Linux 内核构建等实践内容进行了介绍；最后，以桌面虚拟化管理为例分析了 Linux 的具体应用案例。

本书既可作为高等学校计算机相关专业本、专科的教材，也可作为非计算机专业人员深入学习操作系统理论和实践知识的教材和辅导书，同时也适合作为广大学生自学和考研复习的参考书使用。

本书配有授课电子课件，需要的教师可登录 www.cmpedu.com 免费注册，审核通过后下载，或联系编辑索取（QQ：2850823885，电话：010 - 88379739）。

图书在版编目（CIP）数据

操作系统原理及应用：Linux/汪杭军主编 . —北京：机械工业出版社，2016.9
高等教育规划教材
ISBN 978-7-111-54961-1

Ⅰ . ①操⋯ Ⅱ . ①汪⋯ Ⅲ . ①Linux 操作系统 – 高等学校 – 教材
Ⅳ . ①TP316. 85

中国版本图书馆 CIP 数据核字（2016）第 232787 号

机械工业出版社（北京市百万庄大街 22 号 邮政编码 100037）
策划编辑：郝建伟 责任编辑：郝建伟
责任校对：张艳霞
责任印制：李 洋

中国农业出版社印刷厂印刷

2017 年 1 月第 1 版·第 1 次印刷
184 mm × 260 mm · 14.75 印张·279 千字
0001– 3000 册
标准书号：ISBN 978-7-111-54961-1
定价：39.00 元

出 版 说 明

当前，我国正处在加快转变经济发展方式、推动产业转型升级的关键时期。为经济转型升级提供高层次人才，是高等院校最重要的历史使命和战略任务之一。高等教育要培养基础性、学术型人才，但更重要的是加大力度培养多规格、多样化的应用型、复合型人才。

为顺应高等教育迅猛发展的趋势，配合高等院校的教学改革，满足高质量高校教材的迫切需求，机械工业出版社邀请了全国多所高等院校的专家、一线教师及教务部门，通过充分的调研和讨论，针对相关课程的特点，总结教学中的实践经验，组织出版了这套"高等教育规划教材"。

本套教材具有以下特点：

1）符合高等院校各专业人才的培养目标及课程体系的设置，注重培养学生的应用能力，加大案例篇幅或实训内容，强调知识、能力与素质的综合训练。

2）针对多数学生的学习特点，采用通俗易懂的方法讲解知识，逻辑性强、层次分明、叙述准确而精炼、图文并茂，使学生可以快速掌握，学以致用。

3）凝结一线骨干教师的课程改革和教学研究成果，融合先进的教学理念，在教学内容和方法上做出创新。

4）为了体现建设"立体化"精品教材的宗旨，本套教材为主干课程配备了电子教案、学习与上机指导、习题解答、源代码或源程序、教学大纲、课程设计和毕业设计指导等资源。

5）注重教材的实用性、通用性，适合各类高等院校、高等职业学校及相关院校的教学，也可作为各类培训班教材和自学用书。

欢迎教育界的专家和老师提出宝贵的意见和建议。衷心感谢广大教育工作者和读者的支持与帮助！

机械工业出版社

前　言

操作系统是计算机系统的基本组成部分，是整个计算机系统的基础和核心。正是由于操作系统的重要地位，它已成为各大专院校计算机相关专业的一门必修课程。但是，操作系统课程本身的概念较多、内容抽象难懂，初学者要掌握它需要花费很大的心思。而作为教材，如何合理编排教学内容，将操作系统的原理和实践应用结合起来，使学习者能够融会贯通，从而在工作和生活中发挥操作系统的作用，并能够真正解决问题，这是值得人们不断努力去探讨的一件事。

在很多院校中，尤其是独立学院和高职高专院校，其操作系统的教学偏重于理论部分，而采用的大部分教材主要也是阐述操作系统的概念和原理。这些内容偏难、过于抽象，如进程管理、内存管理等，大多需要学生去想象，如果没有一个良好的编程基础，根本无从理解。与一些重点院校不同，这些院校的大部分同学对深入操作系统内部的需求不大，往往只是需要比较方便地理解操作系统的基本原理，然后能够对 Linux 操作系统的应用有更多的要求。虽然现有的一些教材中加入了关于 Linux、UNIX 或 Windows 系统的介绍，但是它们大多还是其前面理论部分的重复和延伸，或者是加入实际操作系统的源码理解，很难满足这部分大专院校和很多操作系统初学者的需求。

本书内容本着重基础、重能力、求创新、突出职业应用的总体思想，结合创新创业型高等院校的教学要求和 IT 职业的能力需求，并兼顾硕士研究生入学考试知识点，经专家组多次讨论审订修改确定。

本书主体内容基于浙江农林大学和浙江省绍兴市的《操作系统》精品课程建设，通过十几年来操作系统的教学和项目指导，在编者积累经验和资料的基础上最终整理而成。本书从实用的角度出发，充分考虑了学习者对于操作系统原理和实践应用所需要掌握的知识，内容包括：第 1 章引言，包含计算机系统的主要组成部分和原理概述，以及操作系统的概念、发展及特征等内容；第 2 章进程管理，介绍了进程的概念、状态、描述和控制、互斥和同步，以及处理器调度、线程和死锁等知识；第 3 章内存管理，介绍了分区管理、页式、段式和段页式管理方式，并讨论了虚拟存储技术；第 4 章设备管理，介绍了 I/O 的组织、设计、缓冲，以及磁盘调度、RAID 和磁盘高速缓存；第 5 章文件管理，介绍了文件的相关概念、组织结构与存取方式，文件目录管理，存储空间管理，以及文件的共享和保护问题；第 6 章 Fedora 操作系统，介绍了 Fedora 操作系统及其安装；第 7 章 Fedora 桌面系统的使用，介绍了桌面系统的常规使用、网络配置和常用命令行；第 8 章 Linux 应用程序的安装和管理，介绍了安装 Linux 系统的几种方法，包括 yum、RPM 包和源代码安装应用的问题；第 9 章 Linux 服务器环境配置，介绍了 Java、Tomcat、MySQL、Apache 和 PHP 的环境安装与配置；第 10 章 Linux 环境下 C 语言编程基础，介绍了编程工具 vi、gcc 和 gdb 的使用，以及程序查错和调试的方法；第 11 章构建 Linux 内核，介绍了如何从源代码开始配置和编译 Linux 内核，以及引导加载设置；第 12 章以桌面虚拟化管理为例，介绍了 Linux 虚拟化技术，以及通过 oVirt 虚拟化管理平台的应用。全书深浅适度，安排系统、合理。

本书包括了操作系统的实践应用的各个方面，实用性很强，可作为高等学校计算机相关专业本、专科教材，也可作为非计算机专业的人员深入学习操作系统理论和实践知识的教材和辅导书，同时也适合广大学生自学和考研复习使用，另外，对于 Linux 系统和网络管理人员而言，本书也是一本很好的参考书。

本书计划讲课学时为 72 学时，不同的学校和专业可根据需要删去或略讲书中的某些章节。

本书第 1、2、8、10 章由汪杭军编写，第 3、4、6、9 章由楼吉林编写，第 5、7 章由崔坤鹏编写，第 11、12 章由张镇潮和张八一编写，全书由汪杭军统稿。

由于时间仓促，加上作者水平有限，教学需要不断更新完善，书中难免存在一些错误或不妥之处，恳请广大读者谅解。也欢迎对本书内容提出批评和修改建议，对此将不胜感激。如有需要请联系编者（Email：whj@ zafu. edu. cn）。

编　者

目　　录

第1章 引言：计算机系统和操作系统概述

本章的目的是为本书的其他部分提供操作系统的相关背景知识，包括计算机系统结构和操作系统核心中的基本概念。

第一节计算机系统概述是对计算机系统中的处理器、中断、存储器和输入/输出的简要介绍。为了更好地理解操作系统的功能及原理，掌握计算机组织与系统结构是非常重要的，这是由操作系统的地位决定的：它的一边是应用程序、实用程序和用户，而另一边则是计算机硬件。

第二节操作系统概述是关于操作系统的一个简要大纲，以便初学者能对操作系统涉及的众多领域有一个粗略的了解，包括操作系统的概念和功能，操作系统的历史发展，操作系统采用的体系结构，以及现代操作系统的重要特征。

1.1 计算机系统概述

本书假定读者已经学习过计算机系统硬件的相关知识。本节将对操作系统中，特别是本书后面内容相关的计算机系统硬件内容进行简要概述。掌握这些底层的计算机系统硬件知识对于理解操作系统的原理、功能和设计是很重要的。

1.1.1 计算机的基本组成

大家知道，一个完整的计算机系统包括硬件系统和软件系统两大部分。这里所讨论的是计算机硬件系统。通常，人们把不装备任何软件的计算机称为硬件计算机或裸机。

计算机硬件的基本功能是接受计算机程序的控制来实现数据输入、运算和数据输出等一系列根本性的操作。目前计算机的基本硬件结构一直沿袭着传统的冯·诺伊曼框架，即由运算器、控制器、存储器、输入设备和输出设备五大部件构成。

1. 运算器

运算器是计算机中执行各种算术和逻辑运算操作的部件，其基本操作包括加、减、乘、除四则运算，与、或、非、异或等逻辑操作，以及移位、比较和传送等操作，也称算术逻辑单元（Arithmetic Logic Unit，ALU）。

2. 控制器

控制器是指挥计算机的各个部件按照指令的功能要求协调工作的部件，它本身不具有运算功能，而是通过读取各种指令，并对其进行翻译和分析，而后对各部件做出相应的控制。它主要由指令寄存器、译码器、程序计数器和操作控制器等组成。

3. 存储器

存储器是计算机的记忆和存储部件，用来存放信息，包括程序和数据，并根据控制命令提供这些数据和程序。计算机存储器可分为两部分：一个是包含在计算机主机中的内存储器

（或称为内存、主存），它直接和运算器、控制器交换数据，用于存放正在处理的数据或正在运行的程序；另一个是外存储器，又称为辅助存储器，它间接和运算器、控制器交换数据，用来存放暂时不用的数据。

4. 输入/输出设备

输入设备是外界向计算机传送信息的装置，它负责把用户的信息（包括程序和数据）输入到计算机中；而输出设备负责将计算机中的信息（包括程序和数据）传送到外部媒介，并转化成某种为人们所认识的表示形式，供用户查看或保存。常用的输入设备有键盘、鼠标、扫描仪、音频输入设备和视频输入设备等，常用的输出设备有显示器、打印机等。

📖 中央处理器，或简称处理器（Central Processing Unit，CPU），是计算机系统的核心，由运算器和控制器两个部件组成。CPU 是计算机的心脏，其品质的高低直接决定了计算机系统的档次。CPU 的主要性能指标有两个：字长和主频。

系统总线（System Bus）用来连接计算机各功能部件（包括处理器、内存和输入/输出模块），使它们构成一个完整的微机系统。系统总线上传送的信息包括数据信息、地址信息和控制信息，因此，系统总线包含三种功能的总线，即数据总线 DB（Data Bus）、地址总线 AB（Address Bus）和控制总线 CB（Control Bus）。

1.1.2 处理器寄存器和指令执行

1. 寄存器

寄存器（Register）是中央处理器内拥有有限存储容量的高速存储部件，可用来暂存指令、数据和地址。一般在 CPU 中至少包含六类寄存器：数据寄存器（DR）、指令寄存器（IR）、程序计数器（PC）、地址寄存器（AR）、累加寄存器（AC）和程序状态字寄存器（PSW）。

（1）数据寄存器

数据寄存器（Data Register，DR），又称存储器缓冲寄存器（MBR），其主要功能是作为 CPU 和主存、外设之间信息传输的中转站，用以弥补 CPU 和主存、外设之间操作速度上的差异。

数据寄存器用来暂时存放由主存储器读出的一条指令或一个数据字；反之，当向主存存入一条指令或一个数据字时，也将它们暂时存放在数据寄存器中。

（2）指令寄存器

指令寄存器（Instruction Register，IR）用来保存当前正在执行的一条指令。当执行一条指令时，首先把该指令从主存读取到数据寄存器中，然后再传送至指令寄存器。

（3）程序计数器

程序计数器（Program Counter，PC）用来指出下一条指令在主存中的地址。在程序执行之前，首先必须将程序的首地址，即程序第一条指令所在主存单元的地址送入 PC，因此 PC 的内容即是从主存提取的第一条指令的地址。

当执行指令时，CPU 能自动递增 PC 的内容，使其始终保存将要执行的下一条指令的主存地址，为读取下一条指令做好准备。

但是，当遇到转移指令时，下一条指令的地址将由转移指令的地址码字段来指定，而不是像通常那样通过顺序递增 PC 的内容来获得。

（4）地址寄存器

地址寄存器（Address Register,AR），又称存储器地址寄存器（MAR），用来保存 CPU 当前所访问的主存单元的地址。由于在主存和 CPU 之间存在操作速度上的差异，所以必须使用地址寄存器来暂时保存主存的地址信息，直到主存的存取操作完成为止。

当 CPU 和主存进行信息交换，即 CPU 向主存存入数据/指令或者从主存读出数据/指令时，都要使用地址寄存器和数据寄存器。

同样，人们通常也把外围设备与主存单元一样进行统一编址，当 CPU 和外围设备交换信息时，同样也需要使用地址寄存器和数据寄存器。

（5）累加寄存器

累加寄存器通常简称累加器（Accumulator,AC），是一个通用寄存器。其功能是：当运算器的算术逻辑单元 ALU 执行算术或逻辑运算时，为 ALU 提供一个工作区，可以为 ALU 暂时保存一个操作数或运算结果。

（6）程序状态字寄存器

程序状态字（Program Status Word,PSW）用来标识当前 CPU 的运算状态及程序的工作方式。

程序状态字寄存器用来保存由算术/逻辑指令运行或测试的结果所建立起来的各种条件码内容，如运算结果进/借位标志（C）、运算结果溢出标志（O）、运算结果为零标志（Z）、运算结果为负标志（N）和运算结果符号标志（S）等，这些标志位通常用 1 位触发器来保存。除此之外，程序状态字寄存器还用来保存中断和系统工作状态等信息，以便 CPU 和系统及时了解计算机运行状态和程序运行状态。

2. 指令执行

计算机的任何行动都需要依赖程序的指挥来完成，而程序最终都会转化成一条条能被处理器执行的指令。接下来将介绍这些指令是如何被处理器执行的。正确执行这些指令需要依赖于前面介绍的处理器内部的各种寄存器。

CPU 处理一条指令最简单的方式由两个步骤组成：处理器从存储器中读取一条指令，然后执行这条指令。这两个步骤所需的全部时间称为指令周期，由取指周期和执行周期组成。程序的执行就是不断重复取指令和执行指令的过程。不同的指令，其执行涉及的操作会有很大的不同，而且每个指令的指令周期也会有很大的差异。图 1-1 给出了一个指令周期的流程图示意，其中中断周期部分将在下一小节中进行描述。仅当机器关机、发生某些未发现的错误或者遇到与停机相关的程序指令时，程序执行才会停止。

指令包括操作码和地址码两个字段，其中操作码表示指令的操作特性与功能，并通过指令译码器（Instruction Decoder, ID）对操作码进行译码，产生指令操作所需的控制电位，并将其送到微操作控制线路上，在时序部件定时信号的作用下，产生具体的操作控制信号；地址码字段通常指定参与操

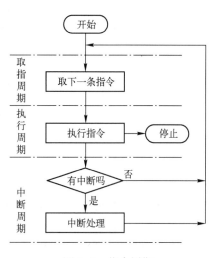

图 1-1　指令周期

作的操作数的地址。

指令的操作可分为以下 4 种类型。

1）处理器 – 存储器：数据可以从处理器传送到存储器，或者从存储器传送到处理器。

2）处理器 – I/O：数据可以输出到外部设备，或者从外部设备输入数据。

3）数据处理：执行与数据相关的算术操作或逻辑操作。

4）控制：转移操作，改变执行顺序，跳转到相应的指令地址。

然而，一条指令的执行可能涉及这 4 种操作的若干组合。不同的指令用操作码字段的不同编码来表示，每一种编码代表一种指令。组成操作码字段的位数一般取决于计算机指令系统的规模。例如，一个指令系统只有 8 条指令，则有 3 位操作码足够；如果有 32 条指令，那么就需要 5 位操作码。

在每个指令周期开始时，处理器根据程序计数器（Program Counter，PC）的指令地址，从存储器中读取一条指令，放置在处理器的指令寄存器（Instruction Register，IR）中。然后，处理器在一般情况下递增 PC，使得它能够按顺序取得下一条指令（即位于下一个存储器地址的指令）。

下面通过一个实例（将两个内存单元中的数相加后存入其中一个单元中）来具体说明指令是如何在处理器中执行的。

考虑一台 16 位简化计算机，其指令和数据均为 16 位。其中 16 位的指令格式中前 6 位是操作码，后 10 位是地址。这样这台计算机最多可表示 $2^6 = 64$ 种不同操作；可直接访问的存储器最大为 $2^{10} = 1024 = 1$ K。该计算机的特征如图 1-2 所示。

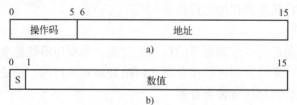

序号	操作码（二进制）	功能
1	000001	从存储器中加载 AC
2	000010	把 AC 的内容存储到存储器中
3	000011	从存储器中加到 AC 中
4	000100	从 AC 中减去指定字的内容
5	000101	从 I/O 中载入 AC
6	000110	把 AC 保存到 I/O 中

c）

图 1-2　一台简化计算机的特征

a）指令格式　b）整数格式　c）操作码列表（部分）

程序实现 1975 与 2004 两个数相加，这两个数首先已分别存入地址为 398H 和 399H 的存储器单元中（转换为十六进制分别为 07B7 和 07D4），最后将运算结果存入地址 399H 中。该程序由 3 条指令 0798H、0F99 和 0B99 组成，并存入地址为 1F4H 开始的 3 个存储单元中。假设程序计数器 PC 初值为地址 1F4H，即处理器将在地址为 1F4H 的存储单元处读取指令，在随后的指令周期中，它将从地址为 1F5H、1F6H 等存储单元处读取指令。计算机初始状态如图 1-3 所示，图中的数据均以十六进制表示。

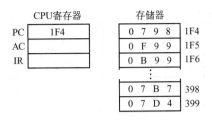

图 1-3 计算机初始状态

图 1-4 显示了执行第一条指令的状态。取指阶段，由 PC 指出的存储器 1F4 中取一条指令 0798 到 IR 寄存器中，然后 PC 自动增 1；执行阶段，对 IR 中的指令进行译码，得到 0000011110011000B，前 6 位为操作码 000001B，查操作码列表得到为"从存储器中加载 AC"，存储器地址由后面的 10 位确定，即 1110011000B＝398H。于是执行该指令后，AC 中的值被设置为从 398H 存储器中获得的 07B7H。

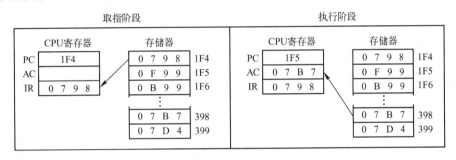

图 1-4 第一条指令执行状态

图 1-5 显示了执行第二条指令的状态。取指阶段，从 1F5 中取出指令 0F99 到 IR 中，然后 PC 增 1；执行阶段，指令译码为 0000111110011001B，操作码为 000011B，即为"从存储器中加到 AC 中"，其中存储器地址为后 10 位，即 1110011001B＝399H。于是该指令执行为：将 AC 中的值（07B7）与存储器 399H 中内容（07D4）相加后再存入 AC 中（0F8B）。

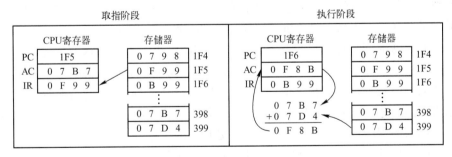

图 1-5 第二条指令执行状态

图 1-6 显示了执行第三条指令的状态。取指阶段，从 1F6 中取出指令 0B99 到 IR 中，然后 PC 增 1；执行阶段，指令译码为 0000101110011001B，操作码为 000010B，即"把 AC 的内容存储到存储器中"，其中存储器地址为后 10 位，即 1110011001B＝399H。于是该指令执行后，将 AC 中的值（0F8B）存储到 399H 的存储器单元中。

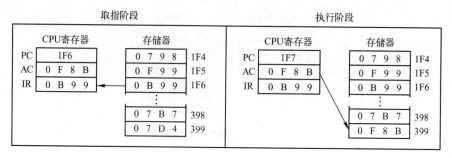

图1-6　第三条指令执行状态

1.1.3　中断

中断是计算机中的一个十分重要的概念，在操作系统中都要采用中断技术。对于一个运行在计算机上的操作系统而言，缺少了中断机制，将是不可想象的。

中断（Interrupt）是指处理器接收到来自硬件或软件的信号，提示发生了某个事件，应该立即去处理。根据信号来源的不同，中断分硬件中断(信号来自硬件) 和软件中断(信号来自软件) 两种。常见的硬件中断有时钟中断、I/O 中断和硬件故障中断等；软件中断通常是一些程序性事故，如算术溢出、非法操作码、地址越界和除法非法等。

中断机制为计算机的硬件设备和软件提供了一种交流的途径。举一个日常生活中的例子来说明。假如你正在看一本书，这时手机来电了，你放下书，去接电话；通完电话后，从刚才的内容继续接着阅读。这里手机发出的信号可看作"中断请求"，它使你暂时中止当前的工作（阅读），而去处理更为急需处理的事情（接电话），这个过程可看作"中断响应"，而接电话的过程就是"中断处理"；把急需处理的事情处理完毕，再回头来继续做原来的事情。

然而中断最初的目的是为了提高处理器效率。再来看一个例子，假如有客人某天要来拜访你，但不确定具体时间，而且客人也不知你所在的具体位置。这样你只能在小区大门或在马路边等待，于是这段时间你什么事情也干不了。有了手机后，你就不必在门口等待而是可以去做其他的工作，客人来了打手机通知你。你这时才中断你的工作去到指定地点，这样就避免了等待和浪费时间。计算机也是一样，例如打印输出，CPU 传送数据的速度高，而打印机打印的速度低，如果不采用中断技术，CPU 将经常处于等待状态，效率极低。而采用了中断方式后，CPU 就可以进行其他的工作，只在打印机缓冲区中的当前内容打印完毕发出中断请求之后，才予以响应，暂时中断当前工作转去执行向缓冲区传送数据，传送完成后又返回执行原来的程序。这样就极大地提高了处理器的工作效率。

利用中断，处理器可以在 I/O 操作的执行过程中执行其他指令。这种 I/O 操作和用户程序的执行是并发的。当外部设备完成 I/O 操作后，给处理器发送一个中断请求信号。处理器做出中断响应，暂停当前程序的处理，转去处理 I/O 设备程序，称为中断处理程序（interrupt handler）。在对该设备的服务响应处理完成后，处理器恢复原程序的执行。从用户程序的角度看，中断虽然打断了程序的正常执行，但是中断处理完成后，又恢复了执行。这个中断及中断的处理过程示例如图 1-7 所示，在处理器执行用户程序指令 i 处发生中断，经过以下一些过程。

6

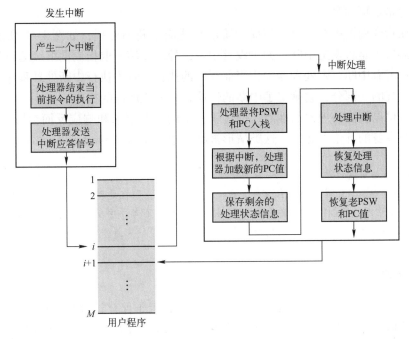

图 1-7　中断转移及中断处理

1）设备给处理器发出一个中断信号。

2）处理器结束当前指令的执行，然后响应中断。

3）处理器对中断进行确认，并向该设备发送中断应答信号。

4）处理器在把控制权转移到中断程序前需要保护现场，即保存断点和寄存器信息。至少包括程序状态字 PSW 和程序计数器 PC，它们被压入系统栈（内存中属于操作系统空间的一块区域，用于保存中断现场和操作系统子程序间相互调用的参数、返回值、返回点及子程序的局部变量）。

5）处理器把响应此中断的中断处理程序入口地址装入程序计数器 PC 中，并进入下一个指令周期，即控制被转移到中断处理程序。中断处理程序继续执行以下操作。

6）保存其他有关正在执行程序的状态信息，特别是处理器寄存器内容（中断处理程序可能会用到这些寄存器，从而破坏这些寄存器原有的内容，会引起返回断点后原程序出错）。其他还必须保存的状态信息将在第 2 章的进程内容中进行描述。

7）中断处理程序开始处理中断，其中包括检查与 I/O 操作相关的状态信息或其他引起中断的事件，还有可能包括给 I/O 设备发送附加命令或应答等。

8）当中断处理结束后，被保存的寄存器值等状态信息从系统栈中释放并恢复。

9）从系统栈中恢复 PSW 和 PC，下一条要执行的指令来自被中断的程序，从而使中断处理程序完成后，处理器在中断点恢复对用户程序的执行。

从中断的处理过程可以看到，用户程序并不需要为中断添加任何特殊的代码，处理器和操作系统负责挂起用户程序，然后在同一个地方恢复执行。为了保证程序中断后还能正确运行，保存被中断程序的所有状态信息并在以后恢复这些信息是十分重要的。这是由于中断并不是程序调用的一个例程，它可以在任何时候发生，在用户程序执行过程中的任何一点上发生，它的发生是不可预测的。

因此，在指令周期中有一个中断周期阶段来适应中断的处理，如图1-1所示。在中断周期，处理器检查是否发生中断。如果没有中断，处理器转至取指周期继续运行当前程序的下一条指令；若有中断，则处理器中止当前程序的执行，转为执行中断处理程序。中断处理程序是操作系统的一部分，它确定了中断的性质，并完成所需的操作。

中断尽管可以提高处理器的性能，但过于密集的中断请求和响应反而会影响系统性能，这是由于中断本身的开销引起的。这类情形被称为中断风暴（interrupt storm）。

📖 到这里，所讨论的都是针对发生一个中断的情况。假设存在多中断，即当处理一个中断时，可以发生另外一个或者多个中断。处理多中断有两种方法，一是禁中断，即在处理一个中断时，禁止再发生中断（挂起新发生的中断），这样所有的中断都严格按顺序处理，不考虑中断的相对优先级和时间限制的要求；二是定义中断优先级，允许高优先级的中断打断低优先级的中断处理程序的运行。

1.1.4 存储器

存储器（Memory）是计算机系统中的记忆设备，用于保存计算机中的各类信息，包括输入的原始数据、计算机程序、中间运行结果和最终运行结果等。存储器根据控制器指定的位置存入和取出信息。

由于存储器直接关系到计算机的程序和数据的保存，影响到计算机是否能正常工作，因此内存管理（Memory Management）和文件管理（File Management）都是操作系统设计中最重要、最复杂的内容。虽然计算机硬件一直在飞速发展，存储器的容量和存取速度都在不断增长，但是仍然不可能满足日益增长的用户程序和系统对存储的所有需求，所以需要了解各类存储部件，以及对这些部件的有效分配和管理，以获得更好的计算机性能。

1. 存储器分类

按用途存储器可分为主存储器（内存）和辅助存储器（外存）。外存通常是磁性介质或光盘等，能长期保存信息，属于外部设备。内存是主板上的存储部件，用来存放当前正在执行的数据和程序，负责直接与CPU交换指令和数据。广义上内存分为随机存储器（Random Access Memory，RAM）和只读存储器（Read Only Memory，ROM）。其中RAM用于暂时存放程序和数据，关闭电源或断电后，数据会丢失；ROM主要用于存储计算机中重要的信息，如主板的BIOS（基本输入/输出系统），其中保存的信息不会因为断电而丢失。为了高速地向CPU提供指令和数据，现在绝大多数的计算机都会配置高速缓冲存储器（Cache），从而加快了程序的执行速度。各类存储器如图1-8所示。

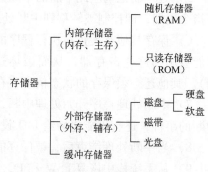

图1-8 存储器分类

2. 存储器层次结构

不同的存储器，其价格、存储容量和存取时间是不一样的。越靠近CPU的存储，存取时间越短、存储容量越小、成本越高。在现有技术条件下，任何一种存储装置，都无法同时从时间、容量与价格这几个方面满足用户的需求。实际上它们组成了一个存取速度由快到慢、容量由小到大、成本由高到低的存储层次结构。而存储管理要解决的关键问题之一就是如何让更多最近要访问的数据存储在容量较小的较高层。图 1-9 所示为存储器的层次结构，越往上层次越高。

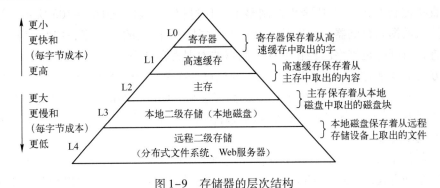

图 1-9　存储器的层次结构

3. 局部性原理

随着 CPU 的发展，CPU 与内存和磁盘的差距被迅速拉大。为充分利用 CPU 性能，人们开始采用了层次的存储结构，以期在存取时间、容量和成本上取得更优的存储性能。

采用层次存储结构能提升性能的原因是程序的局部性原理（Principle of Locality）。程序的局部性原理是指程序在执行时呈现出局部性规律，即在一段时间内，整个程序的执行仅限于程序中的某一部分。相应地，执行所访问的存储空间也局限于某个内存区域。局部性原理又表现为时间局部性和空间局部性。时间局部性是指如果程序中的某条指令一旦被执行，则不久之后该指令可能再次被执行；空间局部性是指一旦程序访问了某个存储单元，则不久之后，其附近的存储单元也将被访问。

局部性原理表明 CPU 访问存储器时，无论是存取指令还是存取数据，所访问的存储单元都趋于聚集在一个较小的连续区域中。这是由于程序循环、堆栈和数组等原因造成的。例如，下面的一段 C 程序代码，实现的是计算数组和的函数功能。

```
int sumarray(int arr[N])
{
        int i,sum = 0;
        for (i = 0;i < N;i + +)
            sum += arr[i];
        return sum;
}
```

在这个函数中，由于 for 循环重复了 N 次，sum 就会被引用 N 次，因此具有时间局部性。而数组 arr 在一段时间内被顺序访问，因此具有空间局部性。

1.1.5　I/O 访问方式

I/O 是输入/输出设备的简称，其中输入设备用于向计算机输入数据和信息的设备，输出设备用于将计算机中的数据或信息输出给用户。因此 I/O 是计算机与用户或其他设备通信的桥梁。

设备管理的主要任务之一是控制设备和内存或 CPU 之间的数据传送。而外围设备和内存之间的输入/输出访问方式有 4 种，下面分别进行介绍。

1. 程序直接控制方式

程序直接控制方式由 CPU 全程控制整个 I/O 过程。例如，如图 1-10a 所示，计算机从外部设备读取数据到存储器，每次读一个字的数据。对读入的每个字，CPU 对外设状态进行循环检查，直到确定该字已经在 I/O 控制器的数据寄存器中。

这种方式是最原始的工作方式，其最大的优点是简单，易于实现。但是，在 I/O 过程中，CPU 需要等待 I/O 操作的完成。由于 CPU 的高速性和 I/O 设备的低速性，致使 CPU 的绝大部分时间都处于等待 I/O 设备完成数据 I/O 的循环测试中，造成了 CPU 资源的极大浪费。

2. 中断驱动方式

为了避免程序直接控制方式在 I/O 操作期间不断检测 I/O 的完成状态，降低整个系统的性能，中断驱动方式的出现使 CPU 与 I/O 控制器能够并行工作。它的思想是能够允许 I/O 设备打断 CPU 的运行并请求服务，从而"解放"CPU，使其向 I/O 控制器发送命令后可以继续做其他工作。

如图 1-10b 所示，CPU 发出读命令，然后保存当前运行程序的上下文后转去执行其他程序。I/O 控制器从 CPU 接收一个读命令，然后从外围设备读数据。一旦数据读入到该 I/O 控制器的数据寄存器，便通过控制线给 CPU 发出一个中断信号，表示数据已准备好，然后等待 CPU 请求该数据。CPU 收到中断，保存当前正在运行程序的上下文后转去执行中断处理程序，处理该中断。这时，CPU 从 I/O 模块中读取数据，并保存在存储器中，再恢复发出 I/O 命令的程序上下文，然后继续运行。

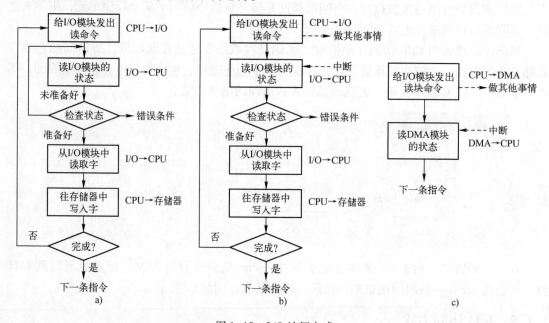

图 1-10　I/O 访问方式

a）程序直接控制方式　b）中断驱动方式　c）DMA 方式

中断驱动方式比程序直接控制方式的 CPU 效率高出很多。但是存储器与 I/O 控制器之间传输的每个字都必须经过 CPU，这会导致中断的频繁发生，仍然会消耗较多的 CPU 时间。

3. 直接存储器访问方式

直接存储器访问方式——DMA（Direct Memory Access）是一种非常高效的 I/O 控制方式，它在 I/O 设备和内存之间开辟了一条直接的数据交换通路，彻底"解放"了 CPU。DMA 的数据传输基本单位是数据块，从而比以字（节）为单位进行 I/O 的中断驱动方式更高效，进一步减少了 CPU 对 I/O 的干预。DMA 控制器将数据直接送入内存，整个数据块只有在传送开始和结束的那一刻 CPU 才会处理，其他时候 CPU 与控制器并行工作。

如图 1-10c 所示，DMA 方式的工作过程是：CPU 读写数据时，它给 I/O 控制器发出一条命令，启动 DMA 控制器，CPU 就把控制操作委托给 DMA 控制器，由该控制器负责处理，CPU 则继续其他工作。之后 DMA 控制器直接与存储器交互，传送整个数据块，每次传送一个字，这个过程无须 CPU 参与。当传送完成后，DMA 控制器发送一个中断信号给处理器。因此只有在传送开始和结束时才需要 CPU 的参与。

4. I/O 通道方式

DMA 方式比起中断方式来已经显著地减少了 CPU 的干预，即以由字为单位的干预减少到以数据块为单位的干预，但是 DMA 方式一次只能进行一个连续块的操作。为了使多个块能同时移动，创建了 I/O 通道方式，把一个数据块的传输改进为一组数据块的传输。

I/O 通道是指专门负责输入/输出的处理器。I/O 通道方式由通道程序和设备控制器共同实现。它比 DMA 方式改进的地方在于用程序增加了对 DMA 方式的控制，使多个数据块的传输能够合为一个整体，从而可以进一步减少 CPU 的干预，即把以对一个数据块的读（或写）为单位的干预，减少为以对一组数据块的读（或写）及有关的控制和管理为单位的干预。同时，实现 CPU、通道和 I/O 设备的并行工作，有效提高了整个系统的资源利用率。

例如，当 CPU 要完成一组相关的读（或写）操作及有关控制时，只需向 I/O 通道发送一条 I/O 指令，给出其所要执行的通道程序的首地址和要访问的 I/O 设备。通道接到指令后，通过执行通道程序便可完成 CPU 指定的 I/O 任务。数据传送结束时向 CPU 发出中断请求。

1.2 操作系统概述

从本节开始，将正式介绍操作系统的相关内容。这里先给出操作系统的一些简单介绍，包括操作系统的概念和功能，操作系统的历史发展，操作系统采用的体系结构，以及现代操作系统的重要特征等。

1.2.1 操作系统的概念及功能

操作系统（Operating System, OS）是控制和管理计算机硬件和软件资源，合理地组织、调度计算机工作和资源分配，方便用户和其他软件的程序集合。它是系统软件的核心，是计算机运行时必不可少的软件。

由于操作系统管理着各种计算机硬件，为应用程序提供基础，并充当计算机硬件与用户之间的中介，因此，操作系统的目标是：方便、有效和可扩充性。其中，方便是指使计算机更容易使用；有效是指能够使系统的各种资源利用率及系统性能得到提高；可扩充是指易于增加新的功能模块和修改老的功能模块。可以从用户接口、资源管理者和虚拟机 3 个角度来认识操作系统的这 3 个目标。

1. 用户接口

为了方便用户使用计算机，操作系统的首要任务就是如何向用户提供各种接口。用户正是通过操作系统提供的这些接口来使用计算机的。由于有了操作系统来处理复杂、烦琐的底层操作，人们才能方便、快捷、安全、可靠地操纵计算机硬件和运行自己的程序。操作系统提供的接口主要分为两类：一类是命令接口，用户利用 OS 提供的联机命令（语言）来完成有关的命令，直接操纵计算机；另一类是程序接口，OS 提供一组系统调用，用户通过在程序中使用这些系统调用向计算机系统提出各种服务要求。还有一种大家熟知的图形用户界面（GUI）方式，通过鼠标和键盘在图形界面上使用计算机，其实也是最终通过调用程序接口来实现的。

2. 资源管理者

用户通过操作系统使用计算机，操作系统需要有效管理计算机系统的资源，以使计算机的性能发挥最优。作为资源管理者，操作系统主要包括处理器管理、存储器管理、设备管理和文件管理 4 个方面的功能。这里仅给出概要，无须弄清楚所遇到的一些新名词，将在随后的几个章节中详细讨论其中的细节。

（1）处理器管理

在现代操作系统中，处理器的分配和运行都以进程（或线程）为基本单位，因而对处理器的管理可归结为进程管理。进程管理的主要功能有：进程控制、进程同步、进程通信、死锁处理和处理器调度等。

（2）存储器管理

存储器管理是为了方便用户使用内存，以及提高内存的利用率，主要包括内存分配、地址映射、内存保护与共享和内存扩充等。

（3）文件管理

文件管理负责管理以文件形式存在的计算机中的各类信息，包括文件存储空间的管理、目录管理，以及文件读写管理和保护等。

（4）设备管理

设备管理的主要任务是完成用户的 I/O 请求，方便用户使用各种设备，并提高设备的利用率。主要包括缓冲管理、设备分配、设备处理和虚拟设备等。

3. 虚拟机

没有任何软件的计算机称为裸机，它构成了计算机系统的硬件基础。用户要在裸机上使用计算机简直比登天还难。因此，用户实际所使用的计算机系统都是经过若干层软件改造、扩充之后的系统：裸机在最里层，它的外面是操作系统，在操作系统外面是用户应用程序等。扩充了软件的机器就是虚拟机，它比裸机功能更强，使用更方便。操作系统提供的资源管理功能和各种服务功能，将计算机打造成功能更强、使用更方便、性能更高的机器。

1.2.2 操作系统的发展

操作系统的发展和计算机硬件技术、计算机体系结构的不断发展息息相关。下面将按照无操作系统、批处理系统、分时系统和实时系统 4 个发展阶段进行讨论。这些系统在产生的时间上存在重叠和交错，并不是孤立和严格按照时间先后次序发展的。

1. 无操作系统

从第一台计算机诞生（1945 年）到 20 世纪 50 年代中期，是真空管时代，还未出现操作系统，基本属于人工操作方式。首先由操作员将卡片（或纸带）装入卡片输入机（或纸带输入机），把程序和数据输入计算机，当程序执行完毕，由用户取走卡片和计算结果后，才让下一个用户上机操作。这个阶段，用户在计算机上的所有工作都需要人工干预，如程序的装入、运行、结果的输出等。而穿孔卡片（Punch Card）成为了重要的存储工具和计算机工作流程的中心。图 1-11 显示了 IBM 穿孔卡片的生产、数据的录入和制作好的卡片。

  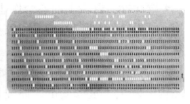

a)   b)   c)

图 1-11　穿孔卡片

a）卡片生产　b）卡片制作　c）已编码卡片

人工操作阶段有两个突出的问题：一是用户独占全机，资源利用率极其低下；二是 CPU 等待人工操作，使得 CPU 的利用率低。

2. 批处理系统

20 世纪 50 年代中期晶体管的出现，使计算机的硬件得到了快速发展。为了解决人机矛盾，以及 CPU 和 I/O 设备之间速度不匹配的矛盾，出现了批处理系统和它按发展历程又分为单道批处理系统和多道批处理系统。

（1）单道批处理系统

由于当时的计算机非常昂贵，为了减少主机的时间浪费，产生了一种称为脱机输入/输出操作的技术，它使程序和数据的输入/输出都是在外围计算机控制下完成的，或者说它们是脱离主机进行的，使主机得到了"解放"。图 1-12 给出了在 IBM 机型上的一个例子，由于输入/输出操作在廉价的外围机 IBM 1401 上实现，大大改善了主机 IBM 7094 的效率。因此，脱机输入/输出方式在一定程度上减少了 CPU 的空闲时间，并提高了主机 I/O 操作的速度。

图 1-12　脱机输入/输出操作方式

为了减少主机等待输入/输出的人工操作时间，出现了监控软件（Monitor），它自动启动输入设备，将一个个作业读入到磁带上，再将一个个作业顺序装入内存，并控制作业的运行处理，从而实现了各作业之间的自动转接，提高了系统效率。这样用户就不再直接与计算机打交道，而是将自己的作业（卡片叠或纸带）交给机房的操作员。由操作员将不同用户的多个作业按序成批地放在一个输入设备上。典型的监控软件有 IBM 7090/94 IBSYS 和 Fortran Monitor System。

由于该系统对作业的处理是成批进行的，但内存中始终保持一道作业，因此称为单道批处理系统，它的主要特点如下。

- 自动性，磁带上的各个作业自动地逐个依次运行，无须人工干预。
- 顺序性，磁带上的各个作业顺序地进入内存并完成执行。
- 单道性，监督软件每次从磁带上只调入一道程序进入内存运行。

（2）多道批处理系统

20 世纪 60 年代中期硬件开始采用集成电路，同时通道和中断的出现使得计算机在组织结构上发生了重大变革，原先以 CPU 为中心的体系结构，转变为以主存为中心。而单道批处理系统每次主机内存中仅存放一道作业，每当它运行期间发出输入/输出请求后，高速的 CPU 便处于等待低速的 I/O 完成状态。在这些背景下，多道程序设计技术应运而生，并由此形成了多道批处理系统。IBM 开发的 OS/360 MTV 就是典型的多道批处理操作系统。

多道程序设计技术是指允许内存中同时存在多个相互独立的程序，并在管理程序的控制下，它们交替在 CPU 中运行，共享系统中的各种硬、软件资源。从宏观上看，这些程序是并行运行的，多道程序同时存放在内存并先后开始了各自的运行，但都未运行完毕；从微观上看，它们又是串行的，各道程序轮流使用 CPU，交替执行。

引入多道程序设计技术的根本目的是为了提高 CPU 的利用率，它使系统的各个组成部件都尽量去"忙"，从而充分发挥计算机系统各个部件的并行性，因此现代计算机系统都采用了多道程序设计技术。为了理解多道程序设计带来的好处，首先来看一下衡量操作系统性能的 3 个指标：资源利用率、吞吐量和周转时间。

资源利用率是指在给定时间内，系统中某一资源，如 CPU、内存或外部设备等实际使用时间所占的比率。

吞吐量是指单位时间内系统所处理的信息量，它通常是以每小时或每天所处理的作业个数来度量。

周转时间是指从作业进入系统到作业退出系统所用的时间。通常使用平均周转时间，它指系统中运行的几个作业周转时间的平均值。

在单道批系统基础上采用多道程序设计技术后，就形成了多道批处理操作系统。该系统把用户提交的作业成批地送入计算机内存，然后由作业调度程序自动选择作业运行。在操作系统中引入多道程序设计技术后带来的特点如下。

1）提高了 CPU 利用率。引入多道程序设计技术后，由于内存中同时装有若干道程序，它们交替地运行。这使得正在运行的程序因 I/O 而暂停执行时，系统可调度另一个程序继续运行，从而保持 CPU 一直处于忙碌状态。而单道系统由于内存中仅有一道程序，当该程序发出 I/O 请求后，CPU 必须在其 I/O 完成后才能继续运行，期间处于空闲。

2）提高了内存和 I/O 设备利用率。为了能运行较大的作业，通常内存都具有较大的存储容量。但是实际系统中运行的绝大多数作业都是属于中小型的，因此在单道程序系统中，必定造成内存浪费的情况。类似地，对于系统中所配置的多种类型的 I/O 设备，在单道程序环境下也不能充分利用。而多道程序设计允许在内存中装入多道程序，并允许它们并发执行，这无疑会大大提高内存和 I/O 设备的利用率。

3）增加了系统吞吐量，并降低了系统的平均周转周期。由于多道程序设计技术保持了 CPU 和 I/O 设备不断忙碌，同时也必然会大幅度地提高系统的吞吐量，从而降低作业运行所需的时间，致使整个系统的作业平均周转周期降低。

下面举个例子来说明引入多道程序设计后在以上几个方面带来的变化。假设一个计算机系统有 500 KB 主存（不含操作系统）、一个磁盘和一个终端。现有 3 个作业 Job1、Job2 和 Job3 同时进入系统中，其运行所需时间分别为 20 s、14 s 和 16 s。它们对资源的具体使用情况如表 1-1 所示。

表 1-1　3 个作业的资源使用情况

作业编号	作业类型	占用内存/KB	磁盘情况	终端情况	运行时间/s
Job1	计算型	10	不占用	不占用	20
Job2	I/O 型	60	占用	不占用	14
Job3	I/O 型	30	不占用	占用	16

对于单道批处理系统，这些作业将按其进入顺序（假设为 Job1、Job2、Job3）依次执行。因此，Job1 运行 20 s 完成，Job2 等到 20 s 过后再用了 14 s 完成，而 Job3 等待 34 s 后才开始，50 s 后全部完成。按照资源利用率、吞吐量和平均周转周期的定义可以很方便地计算每一项的值，如表 1-2 所示。

表 1-2　单道系统与多道系统的性能比较

作业编号	利　用　率				总运行时间	吞吐量/(个/min)	平均周转时间/s
	CPU	内存	磁盘	终端			
单道系统	40%	6.67%	28%	32%	50 s	3.6	34.67
多道系统	100%	20%	60%	90%	20 s	9	16.67

再来看多道批处理系统的情况：3 个作业同时装入内存并运行。由于它们在运行中不同时使用同类资源（假设忽略两个 I/O 型作业 Job2 和 Job2 的 CPU 时间），这 3 个作业在 20 s 后全部完成。它的各项性能指标同如表 1-2 所示。从该表可以看到，显然单道批处理系统下所有资源都没有得到充分使用。而多道批处理系统下各项性能明显提高很多，它使多道程序共享计算机资源，从而使各种资源得到充分利用，资源利用率得到了极大提高；同时系统吞吐量大，CPU 和其他资源保持"忙碌"状态，作业的平均周转时间自然也就低了。

4）无交互性。由于多个作业一次全部加载到内存中执行，中间没有停顿直至所有的作业运行完毕，因此多道批处理系统不提供人机交互能力，用户既不能了解自己程序的运行情况，也不能控制计算机。

尽管引入多道程序设计后系统的各项性能得到极大的提高，但是系统的设计也开始变得复杂起来。这是因为多道程序设计技术的实现需要解决处理器、内存和I/O设备如何分配的问题，要解决如何组织和存放大量的程序和数据，以便用户使用的问题，另外，还要解决如何保证这些程序和数据的安全性与一致性等问题。而这些问题也是操作系统的核心问题，将从下一章开始逐步讨论这些问题。

3. 分时系统

由于批处理系统缺乏交互性，给用户带来了很大的不便。为了满足用户的需求，在多道批处理系统的基础上，由麻省理工学院（MIT）于1961年为IBM 709开发了第一个兼容分时系统（Compatible Time - Sharing System，CTSS），后又被移植到IBM 7094中。另一个分时系统的例子是目前广泛使用的UNIX。

分时系统与多道批处理系统一样，都使用了多道程序设计技术。同时，分时系统采用分时技术，使操作系统的多个用户通过终端同时共享一台主机，这些终端连接在主机上，每个用户都可以在自己的终端上操作或控制作业的完成，用户间互不干扰。因此，实现分时系统关键的问题是如何使用户能与自己的作业进行交互，即当用户在自己的终端上输入命令时，系统应能及时接收并及时处理该命令，再将结果返回用户。而分时技术恰好能够做到这一点。

分时技术把处理器的运行时间分成很短的时间片，按时间片轮流把处理器分配给各联机作业使用。若某个作业在分配给它的时间片内不能完成其计算，则该作业暂时停止运行，把处理器让给其他作业使用，等待下一轮再继续运行。由于计算机速度很快，作业运行轮转得很快，给每个用户的感觉好像是自己独占一台计算机一样。因此，从宏观上看，多用户同时工作，共享系统资源；而从微观上看，各个终端上的作业按时间片轮流交替运行，从而提高了系统资源的利用率。

多道批处理系统实现了系统性能的最大化，而分时系统是对用户的请求及时响应，并在可能的条件下尽量提高系统资源的利用率。这使得分时系统具有与多道批处理系统不同的特征，其主要特征如下。

- 同时性：也称多路性，允许多个终端用户同时使用一台计算机。
- 交互性：用户能够方便地与系统进行人机对话。
- 独立性：系统中的多个用户可以彼此独立地进行操作，互不干扰，单个用户也感觉不到别人同时也在使用这台计算机。
- 及时性：用户的请求能在很短的时间内获得响应。时间片的大小和终端的数目是决定响应时间的两个主要因素。

批处理系统很好地解决了系统性能的问题，分时系统又比较好地解决了人机交互问题。但是在一些工业、航天航空和军事应用等场合，需要系统能对外部的信息在很短的规定时间内做出及时处理，否则将会造成严重后果。而分时的一个时间片远远满足不了实际应用的需求，这时实时系统应运而生。

4. 实时系统

为了满足实时控制与实时信息处理两个应用领域的需求，产生了实时系统，又称即时操作系统。与其他的操作系统相比，实时系统最大的特点就是其"实时性"，也就是说，系统能够及时响应随机发生的外部事件，并在严格的时间范围内完成对该事件的处理，而不会有较长的延时。

实时操作系统对任务完成的时间限制可以分为两种情况。

1）硬实时系统：某个任务必须绝对地在规定的时刻（或规定的时间范围内）完成，常用于实时控制系统。例如，飞机飞行、导弹发射等的自动控制时，要求计算机能尽快处理测量系统测得的数据，及时地对飞机或导弹进行控制，或将有关信息通过显示终端提供给决策人员；轧钢、石化等工业生产过程控制时，也要求计算机能及时处理由各类传感器送来的数据，然后控制相应的执行机构。

2）软实时系统：指能够接受偶尔违反时间规定，并且不会引起任何永久性的损害，主要应用于实时信息处理系统。例如，预订飞机票、查询有关航班、航线或票价等，或是银行系统、情报检索系统等，都要求计算机能对终端设备发来的服务请求及时予以回答。此类应用对响应及时性的要求稍弱于硬实时系统。

实时操作系统的主要特点是及时性和可靠性。其中及时性要求对每一个信息的接收、分析处理和发送的过程必须在严格的时间限制内完成，可靠性要求采取冗余措施，双机系统前后台工作，也包括必要的保密措施等。

1.2.3 操作系统的结构

作为复杂的、大规模的软件系统，操作系统从整体结构上需要很好地进行规划和设计，以使得其功能能够正确地执行并方便修改、不断完善。操作系统的结构随着操作系统的发展也经历了几个阶段的发展。

1. 单结构

单结构操作系统出现的早期所采用的一种方式。不同的功能归类为不同的功能块，每个功能块又相对独立，它们通过一定的方式进行联系，不同的功能块可以相互调用它们提供的服务。这样，整个操作系统就像是一个巨大的单一体，运行在系统的内核态下，为用户提供服务。

MS-DOS操作系统就是单结构系统的一个例子。它最初是由几个工程师设计并实现的，并以最少的空间提供系统的绝大部分功能。

2. 分层方法

由于单结构系统的功能块之间关系复杂，修改某一功能块将导致其他所有功能块的修改，从而导致操作系统设计开发的困难。这时一种分层的方法就产生了，它将整个操作系统分成若干个层。低层次的功能为其上一个层次的功能提供服务，而高层次的层又为更高一个层次的层提供服务，如图1-13所示。

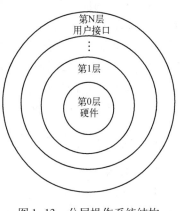

图1-13 分层操作系统结构

分层方法的优点在于简化了系统的构建和调试。每个层仅使用其下层所提供的功能和服务，从而在调试和验证时变得简单：第一层无须考虑其余的层，它是基于基本的硬件实现其功能的。当第一层调试通过后，在进行第二层的调试时，就可以假设第一层所提供的功能都是正确的。以此类推，一旦在调试某一层时发现了一个错误，就可以确定这个错误就存在于该层。

3. 微内核

由于操作系统的所有功能都在内核态下运行，而从用户态转化为内核态需要一定的时间成本，这样就造成了操作系统效率的低下。另外，内核态运行的程序可以访问所有的系统资源，随着操作系统越来越大，设计可靠和安全的操作系统将变得异常困难。因此，出现了微内核的结构来解决这个问题。

第一个微内核实现是由 Richard Rashid 在卡内基梅隆（Carnegie – Mellon）大学发展的 Mach 操作系统（http://www.cs.cmu.edu/afs/cs/project/mach/public/www/mach.html）。它的目标是建立基于消息传送（message passing）机制的最小内核，以便在此基础上建造对其他操作系统的模拟层来模拟其他操作系统的特性。

微内核的一个优点是大大提高了操作系统的兼容性，使得基于微内核的操作系统能够模拟其他操作系统的特性，从而支持许多运行于其他操作系统上的应用程序。

微内核的另一个优点是提高了操作系统的扩充性。微内核设计的一个目标就是内核只提供对操作系统绝对必要的功能，而把其他属于传统操作系统内核部分的功能留给用户态进程来实现。本质上，微内核可以被看作对传统操作系统的进一步抽象，这种抽象使得内核只提供机制，而把实现策略留给用户态进程。当新的硬件设备或软件技术出现时，只需要增加或修改用户态程序即可，而不必像传统操作系统那样必须修改内核设计。

另外，基于微内核的操作系统更容易去掉一些不必要的特性而被剪裁成一个较小的系统，从而使操作系统有较好的灵活性。在基于微内核的操作系统上，所有与处理器相关的代码都被封装在微内核中，较小的微内核体积使得操作系统有了较好的移植性。微内核系统的可靠性也较好，这是由于体积较小的内核可以得到更多的测试。同时，一些属于传统操作系统内核部分的功能由服务程序实现，一旦发生故障不至于导致整个系统的崩溃。最后，由于微内核基于消息传送机制，它更容易支持网络通信。

但是，随着系统功能的过度增长，微内核的性能也将降低。Windows NT 就是一个很好的例子。Windows NT 刚发布的时候有一层微内核，然而它的性能与 Windows 95 相比表现较差。于是，Windows NT 4.0 将一些服务由用户空间移入内核空间来解决性能的问题。

4. 模块化方法

当前最好的操作系统设计方法之一就是使用面向对象技术创建模块化内核。Linux 是采用模块化结构的系统之一，它由一些不同功能的结构模块集合组成，每一个模块实现一个特定的功能，如调度、文件系统和设备驱动等，并且这些模块可以根据需要自动进行加载和卸载。本质上，一个模块就是内核在运行时可以链接或断开链接的一个对象文件。

这样的设计使内核在提供核心服务的同时，也能动态实现特定的服务。可加载模块的动态链接特征简化了任务配置，节省了内核占用的空间。

1.2.4 现代操作系统的基本特征

1. 并发性

并发（Concurrency）是指在某一段时间间隔内，宏观上有多个程序在同时运行的状态。在计算机科学与技术中，容易与之混淆的另一个概念是并行。并行是指在同一时刻计算机内有多个程序均在执行，这也是多 CPU 系统中才有的概念。在单处理系统中，每一时刻只能有一个程序被执行，因此微观上这些程序是串行地、交错地运行着，它是并发的。只不过是程序交替执行的时间片很小，而计算机的计算速度又非常快，人们感觉不到程序的中止过程罢了。

2. 共享性

共享（Sharing）是指多个用户或程序共享操作系统中的软、硬件资源。共享可以提高各种系统资源的使用效率。

由于共享资源属性的不同，产生了不同的共享方式。

1）互斥共享方式：一段时间内只允许一个程序访问资源。互斥共享的设备有打印机、磁带机和绘图仪等，这些设备不允许两个程序同时访问。只有当一个程序使用完并释放了该资源后，才允许其他的程序访问。

2）同时访问方式：允许一段时间内有多个程序同时对它们进行访问。有些快速设备，如磁盘，尽管也只能让多个程序串行访问，但由于程序访问和释放该资源的时间极短，在宏观上可以看成是同时共享。另外，只读数据和数据结构、只读的文件和可执行文件等软件资源也可同时共享。

共享性和并发性相依相存，有一定的依赖关系，它们是操作系统最基本的两个特征。

3. 虚拟性

虚拟性（Virtuality）是指通过某种技术把一个物理实体变为若干逻辑上的对应物。操作系统就是一个虚拟机，它是物理机（裸机）的虚拟，通过抽象计算机软、硬件资源为用户的使用提供方便。例如，将数据抽象为文件，方便存取；将设备抽象为驱动程序驱动的虚拟设备，提供统一接口，方便程序员编程。

另外，操作系统也用到了很多虚拟技术来改善系统的性能。例如，虚拟存储是为了提高内存利用率，在内存中部分装入程序，其余的部分放在虚拟内存，也就是硬盘的一部分中。SPOOLING 技术则是为了减少等待和请求的重复申请，允许硬件设备虚拟为多台虚拟设备，实现脱机工作的方式。

4. 异步性

异步性（Asynchronism）是指系统中的多个程序以不可预知的速度向前推进。内存中的每个程序何时执行，何时暂停，以怎样的速度向前推进，以及每个程序总共需要多少时间才能完成等，都是不可预知的。

由于系统中的处理器资源往往是稀缺的，因此程序不可能一气呵成，而是以走走停停的方式运行的。

1.3　思考与练习

1. 计算机由哪些部件组成？
2. CPU 中有哪些主要的寄存器，它们的功能或作用是什么？
3. 什么是指令周期？
4. 什么是中断？为什么要使用中断？

5. 常见的外部存储器有哪些？

6. 请描述一下程序局部性原理。

7. I/O 访问方式有哪些？各有什么特点？

8. 什么是多道程序设计？为什么要引入多道程序设计技术？

9. 衡量操作系统的性能指标有哪些？分别代表什么概念？

10. 常用的操作系统类型有哪些？

11. 现代操作系统的基本特征是什么？

第2章　进程管理

进程是正在执行的程序。进程完成其任务需要一定的资源，如 CPU 时间、内存、文件及 I/O 等。当进程创建或执行时，这些资源就分配给了进程。操作系统最基本的任务就是进程管理。

尽管传统的进程只有一个线程，但是现代操作系统都支持进程拥有多个线程。操作系统需要负责进程和线程的管理，以及它们之间的关联活动，包括创建和注销、调度、互斥和同步、通信和死锁等。

2.1　进程的概念及其特性

进程是现代操作系统中最重要的概念之一。只有掌握并深刻理解了进程，才能真正领会操作系统的管理精髓。本节首先介绍进程的定义及其特性。

2.1.1　进程的定义

现代操作系统中引入了多道程序设计技术，系统中的软硬件资源不再为某个用户程序所独占，而是为若干程序共同使用。由于多个程序在系统中共享资源产生了新的特征，且已不能由"程序"这个概念来描述，对此，MIT 在 20 世纪 60 年代初期开发的 MULTICS 系统中首先引入了"进程"（process）这一概念。

进程是一个十分重要的概念，但是却没有一个公认的统一的定义。为了理解的需要，这里给出一个基本的定义如下：进程是程序在一个数据集合上的运行过程，是系统进行资源分配和调度的一个独立单位。

进程和程序既有联系，又有区别。程序是静止的，而进程是程序的一次动态执行过程。同一个程序可以在同一系统中多次执行，对应多个不同的独立进程。

2.1.2　进程的特性

从进程的定义和上面的说明中可以看到，进程与程序是两个截然不同的概念。为了适应多道程序设计的需要而引入的进程具有以下几个基本特性。

1）动态性：进程是程序的一次执行过程，它有创建和消亡，有一定的生命周期，不同的时刻处于不同的状态，有活动和停顿。

2）并发性：多个进程实体同存于内存中，并能在一段时间内都得到执行，即一个进程的程序与其他进程的程序并发执行了。并发执行在微观上不是同时执行的，只是把时间分成若干段，使多个进程快速交替执行，从宏观上来看，好像是这些进程都在执行而已。而与之比较容易混淆的另一个概念"并行执行"则是无论从微观还是宏观上，二者都是一起执行的，它需要多个 CPU 的支持。

3）独立性：进程实体是一个能独立运行的基本单位，同时也是系统中独立获得资源和独立调度的基本单位。

4）异步性：并发着的各个进程按各自独立的、不可预知的速度向前推进，即进程按异步方式运行，这造成了进程间的相互制约，使程序执行失去封闭性和再现性。

5）结构特征：进程是由程序段、数据段及进程控制块等部分组成的一个实体，也称进程映像。其中程序规定了该进程所有的执行任务，数据是程序操作的对象，而进程控制块含有进程的描述信息和控制信息，是进程中最关键的组成部分。

2.2 进程状态

人有生命周期，通常经历幼儿、少年、青年、中年和老年等阶段。进程的生命周期也反映了进程可能处于不同的状态，并不断地从一种状态向另一种状态转换。从进程的生命周期出发，可以获得进程在内存中的所有活动和规律。

操作系统中进程的状态有多种，这些状态的设置和规定与实际操作系统设计有关。下面分别介绍几种典型的状态模型，包括两状态进程模型、五状态进程模型和具有挂起状态的进程模型。

2.2.1 两状态进程模型

进程具有动态性，因系统创建而产生，因分配 CPU 而得到执行，因等待某事件而暂停执行，因执行结束而被撤销。因此，进程从创建到执行结束的过程中，一会儿执行，一会儿暂停执行，它的状态可以简单地分为两个状态：执行和未执行。

当进程获得 CPU 时，进程进入执行状态；当时间片用完或遇到其他某种事件时，进程释放 CPU，暂停执行，便处于未执行状态；当下一个时间片到达，或等待的事件发生，或其他进程执行结束时，暂停执行的进程又可以获得 CPU 进入执行状态。图 2-1a 给出了两状态进程模型示意图。

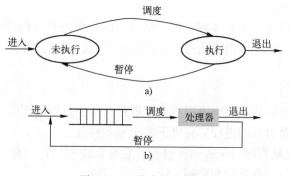

图 2-1 两状态进程模型
a）状态变迁图 b）排队图

对于单处理器系统而言，每次只有一个进程处于执行状态，而处于未执行状态的进程则可能有多个。未执行状态的这些进程需要组织成队列，并等待它们的执行时机。图 2-1b 给出了这种队列结构。被暂停执行的进程转移到队列中等待，如果进程结束或取消，则退出系统。当处理器空闲时，由分派器从队列中选择一个进程执行。

两状态进程模型将进程状态简单地分为执行和未执行，这显然不太合理，因为处在队列中的未执行状态进程可能有多种情况，例如，有些进程是等待某一事件（输入/输出），有些进程是时间片用完只等待处理器等。而 CPU 进行调度时，从队列中选择的进程就需要进行区别对待，从而降低了处理器的利用率。

2.2.2 五状态进程模型

为了提高处理器的利用率，可以将两状态转换模型中的等待进程按照等待的事件不同进行分类，组织成不同的队列。一种最方便的方法就是将等待处理器的进程分为一组，等待其他事件的进程归为一组。这样，未执行状态可细化为就绪和阻塞两种状态，此外再增加新建和退出两个已经证明很有用的状态，这样就构成了五状态进程模型，如图 2-2a 所示。当进程被创建时处于新建状态，当进程完成时处于终止状态，其余的情况，进程在就绪、执行和阻塞状态之间可能多次进行转换。因而，执行、就绪和阻塞是进程的 3 种基本状态。

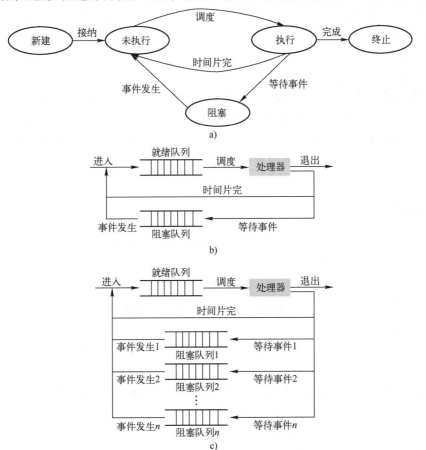

图 2-2 五状态进程模型

a）状态变迁图　b）单一阻塞队列　c）多阻塞队列

1）执行状态：指进程正在执行，在单处理器系统中，最多只有一个进程处于这个状态。

2）就绪状态：除了 CPU 资源外，进程的其他资源都已准备就绪，但 CPU 被其他进程占用而不能执行的进程。

3）阻塞状态：进程等待某事件（一般为 I/O 操作）而不能继续执行。该状态有利于提高 CPU 的利用率，并使 CPU 与数据的输入/输出操作同步进行，提高系统的吞吐量。

4）新建状态：进程刚刚创建还未进入就绪时的状态（进程控制块已创建但还没被加载到内存中），一般为了系统性能和内存局限性的需要应限制系统中的进程数量。

5）终止状态：执行状态的进程由于程序结束或遇到某种原因异常终止时的状态。终止状态的进程还在内存中，便于操作系统的管理，以及收集该进程的执行历史信息和资源使用数据等。

图 2-2a 显示了进程的不同状态转换及其原因。当系统允许增加新的进程时，系统通过接纳，将一个进程从新建状态转换到就绪状态；当处理器需要选择一个进程运行时，调度器（分派器）就从就绪队列中按一定方式选择一个进程执行（进程调度），该进程从就绪状态转到执行状态；正在执行的进程执行完成或出现越界地址访问、非法指令访问等错误时，该进程就从执行状态转到终止状态；当正在执行的进程时间片用完或有更高优先级的进程进入就绪队列时，该进程就从执行状态转到就绪状态；正在执行的进程等待某事件时，例如 I/O 操作等，该进程就从执行状态转到阻塞状态；当阻塞进程所等待的事件发生时，该进程便从阻塞状态转到就绪状态。

图 2-2b 和图 2-2c 给出了从两状态的未执行状态细分为就绪和阻塞状态后的队列模型变化情况。其中图 2-2b 为单阻塞队列，所有阻塞状态的进程均位于该队列中。当某一事件发生时，系统必须扫描整个阻塞队列，查找等待该事件的进程。为了提高系统搜索阻塞进程的效率，有些操作系统将阻塞队列根据不同的阻塞事件分为不同的阻塞队列，形成多阻塞队列，如图 2-2c 所示。

2.2.3　挂起进程模型

挂起是一种暂停进程现有活动的操作，将内存中的进程交换至外存。引入挂起的原因如下。

1）用户请求：用户发现自己的程序有可疑问题时，可通过挂起进程来调试程序。

2）父进程请求：父进程有时要求挂起自己的某个子进程，以便考查和修改该子进程，或者协调各子进程间的活动。

3）负荷调节需要：实时系统中的工作负荷较重时，可挂起一些不重要的进程，以保证系统正常运行。

4）操作系统需要：挂起某些进程，以便检查运行中的资源使用情况或进行记账。

在五状态模型的基础上，引入挂起操作后可得到七状态模型，如图 2-3 所示。这里新增加了两个状态：静止就绪和静止阻塞，表示挂起后的在外存中的就绪和阻塞状态。相对应的，在内存中的就绪和阻塞状态称为活动就绪和活动阻塞状态。

从图 2-3 中可以看到，与挂起状态有关的进程状态转换包括：活动就绪和活动阻塞状态的进程通过挂起相应地转变为静止就绪和静止阻塞，释放内存空间；通过激活，可以将处在外存中的静止就绪和静止阻塞状态进程转变为活动就绪和活动阻塞；阻塞中进程等待的事件发生时，通过释放转变为就绪状态，若进程为内存中的活动阻塞则到变换为活动就绪，若

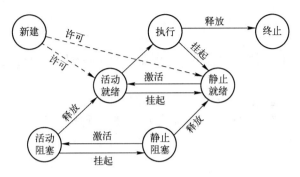

图 2-3　具有挂起的七状态进程模型

为外存中的静止阻塞则变换为静止就绪；执行中的进程若时间片用完，若有静止阻塞队列中具有较高优先级的进程转变为静止就绪时，可将该进程转变为静止就绪，释放空间，以便尽快调度到优先级高的进程。

2.3　进程描述和控制

操作系统对进程的管理需要为进程设置数据结构，并按照适当的方式将所有进程组织在一起。而系统对这些进程的管理需要对进程的整个生命周期过程进行控制，实现进程状态的转换。

2.3.1　进程描述内容

进程的运行过程通过在 CPU 上执行一系列程序和对相应的数据进行操作体现出来，程序的执行又包含一个或多个栈，用于保存函数调用和参数的传递。进程作为内存中的一种实体，对其的管理是通过进程控制块（Process Control Block，PCB）实现的，用它来描述进程的特征及控制进程运行需要的全部信息。程序、数据集合、栈和进程控制块构成了进程映像。

进程控制块是进程组成中最关键的部分。系统创建一个新进程时就为之建立了一个唯一的 PCB；当进程终止后系统回收其 PCB，进程就不复存在了。因此，PCB 也是进程存在的唯一标志，一般包括以下几部分信息。

1. 进程描述信息

进程描述信息用于唯一标识一个进程，包括进程标识符（内部标识符）、进程名和用户标识符。

2. 进程调度信息

进程调度信息用于保存与进程调度有关的信息，包括当前状态、优先级和运行统计信息等。

3. 进程控制信息

进程控制信息用于保存与进程控制相关的信息，包括进程程序段和数据段的地址、进程间同步和通信信息，以及进程的链接指针等。

4. 进程状态信息

进程状态信息用于保存当前的处理器状态信息，主要包括寄存器状态信息和用户栈指针两部分。

2.3.2 执行模式

为了区分不同类型程序执行的需要，处理器一般支持不同的执行模式。大多数处理器支持的两种执行模式如下。

1）用户模式（用户态）：用户程序通常在该模式下运行。

2）系统模式（系统态、内核态、控制态）：一般运行操作系统的内核。

采用两种模式可以保护操作系统和重要的系统数据结构（如进程控制块等）不受其他程序的干扰。在系统模式下，程序可以控制处理器及所有指令、寄存器和内存，而这些控制能力对用户程序来说既是不需要的，也是不允许的，否则系统的安全性就得不到保障。

通过模式切换可以实现系统模式和用户模式之间的相互转换。处理器程序状态字中有一位表示执行模式，当用户调用操作系统服务或中断触发系统进程执行时，执行模式被设置成系统模式，当从系统服务返回到用户进程时，执行模式被设置为用户模式。

2.3.3 进程控制操作

操作系统对进程的控制是通过操作系统内核中的一组原语完成的。原语是由若干个机器指令构成的完成某种特定功能的一段程序，具有不可分割性，即原语的执行必须是连续的，在执行过程中不允许被中断。这些原语主要包括进程的创建与撤销、挂起与激活、阻塞与唤醒等。

1. 创建与撤销

用户登录、新作业调度、操作系统提供服务和父进程请求等原因，都会使系统调用创建原语来生产新的进程。

创建一个进程一般分为以下几个步骤。

1）申请空白 PCB 分配给新进程，为新进程设置一个唯一的标识号。

2）为新进程分配空间，包括程序段、数据段及用户栈。

3）初始化 PCB，将 PCB 信息填充完整。

4）将新进程插入就绪队列，更新进程家族树。

在 Linux 中，可以通过 fork 函数来创建进程。该函数通过系统调用创建一个与原来进程几乎完全相同的进程，也就是两个进程可以做完全相同的事，但如果初始参数或者传入的变量不同，两个进程也可以做不同的事。在 fork 函数执行完毕后，如果创建新进程成功，则出现两个进程，一个是子进程，一个是父进程。在子进程中，fork 函数返回 0，在父进程中，fork 函数返回新创建子进程的进程 ID。可以通过 fork 函数返回的值来判断当前进程是子进程还是父进程。

进程的正常结束和因某些错误或故障而被迫结束时，都应由其父进程调用撤销进程原语进行撤销，释放进程占用的所有资源。撤销进程的步骤如下。

1）根据进程标识符 ID 在 PCB 表中检索得到进程 PCB，读取该进程状态。

2）若进程正处于执行状态，则停止其执行并重新调度。

3）若进程还有子孙进程，则将属于该进程的所有后代进程都进行撤销。

4）释放进程拥有的资源给父进程或系统。

在 Linux 中通过系统调用 exit 来撤销进程。

2. 挂起与激活

当出现了引起进程挂起的事件时（比如，用户进程请求将自己挂起，或父进程请求挂起某子进程），可以调用挂起原语将指定进程或一个阻塞进程挂起。进程被从内存换到外存中，其 PCB 插入相应的事件队列中。

当激活事件发生时，系统可调用激活原语将指定的进程激活，将其从外存换入内存中，并插入到相应的队列中。

在 Linux 操作系统中，可以在运行程序时按〈Ctrl + Z〉组合键，挂起程序，将程序放到后台运行；或者在运行终端命令时在最后加上"&"，使程序在后台执行，不占用终端。恢复进程执行时，有两种选择：用 fg 命令将挂起的程序放回到前台执行；用 bg 命令将挂起的程序放到后台执行。

3. 阻塞与唤醒

阻塞原语和唤醒原语是成对出现的。一般进程通过调用阻塞原语将自己阻塞，而唤醒则是由其他相关进程调用唤醒原语完成的。

引起进程阻塞与唤醒的事件包括：请求系统服务、启动某种操作、新数据尚未到达和无新工作可做。

Linux 中常用的阻塞方式有 3 种。

1）sleep 函数：将阻塞自己一段时间，时间结束后返回。

2）wait 函数：阻塞进程以等待子进程，第一个子进程结束后返回。

3）pause 函数：暂停进程，接收到信号后恢复执行。

2.3.4　进程切换

当前正在执行的进程由于时间片用完，或者等待某些 I/O 事件等原因，系统需要执行进程调度，从就绪队列中选择一个进程，将当前进程切换到该进程，从而使 CPU 继续工作。进程切换也是通过原语来完成的，属于操作系统对进程的控制。

进程切换与模式切换不同，模式切换可以不改变正在执行的进程状态，而进程切换涉及状态的变化，它比模式切换需要做更多工作。完整的进程切换步骤如下。

1）保存进程执行现场（也称进程上下文）到当前处于执行状态进程的 PCB 中，包括处理器上下文（程序计数器和其他寄存器）、程序状态字和系统控制进程所需的所有信息等。

2）根据切换原因，将该进程的 PCB 移到相应的队列（活动就绪、活动阻塞等）。

3）选择另一进程执行（进程调度）。

4）更新所选择进程的 PCB，如进程状态。

5）从所选择进程的 PCB 中恢复进程现场。

2.4　进程互斥和同步

现代操作系统中引入了多道程序设计技术，允许多个进程同时在系统内并发执行。这些进程不可避免地会竞争系统资源或相互协作共同完成一项任务。进程具有相互制约关系，如果对它们的活动不进行约束，就会使系统产生混乱。因此，操作系统对进程的并发控制对于系统的安全性和稳定性是非常必要的。

进程并发控制的关键是控制进程的同步与互斥。

2.4.1　进程交互方式

根据进程相互之间知道对方的存在程度，可将进程的交互方式分为竞争资源、共享合作和通信合作 3 种。

1. 竞争资源（互斥）

各个进程彼此之间并不知道对方的存在，逻辑上没有关系，但是可能都想访问同一个磁盘、文件或打印机等资源而产生的相互制约关系。这些资源由并发的进程进行共享，而且这些共享资源都有一个性质：一次仅允许一个进程使用。通常将这样的共享资源称为临界资源（Critical Resource），而进程中访问临界资源的那段程序则称为临界区（Critical Section）。任何时刻，只允许一个进程进入临界区，以实现进程对临界资源的互斥访问。

2. 共享合作（同步）

各个进程不知道对方的名称，但通过它们共享的对象（如某个 I/O 缓冲区）间接知道对方的存在，并相互协作共同完成一项任务。同步进程通过共享资源来协调活动，在执行时间的次序上有一定的约束。

3. 通信合作

进程直接知道对方的存在，它们通过进程 ID 相互通信，交换信息，合作完成一项工作。进程通信的方式有很多，包括消息传递、管程和共享存储区等。

2.4.2　进程互斥要求

为了保证最多只允许一个进程进入临界区，即防止两个以上的进程同时进入各自的临界区，可以在系统中设置专门的管理机制来协调这些进程。一般情况下，这些管理机制应尽量遵循以下 4 个要求。

1）空闲让进：当临界资源处于空闲状态时，允许一个请求进入临界区使用临界资源的进程立即进入临界区，从而有效地利用资源。

2）忙则等待：当已经有进程处于临界区时，意味着相应的临界资源正在被该进程访问，所以其他准备进入临界区的进程必须等待，保证临界资源的互斥访问。

3）让权等待：当进程准备进入临界区，但由于临界资源被其他进程占用而不能进入临界区时，应立即释放处理器，防止进程忙等情况。

4）有限等待：对要求访问临界资源的进程，应该保证该进程能在有效的时间内进入临界区，防止其死等状态。

2.4.3　进程互斥的实现

为了解决进程互斥进入临界区的问题，出现了不同的实现机制。早期解决进程互斥问题有软件方法和硬件方法两种，如 Dekker 算法、Peterson 算法和专用机器指令等都可以实现进程的互斥，不过它们都有一定的缺陷。后来荷兰学者 Dijkstra 提出的信号量机制更好地解决了互斥问题，还有管程、进程消息传递等方式。其中信号量方法将在 2.4.4 节中讲述，而在 2.4.5 节中将会讨论管程和消息传递方法。这里主要介绍硬件方法和软件方法。

1. 硬件方法

现代计算机提供了一些特殊指令，允许对一个字中的内容进行检测与修正，或者交换两个字的内容等来解决进程互斥管理的问题。

（1）中断屏蔽

进程切换需要依赖中断来实现，如果将中断屏蔽，就不会出现进程切换，从而可以避免多个进程同时进入临界区。因此，为了达到临界资源的互斥访问，可以在进程进入临界区之前将中断进行屏蔽，临界资源访问结束退出临界区后再打开系统中断。这样，在中断屏蔽期间，处理器不会被切换到其他进程的执行。

但是，中断屏蔽方法会使系统无法响应任何外部请求，对当前执行进程的任何异常和系统故障也不会响应，从而严重降低了处理器性能。另外，该方法仅对单处理器有效，对于多处理器系统，中断屏蔽仅对执行本指令的处理器有效，其他处理器将仍然继续运行，使得进程的互斥控制失效。

（2）专用机器指令

可以利用一些专用的机器指令，它们能在一个指令周期内执行，不受其他指令的干扰，也不会中断，从而可以解决互斥。这些专用机器指令包括 Test and Set 指令、exchange 指令，以及比较和交换指令等。下面以比较和交换指令为例来说明专用机器指令解决互斥问题的方法。

比较和交换指令定义如下。

```
int compare_and_swap(int * word,int testval,int newval)
{
  int oldval;
  oldval = * word;
  if (oldval == testval)  * word = newval;
  return oldval;
}
```

这里用测试值 testval 来检查 * word 的值，如果相等，就用 newval 取代，否则保持不变，并且该指令始终返回原 * word 的值。下面的程序给出了使用比较和交换指令实现互斥的方法。

```
int bolt;
void p(int i)
{
  while (true)
  {
      while (compare_and_swap(bolt,0,1) == 1);  /*进入区*/
      /*临界区,此处访问临界资源*/
      bolt = 0;                                 /*退出区*/
      /*程序其他剩余部分*/
  }
}
void main()
{
  bolt = 0;
  parbegin(p(1),p(2),p(3),…,p(n));
}
```

这里，主函数中的 parbegin 表示其参数给出的若干个进程（p(1)、p(2)、p(3)、…、p(n)）是并发执行的。程序中通过设置全局变量 bolt 的初值为 0，通过 while 循环中的 compare_and_swap 测试 bolt 的值，只有第一个进程发现其值为 0 才能进入临界区，其余的进程都只能忙等。当进入临界区的进程退出重置 bolt 为 0 后，此时忙等的进程中只有一个有机会再次进入临界区。

硬件方法的优点是可以保证共享变量的完整性和正确性，并且它简单、有效。但是这种方法不能满足"让权等待"要求，存在忙等的不足，从而造成处理器时间的浪费，也很难解决较复杂的进程互斥和同步问题。

2. 软件方法

软件方法既可用于单处理器，也可用于多处理器，只要这些处理器共享同一个存储区且进程对同一主存单元的访问是串行进行的即可。

由于软件方法不需要硬件、操作系统或程序设计语言的特殊支持，很多学者提出了多种解决方法。比较有代表性的软件方法有 Dekker 算法和 Peterson 算法。

（1）Dekker 算法

Dijkstra 于 1965 年在一篇论文中提出了两个进程互斥的算法，该算法由德国数学家 Dekker 设计。

（2）Peterson 算法

Dekker 算法解决了互斥问题，但是 Dekker 算法程序复杂，并且正确性也很难证明。Peterson 在 1981 年提出了改进的方法。Peterson 算法与 Dekker 算法的设计思想类似，但代码更为简洁。

软件方法试图通过一个纯粹的软件来尽可能满足互斥的准则，解决进程互斥进入临界区的问题。但是由于其过于复杂、容易出错等明显的局限性，现在已经很少再使用软件方法来实现进程的互斥。

2.4.4 信号量实现进程的同步与互斥

前一节所讨论的进程互斥方法都有可能存在以下一些问题。

1）"忙等"现象，浪费处理器时间。

2）"饥饿"现象，某些进程可能长时间不能进入临界区。

3）"死锁"现象，进程间由于互相等待对方的资源而不能再向前推进。

对此，荷兰科学家 Dijkstra 提出了一种解决同步和互斥问题的更通用也更有效的信号量方法。该方法通过结构体信号量 Semaphore 和两个原语操作 semWait、semSignal 来实现同步与互斥问题，其定义如下。

```
typedef struct semaphore
{
    int value;
    Queue queue;
} Semaphore;
```

该结构体的两个成员变量：queue 为阻塞队列，value 代表资源数，若为负数，则其绝对值为队列中阻塞的进程数，解决互斥问题时一般初值为 1。

```
void semWait(Semaphore s)
{
  if( -- s. value < 0)
  {
      将当前进程插入到队列 queue 中;
      将当前进程阻塞;
  }
}

void semSignal(Semaphore s)
{
  if( ++ s. value < = 0)
  {
      从队列 queue 中移除一个进程;
      将该进程插入到就绪队列中;
  }
}
```

semWait 原语在申请资源前执行，若 value<0 则将自己阻塞到 queue 队列；当某一进程使用完资源（或产生了资源），执行 semSignal 原语，当发现 value≤0（即阻塞队列中还有被阻塞的进程）时，从 queue 队列中挑选一个进程唤醒，将其插入到就绪队列。

📖 semWait 又称 P 操作（起源于荷兰语 Proberen，测试），或 wait、DOWN 操作；semSignal 又称 V 操作（荷兰语 Verhogen，增加），或 signal、UP 操作。

---

1. 利用信号量实现互斥
设有 n 个进程，需要互斥访问共享资源，代码如下。

```
const int n = 进程数;
semaphore s = 1;
void p( int i)
{
  while (true)
  {
      semWait(s);
      /*临界区,此处访问共享资源*/
      semSignal(s);      /*退出区*/
      /*程序其他剩余部分*/
  }
}
void main( )
{
  parbegin(p(1),p(2),p(3),…,p(n));
}
```

信号量解决互斥问题的方法是在同一进程中，设置一个信号量，在进入临界区之前执行 semWait，访问临界区之后执行 semSignal 即可。因此，互斥信号量总是在同一进程中成对出现。

2. 利用信号量实现简单同步

设有两个进程 p1 和 p2，p1 每次进行一次计算，获得的结果存入缓冲区；p2 从缓冲区取出结果，将结果打印出来。这里缓冲区只有一个，并且 p1 和 p2 进程不断重复执行相同的过程。

分析：进程 p1 和 p2 通过缓冲区实现同步，p1 负责放数据，p2 负责取数据。但是，p1 不能将数据再次放入已有数据的缓冲区，同样，p2 也不能从空的缓冲区中取数据。为了确保这两个同步关系，可设置两个信号量 s1 和 s2，分别代表缓冲区空和缓冲区满。设缓冲区刚开始为空，因此 s1、s2 的初值为 1 和 0。代码如下。

```
semaphore s1 = 1, s2 = 0;
void p1( )
{
  while (true)
  {
        //计算；
        semWait(s1);
        //将计算结果存入缓冲区
        semSignal(s2);
  }
}
void p2( )
{
  while (true)
  {
        semWait(s2);
        //从缓冲区取出结果
        semSignal(s1);
        //打印结果
  }
}
void main( )
{
  parbegin(p1, p2);
}
```

3. 生产者 – 消费者问题

生产者 – 消费者问题是并发处理中最为常见的一类问题，很多相关的问题都可以转化为这类问题进行解决。该问题描述如下：有两类进程，一类是由若干生产者组成的进程，它们生产某种类型的数据，并放置在缓冲区；另一类是若干消费者组成的进程，它们从缓冲区中读取数据进行消费。假设缓冲区的大小为 N（存储单元的个数），每次生产者或消费者均存或取一个单元的数据。

分析：两类进程需要互斥访问缓冲区，因此设置一个信号量 s 用于缓冲区的互斥；同上面的简单同步一样，生产者和消费者需要对缓冲区进行同步控制：生产者不能往满的缓冲区放数据，消费者不能从空的缓冲区中取数据。由于缓冲区的大小为 N，因此设置信号量 n 表示有数据的缓冲区个数，e 表示空的缓冲区个数；初始时，所有的缓冲区都为空。实现代码如下。

```
const int sizeofbuffer = 缓冲区大小;
semaphore s = 1,n = 0,e = sizeofbuffer;
void producer( )
{
    while (true)
    {
            //生产数据;
            semWait(e);
            semWait(s);
            //将数据存入缓冲区
            semSignal(s);
            semSignal(n);
    }
}
void consumer( )
{
    while (true)
    {
            semWait(n);
            semWait(s);
            //从缓冲区中取出一个数据
            semSignal(s);
            semSignal(e);
            //消费数据;
    }
}
void main( )
{
    parbegin(producer,consumer);
}
```

注意以下几点。

1）同步信号量 n、s 的 semWait 和 semSignal 也必须成对出现，但是在不同的进程中：生产者进程中有 semWait(e)，而 semSignal(e)出现在消费者进程中；消费者进程中有 sem-Wait(n)，而 semSignal(n)则出现在生产者进程中。

2）同一个进程中，既有同步控制，也有互斥控制，那么通常需要先进行同步控制，然后再进行互斥控制，否则会引起"死锁"。例如，生产者进程中的"semWait(n);"与"semWait(s);"的次序不能颠倒。

3）若有多个释放资源的 semSignal 操作，则对次序没有特殊的要求。

2.4.5 管程和消息传递

从上面的叙述中可以看出使用信号量实现了进程间的同步和互斥，而且效率较高。但是对信号量的操作散落在整个程序中，很难保证操作的正确性，并且对信号量的使用不当可能会导致进程死锁。

为此，出现了一种新的互斥和同步机制——管程，它是一个程序设计语言结构，提供了与信号量相同的功能，但是更容易使用和控制。管程结构在很多程序设计语言中都得到了实现，并且还作为程序库提供服务。

管程引入了面向对象的思想，它是把共享资源的数据结构，以及一组对该资源的操作和其他相关操作封装在一起所构成的软件模块。进程只能通过管程定义的接口进入管程，访问共享资源。

各个进程在执行过程中为合作完成一个共同任务需要协调和交流信息，它们通过进程通信完成。进程通信是进程间的信息交换，其中进程的互斥和同步也是一种进程通信，但因其交换的信息量少，被归结为低级通信。高级通信是可以方便、高效地交换大量信息的通信方式。高级通信方式有消息传递、共享存储器、管道文件和邮箱机制等。这里主要介绍消息传递机制。

消息传递是以消息为单位在进程间进行数据交换，它可在分布式系统、共享内存的多处理器系统和单处理器系统中实现。消息传递的核心是通过一对原语实现在进程间消息的传递。

```
send(destination, message)
receive(source, message)
```

其中一个进程用消息（message）给指定的目标（destination）进程发送消息；另一个进程通过 receive 接受 source 进程来的消息。只有当一个进程发送消息后，接收者才能收到消息。

2.5 处理器调度

CPU 是计算机中最主要的资源，只有经过处理器调度，操作系统才把 CPU 分配给合适的进程使用。调度策略决定了操作系统的类型，其算法的优劣直接影响到整个操作系统的性能。因此，调度是操作系统中非常重要的一个问题。

2.5.1 处理器调度的类型

处理器调度的目标是为满足操作系统的目标，如响应时间、吞吐率和处理器效率等，把进程分配到一个或多个处理器中执行。本书仅讨论单处理器的调度问题。

在很多系统中，根据调度的层次，可以将调度分成长程调度、中程调度和短程调度 3 种。

1. 长程调度

长程调度又称高级调度或作业调度，它决定了哪个程序可以进入系统。在批处理系统中，作业进入系统后，首先进入后备队列。长程调度从后备队列中选择一个或多个作业，为它们创建进程并放入就绪队列，如图2-4所示。

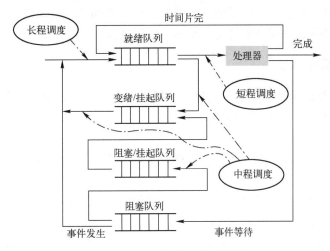

图2-4　长、中、短程调度模型

2. 中程调度

中程调度又称中级调度，它是对换功能的一部分，目的是为了提高内存的利用率和系统吞吐量。它视内存的紧张情况而变，当内存紧张时，从就绪队列或阻塞队列中选择进程从内存对换到外存上等待；当内存空闲时，再将合适的进程重新换入内存，等待进程调度，如图2-4所示。

3. 短程调度

短程调度又称低级调度或进程调度，决定就绪队列中的哪个进程获得处理器，并将处理器出让给它使用，如图2-4所示。进程调度的运行频率很高，是操作系统中最基本的一种调度。现代操作系统中都有进程调度，其调度算法的优劣直接影响整个系统的性能。

2.5.2　调度的衡量标准

在操作系统中，确定调度策略和算法受到多种因素的影响。因此，在系统设计时往往采取"统筹兼顾"的方法，既能保证实现主要目标，又不使其他指标变得太差。

通常可以将调度目标归结为4个方面：防止进程长期不能得到调度、提高处理器的利用率、提高系统的吞吐量和减少进程的响应时间。

从满足用户和系统需求的角度，可以将调度的目标进一步进行分类。

1. 面向用户的准则

1）周转时间短：通常用于评价批处理系统的性能，是指从作业提交系统到完成为止所需的时间。

2）响应时间快：从用户通过键盘提交一个请求开始到系统首次产生响应为止的时间。

3）截止时间的保证：通常用于实时系统中的一个性能指标，是指某任务必须开始执行的最迟时间，或者必须完成的最迟时间。

4）优先权准则：优先权高的进程优先进行调度。

2. 面向系统的准则

1）系统吞吐量高：单位时间内系统执行完成的进程（作业）数。

2）处理器利用率高。

3）各类资源的平衡利用：尽量使系统内的各种资源都处于忙碌状态。

4）公平性：对所有进程公平对待，不偏袒任何进程。

2.5.3 处理器调度算法

处理器的调度算法类型有很多，这里主要讨论在分时和批处理系统中常用的一些调度算法。有关实时调度算法，请参考相关的书籍。

1. 先来先服务

先来先服务（First Come First Served，FCFS）算法是一种最简单的调度算法，可用于作业调度和进程调度。对于作业调度，FCFS 优先从后备队列中选择一个或多个位于队列头部的作业，把它们调入内存，分配所需资源，创建进程，然后放入就绪队列；对于进程调度，FCFS 从就绪队列中选择一个最先进入队列的进程，为它分配处理器，使之开始运行。

先来先服务调度算法是一种不可抢占的算法，先进入就绪队列的进程，先分配处理器运行。一旦一个进程占有了处理器，它就一直运行下去，直到该进程完成工作或者因为等待某事件发生而不能继续运行时才释放处理器。

假设有 3 个进程 P1、P2 和 P3，依次到达就绪队列，各相差一个单位时间。各进程的运行时间如表 2-1 所示。

表 2-1　各进程的运行时间

进　　程	到达时间	运行时间	开始时间	完成时间	周转时间	带权周转时间
P1	0	20	0	20	20	1
P2	1	5	20	25	24	4.8
P3	2	2	25	27	25	12.5

根据 FCFS，可以得出每个进程的开始时间和完成时间，从而计算得到各进程的周转时间和带权周转时间（进程的周转时间与运行时间之比）。

平均周转时间 $T = (20 + 24 + 25)/3 = 23$

平均带权周转时间 $W = (1 + 4.8 + 12.5)/3 = 6.1$

从表 2-1 中可以看出 FCFS 算法有利于长作业（进程）而不利于短作业（进程）。因为短作业（进程）运行时间短，如果让它等待较长时间才能得到服务，则它的带权周转时间会很长。

另外，FCFS 算法有利于 CPU 繁忙型作业（进程）而不利于 I/O 繁忙型作业（进程）。因为在执行 I/O 操作时，往往该作业（进程）要放弃对 CPU 的占用，当 I/O 完成后要进入就绪队列时，可能要等待相当长的时间才能获得 CPU，从而使这类作业（进程）的周转时间和带权周转时间都很长。

2. 短作业/进程优先

针对 FCFS 算法对短作业（进程）的不公平，短作业/进程优先算法（Shortest Job/Process First，JF/SPF）每次从队列中挑选那些需要运行时间最短的作业（进程）。这是一种非抢占式的调度算法，系统一旦选中某个短进程获得处理器直到其执行完成，或需要等待某事件而阻塞时才释放处理器。

例如，同样是上例中的 3 个进程 P1、P2 和 P3 的情况，若采用 SPF 算法，在 0 时刻只有 P1 进程，P1 进程首先调度并在 20 时刻运行，此时系统中的两个进程 P2、P3（分别在 1、2 时刻到达系统），根据 SPF 算法，选择运行时间短的 P3 运行。等 P3 运行完成后最后选择 P2 执行。最后的算法性能指标数据如表 2-2 所示。

表 2-2 SPF 调度示例

进　程	到达时间	运行时间	开始时间	完成时间	周转时间	带权周转时间
P1	0	20	0	20	20	1
P2	1	5	22	27	26	5.2
P3	2	2	20	22	20	10
平均周转时间 $T = (20 + 26 + 20)/3 = 22$
平均带权周转时间 $W = (1 + 5.2 + 10)/3 = 5.4$

从示例中可以看到，与 FCFS 算法相比，SJF/SPF 算法能改善系统的性能，降低作业（进程）的平均等待时间，提高了系统的吞吐量。但是，该算法也存在一些不足。

1）算法需要预测作业/进程的运行时间，当作业/进程还未运行时，很难准确预测其运行时间，也难免会产生主观因素。

2）由于对短作业/进程总是优先调度，可能导致长作业/进程饥饿，对它们不公平。

3）采用非剥夺调度方式，没有考虑作业/进程的优先情况，不适用于分时和事务处理系统。

3. 时间片轮转

时间片轮转（Round Robin，RR）算法主要用于分时系统。它把就绪队列中的所有进程按照先进先出的原则排成一队，新来的进程排在就绪队列末尾。每当调度时，算法选出就绪队列的队首进程分配 CPU，执行一个时间片的时间。在这个时间片内，如进程执行完或因 I/O 等原因进入阻塞，该进程就提前退出执行队列。当进程消耗完一个时间片而尚未执行完成时，则放弃处理器，使其重新排到就绪队列末尾，等待下一个轮转周期。

RR 算法中时间片的设置非常重要，若设置得太短，进程切换会非常频繁，降低了处理器的效率；若设置得太长，将无法满足交互式用户对响应时间的要求。因此，时间片大小的确定要综合考虑系统对响应时间的要求、就绪队列中进程的数目及系统的处理能力等多种因素。

4. 基于优先级的调度

为了照顾紧迫性作业，使之进入系统后便获得优先处理，出现了基于优先级的调度算法。优先级调度算法常用于批处理系统中，作为作业调度算法，也作为多种操作系统中的进程调度，还可以用于实时系统中。当其用于作业调度时，将后备队列中若干个优先权最高的作业装入内存；当其用于进程调度时，把处理器分配给就绪队列中优先权最高的进程。它又分为两种：非抢占式优先级算法和抢占式优先级算法。

在非抢占式优先级算法下，系统一旦把处理器分配给就绪队列中优先级最高的进程后，这个进程就会一直运行，直到完成或发生某事件使它放弃处理器，这时系统才能重新将处理器分配给就绪队列中的另一个优先级最高的进程。

在抢占式优先级算法下，系统先将处理器分配给就绪队列中优先级最高的进程，让它运行。但在运行的过程中，如果出现另一个优先级比它高的进程，它就要立即停止，并将处理器分配给新的高优先级进程。

对于该算法，系统设置进程优先级的方式是非常重要的。一般可以从以下几个方面来考虑。

1）进程完成功能的重要性。

2）进程完成功能的紧急程度。

3）资源均衡使用考虑。

4）进程对资源的占用程度。

通过以上这些因素设置的进程优先级方法称为静态优先级，即一旦确定了优先级，在其运行期间将一直不变。另外还有一种动态优先级，系统首先设置一个初始优先级，该优先级可以随着进程的运行而发生改变。例如剩余时间最短者优先和高响应比优先调度算法。下面仅介绍高响应比优先调度算法。

5. 高响应比优先

这种动态优先权的调整方法可以弥补短作业/进程优先算法的不足，它使作业/进程的优先级随着等待时间的增加而提高。

该优先权变化规律可描述为：

优先权 =（等待时间 + 要求服务时间）/要求服务时间

即：优先权 =（响应时间）/要求服务时间

这个优先权又称为响应比（Response Ratio，RR）。在进行调度时，计算每个进程的响应比，并以各进程的响应比作为其优先级，从中选出级别最高的进程分配给处理器运行。

在进程等待时间固定的情况下，该算法有利于短作业/进程，因为 RR = 1 + w/s（w 为进程等待时间，s 为进程服务时间），s 越小，w/s 的值越大。当要求的服务时间相同时，算法类似实现 FCFS 的策略，因为越先进入系统的进程等待时间 w 越长，其进程的优先级也就越大。对于长作业/进程，随着其等待时间的延长，相应的优先级可以上升，从而可以避免饥饿现象。

因此高响应比优先算法既照顾到了短作业/进程，又考虑了长作业/进程。其缺点是响应比的计算增加了系统开销。

2.6 线程

多道程序设计技术引入了进程的概念，它具有资源分配和调度单位，使得程序的并发运行成为可能，提高了系统的性能。然而随着计算机技术的发展，进程出现了很多弊端，一是由于进程是资源拥有者，创建、撤销与切换存在较大的时空开销，因此需要引入轻型进程；二是由于对称多处理器（SMP）的出现，可以满足多个运行单位，而多个进程并行开销过大。因此在 20 世纪 80 年代，出现了能独立运行的基本单位——线程（Thread）。

2.6.1 线程的基本概念

线程（Thread）是操作系统能够进行运算调度的最小单位。它被包含在进程中，是进程中的实际运作单位。每个程序至少都有一个线程，也就是程序本身。一个线程是进程中一个单一顺序的控制流，一个进程中可以并发多个线程，每条线程并行执行不同的任务。同一进程的不同线程相互独立，各自可以被单独调度和执行。对于多处理器系统，各个线程在不同的 CPU 上的执行，可以大大提高进程和系统的效率。

引入线程后，线程作为独立调度和运行单位，是被系统独立调度和分派的基本单位，线程自己不拥有系统资源，只拥有一点儿在运行中必不可少的资源，但它可与同属一个进程的其他线程共享进程所拥有的全部资源。线程是进程中的一个实体，一个线程可以创建和撤销另一个线程，同一进程中的多个线程之间可以并发执行。由于线程之间的相互制约，致使线程在运行中呈现出间断性。这样将进程原来的资源申请和调度属性分开后，既提高了进程的并发度，又降低了系统的额外开销。

2.6.2 线程管理实现机制

线程，有时被称为轻量级进程（Lightweight Process，LWP），是程序执行流的最小单元。一个标准的线程由线程 ID、程序计数器（PC）、寄存器集合和堆栈组成。每个线程都有一个 thread 结构，即线程控制块，用以保存自己的私有信息。

与进程相似，线程也有若干状态，主要包括执行状态、就绪状态、阻塞状态和终止状态。

很多系统都已经实现了线程，如 Solaris 2、Windows 和 Linux 等。而它们实现的方式有用户级线程和内核级线程两种。

1. 用户级线程

用户级线程（User – Level Thread）是指不需要内核支持而在用户程序中实现的线程，其不依赖于操作系统核心，应用进程利用线程库提供创建、同步、调度和管理线程的函数来控制用户线程。这种实现方式如图 2-5a 所示。

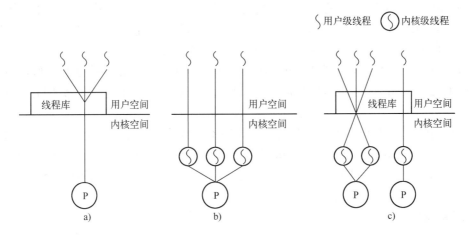

图 2-5　线程实现方式

a）用户级线程　b）内核级线程　c）混合方式

用户级线程可以在不支持线程的操作系统中实现线程，且线程的调度不需要内核直接参与，控制简单。由于不需要用户态/核心态切换，创建和销毁线程、线程切换代价等线程管理的代价低、速度快。而且，这种方式允许每个进程定制自己的线程调度算法，线程管理比较灵活。

但是，操作系统内核不知道多线程的存在，因此一个线程阻塞将使得整个进程（包括它的所有线程）阻塞。资源调度按照进程进行，在有多个处理器的情况下，同一个进程中的线程只能在同一个处理器下分时复用，所以每个线程执行的时间相对减少。

2. 内核级线程

内核级线程（Kernel – Level Thread）又称为内核支持的线程或轻量级进程。内核级线程的管理全部由系统内核完成：操作系统内核创建和撤销线程，内核维护进程及线程的上下文信息，以及线程切换。一个内核线程由于I/O操作而阻塞，不会影响其他线程的运行。应用程序无权进行线程切换等操作，系统为应用程序提供相应的应用程序编程接口（API），参与线程的管理。这种实现方式如图2-5b所示。

内核级线程的优点是可以充分利用多个处理器资源，可以让一个进程的多个线程同时执行，并且，进程中的某个线程阻塞不会影响进程中其他线程的调度执行。但是，切换线程时需要进行模式切换，从而增加了开销。

由于用户级线程和内核级线程各有优缺点，有些系统进行了折中，将两者进行了结合，形成一种混合模式，从而同时具备单纯用户级线程和内核级线程的优点，克服了两者的缺点，如图2-5c所示。如Solaris即采用这种方式。

2.6.3 多线程的应用

不同的系统平台提供了多种线程的实现方式，例如Solaris使用的线程有UNIX International线程、POSIX线程（POSIX threads）和Win32线程。另外，一些组织和公司发布了跨平台的线程，如ISO C++11标准、ISO C11标准和Java线程。其中，ISO C++11标准和ISO C11标准均是在2011年8月12日，国际标准化组织（ISO）发布的，是第三个C++标准和C标准，都是第一次把线程的概念引入标准库中。而C11线程仅仅是个"建议标准"，也就是说100%遵守C11标准的C编译器是可以不支持C11线程。程序员通常将一个较大的复杂任务分解为多个子任务，并为每一个子任务创建线程，让它们能够并发执行，从而可以高效共同完成较大的任务。这里主要介绍Java线程的应用方法。

在Java中，"线程"指两件不同的事情：java.lang.Thread类的一个实例或线程的执行。使用java.lang.Thread类或者java.lang.Runnable接口编写代码来定义、实例化和启动新线程。

在Java中，每个线程都有一个调用栈，即使不在程序中创建任何新的线程，线程也在后台运行着。一个Java应用总是从main()方法开始运行，mian()方法运行在一个线程内，该线程被称为主线程。一旦创建了一个新的线程，就会产生一个新的调用栈。

下面介绍Java线程的创建与启动。

1. 定义线程

（1）扩展java.lang.Thread类

此类中有一个run()方法，应该注意其用法：public void run()。

如果该线程是使用独立的Runnable运行对象构造的，则调用该Runnable对象的run()方法；否则，该方法不执行任何操作并返回。Thread的子类应该重写该方法。

（2）实现java.lang.Runnable接口

```
void run( )
```

使用实现接口Runnable的对象创建一个线程时，启动该线程将导致在独立执行的线程中调用对象的 run( )方法。方法 run( )的常规协定是，它可能执行任何所需的操作。

2. 实例化线程

1）如果是扩展 java. lang. Thread 类的线程，则直接 new 即可。

2）如果是实现了 java. lang. Runnable 接口的类，则使用 Thread 的构造方法。

```
Thread( Runnable target)
Thread( Runnable target, String name)
Thread( ThreadGroup group, Runnable target)
Thread( ThreadGroup group, Runnable target, String name)
Thread( ThreadGroup group, Runnable target, String name, long stackSize)
```

3. 启动线程

在线程的 Thread 对象上调用 start( )方法，而不是 run( )或者别的方法。

在调用 start( )方法之前：线程处于新状态中，新状态只有一个 Thread 对象，但还没有一个真正的线程。在调用 start( )方法之后，发生了一系列复杂的事情，启动新的执行线程（具有新的调用栈）；该线程从新状态转移到可运行状态；当该线程获得机会执行时，其目标 run( )方法将运行。

注意：对 Java 来说，run( )方法没有任何特别之处。像 main( )方法一样，它只是新线程知道调用的方法名称。因此，在 Runnable 上或者 Thread 上调用 run 方法是合法的，但并不启动新的线程。

下面是一个测试扩展 Thread 类实现多线程的简单实例。

```
public class TestThread extends Thread {
    public TestThread( String name) {
        super( name) ;
    }
public void run( ) {
        for( int i = 0; i < 5; i ++ ) {
            for( long k = 0; k < 10000000; k ++ ) ;
system. out. println( this. getName( ) + ":" + i) ;
        }
    }

    public static void main( String[ ] args) {
        Thread t1 = new TestThread( "线程 1") ;
        Thread t2 = new TestThread( "线程 2") ;
        t1. start( ) ;
        t2. start( ) ;
    }
}
```

执行结果如下。

线程 1:0

线程 2：0

线程 1：1

线程 1：2

线程 2：1

线程 2：2

线程 1：3

线程 2：3

线程 1：4

线程 2：4

Process finished with exit code 0

对于上面的多线程程序代码来说，两个线程都是循环 5 次，每次输出一行信息。由于线程调度的不确定性，输出结果的顺序也是不确定的。其中语句 for(long k = 0；k < 10000000；k ++)；是用来进行耗时操作的。

2.7　死锁

在前面已经接触到了死锁的现象，如信号量控制中若操作不当便会引起死锁。系统发生死锁不仅会浪费大量的系统资源，甚至会导致整个系统的崩溃，带来灾难性后果。因此，本节专门讨论死锁相关的话题。

死锁是指两个或两个以上的进程在执行过程中，由于竞争资源或彼此通信而造成的一种阻塞现象，若无外力作用，它们都将无法再推进下去。此时称系统处于死锁状态或系统产生了死锁，这些永远在互相等待的进程称为死锁进程。

2.7.1　死锁的原理

1. 引起死锁的原因有两个

1）系统资源竞争：通常系统中拥有的不可剥夺资源数量不足以满足多个进程运行的需要。这使得进程在运行过程中会因争夺资源而陷入僵局。只有对不可剥夺资源的竞争才可能产生死锁，对可剥夺资源的竞争是不会引起死锁的。

2）进程推进顺序不当：进程在运行过程中，请求和释放资源的顺序不当，同样也会导致死锁。例如，系统资源 R1 和 R2 分别已被并发进程 P1、P2 获得并保持，而进程 P1 申请 R2、进程 P2 申请 R1 时，两者都会因为所需资源被占用而阻塞。

2. 产生死锁必须同时满足以下 4 个条件（死锁产生的必要条件）

1）互斥条件：进程要求对所分配的资源进行排他性控制，即在一段时间内某资源仅能被一个进程占有。此时若有其他进程请求该资源，则请求进程只能等待。

2）不可剥夺条件：进程所获得的资源在未使用完之前，不能被其他进程强行夺走，即只能由获得该资源的进程自己主动释放。

3）请求和保持条件：进程已经获得若干资源，但又提出了新的资源请求，而该资源已被其他进程占有，此时请求进程被阻塞，但对已获得的资源保持不放。

4）循环等待条件：进程和资源的申请、占用之间形成了一种循环等待链的情况，即链中的每一个进程已获得的资源同时被链中的下一个进程所请求，并且这个链首尾相连形成闭环。

3. 资源分配图

为了表示进程与资源之间的相互关系，常使用资源分配图。资源分配图中的顶点由进程（用圆圈表示）和资源（用方框表示一类资源，其中的黑点表示单个资源实体）两类组成，有向边也是两类：申请边（由进程结点指向资源结点）和分配边（由资源结点指向进程结点）。

图 2-6 所示给出了一个资源分配的示例。

4. 死锁定理

利用资源分配图，并结合死锁定理，可以用来检测死锁。

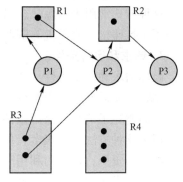

图 2-6　资源分配图示例

从系统对应的资源分配图开始，查找图中非孤立的进程结点 P_i，如果其全部请求都能满足，则表明它能够得到所需要的所有资源，顺利向前推进至运行完毕，并释放它拥有的全部资源。这样可去掉 P_i 的请求边和分配边，使其成为孤立点。不断重复以上步骤简化资源分配图。若能消去图中所有结点的有向边，使所有结点都成为孤立点，则称该图是完全可简化图；否则为不可完全简化图。例如，图 2-7a 所示即为完全可简化图，它可以通过不断对其简化而成为孤立点，如图 2-7c 所示。

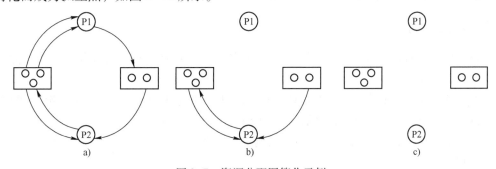

图 2-7　资源分配图简化示例

a）初始状态　b）处理 P1 进程后状态　c）处理所有进程后状态

当且仅当系统某状态 S 所对应的资源分配图是不可完全简化的，称 S 是死锁状态，该充分条件为死锁定理。

2.7.2　死锁预防

死锁预防是在设计系统时，使系统预先排除发生死锁的可能性。由上一小节的讨论可知，死锁的产生有 4 个必要条件，因此死锁预防方法就是通过破坏这 4 个条件的一个或多个来达到解决死锁的目的。

1. 互斥条件

由于互斥条件一般是资源固有的特性，因此通过破坏互斥条件的方法是不能预防死锁的，也是系统不允许的。

2. 不可剥夺条件

要预防这个条件，可在进程不能获得资源时，将原先所占用的资源释放。如果有需要，以后再申请这些资源；或者进程申请的资源已被其他进程占用时，系统要求该进程释放它所占用的资源。这种情况用于后申请进程的优先级较高的情况。

这种方式常用于资源状态易于保存和恢复的情况下，如处理器寄存器和内存空间，一般不能用于打印机、磁带机等资源。

3. 请求和保持条件

破坏请求和保持条件，要求进程一次申请它所需要的所有资源。若系统能够满足其要求，则将其所需的所有资源分配给该进程。这样，进程在整个运行期间就不会再提出资源请求，从而避免了请求和保持条件。若进程的申请得到满足，则阻塞自己便会消除。

但是这种方法缺点很多，例如，在多数情况下，一个进程在执行之前不可能知道它所需申请的所有资源；资源的利用率低下；降低了进程的并发性；可能出现某些进程总是得不到运行机会，发生"饥饿"现象等。

4. 循环等待条件

采取有序资源使用法可破坏循环条件，即把全部资源事先按类型进行线性排序编号。然后，所有进程对资源的申请必须严格按照资源序号递增的次序。这样在所形成的资源分配图中不可能再出现环路。

这种方法与前面的几个方法相比，资源利用率和系统吞吐量都有了很大改进，但是也存在较大的问题：无法满足不同进程对资源的需求，系统对资源进行合理编号比较困难；为了遵循按编号申请，暂不使用的资源也需提前申请，增加了对资源的占用时间。

2.7.3 死锁避免

死锁避免是一种动态策略，它不对进程申请资源进行限制，而是在系统分配资源之前进行检查，若有死锁发生的可能，则不进行资源分配，从而加以避免。

最著名的一个避免死锁算法是由 Dijkstra 在 1965 年为 T. H. E 系统设计的银行家算法，它以银行借贷系统的分配策略为基础，判断并保证系统的安全运行。银行家算法的基本思想是在进行资源分配之前，先计算此次分配资源的安全性，若分配后系统还处于安全状态，则分配，否则等待。

1. 安全状态

安全状态是指系统能按照进程顺序($p1,p2,\cdots,pn$)（设系统中有 $p1$，$\cdots$，pn 这 n 个进程，该进程顺序也称为安全序列），依次为这 n 个进程分配其所需的资源，并使每个进程都能顺利完成。若不存在这样一个安全序列，则称该系统处于不安全状态。

例如，系统有 3 个进程 P1、P2 和 P3，共享 8 个磁盘。假设在 T_0 时刻，资源的分配状况如表 2-3 所示。

表 2-3 T_0 时刻资源分配情况

进　　程	最 大 需 求	已 分 配	还 要 申 请
P1	6	2	4
P2	4	2	2
P3	7	1	6
系统剩余资源数	3		

这时，系统处于安全状态。因为可以找到一个安全序列 P2、P1、P3，即系统剩余资源先供进程 P2 使用，P2 运行结束后释放所占的全部资源，这样系统剩余资源数变为 5。接下去可以满足 P1 进程的需要，P1 运行完后释放占用资源，又可以满足 P3 进程的申请。注意：系统在某一时刻若处于安全状态，其对应的安全序列不一定唯一。

2. 数据结构

为了实现银行家算法，系统必须设置若干数据结构，用来表示系统资源分配的状态。设 n 表示系统中进程数目，m 表示资源分类数。

1）可用资源向量 Available：长度为 m 的向量，表示每类资源可用的数量。例如，Available[j] = k，表示系统中 R_j 类资源数为 k。

2）最大需求矩阵 Max：n×m 矩阵，表示每个进程对资源的最大需求数。例如，Max(i, j) = k，表示进程 P_i 申请资源 R_j 的最大数量为 k。

3）分配矩阵 Allocation：n×m 矩阵，表示当前分配到每个进程的资源数目。例如，Allocation(i,j) = k，表示进程 P_i 分配到资源 R_j 的数量为 k 个。

4）需求矩阵 Need：n×m 矩阵，表示每个进程还缺各类资源的数目。例如，Need(i,j) = k，表示进程 P_i 还需要 R_j 资源的 k 个。

显然有：Need(i,j) = Max(i,j) − Allocation(i,j)

3. 银行家算法

设 $Request_i$ 表示进程 P_i 的请求向量，用 $Request_i[j]$ 表示进程 Pi 需要 k 个 R_j 类资源。当进程 P_i 发出资源请求 $Request_i$ 后，系统按照以下步骤进行检查。

1）如果 $Request_i \leqslant Need_i$，转到下一步继续；否则，出错，因其所需资源数超过其声明的最大值。

2）如果 $Request_i \leqslant Available$，转到下一步继续；否则系统尚无足够资源可供分配，进程 P_i 阻塞等待。

3）系统试探性分配资源，修改数据结构如下。

$$Available = Available - Request_i;$$
$$Allocation_i = Allocation_i + Request_i;$$
$$Need_i = Need_i - Request_i;$$

4）系统进行安全性算法，检查此次资源分配以后系统是否处于安全状态（详见下面的分析）。若为安全状态，才正式将资源分配给进程 P_i；否则，试探分配失效，恢复原资源分配状态，进程 P_i 阻塞等待。

4. 安全性算法

1）设置两个长度分别为 m 和 n 的向量 Work、Finish，Work 表示系统可提供给进程继续运行的资源集合；Finish[i] = true 表示进程 P_i 可获得其所需全部资源并执行完毕，然后释放其所用的全部资源。初始时，Work = Available，Finish[i] = false(i = 1,2,3,…,n)。

2）搜索满足下列条件的 i 值：Finish[i] = false，且 $Need_i \leqslant Work$。若没有找到这样的 i，则转到第 4 步；若找到则进行第 3 步。

3）进程 P_i 获得资源，执行完成并释放其所拥有的全部资源。执行如下数据修改操作：

Work = Work + Allocation$_i$；Finish[i] = true，转到第 2 步。

4）若对所有的进程 P$_i$ 均有 Finish[i] = true，则系统处于安全状态；否则系统处于不安全状态。

5. 示例

设系统有 4 个进程：P1、P2、P3 和 P4，3 类资源：R1、R2 和 R3，每种资源数量分别为 9、3、6。在 T$_0$ 时刻的资源分配情况如表 2-4 所示。

表 2-4　T$_0$ 时刻资源分配情况

资源进程	Max			Allocation			Need			Available		
	R1	R2	R3	R1	R2	R3	R1	R2	R3	R1	R2	R3
P1	7	2	1	5	1	0	2	1	1			
P2	3	1	2	2	1	1	1	0	1	1	0	2
P3	2	2	2	0	1	1	2	1	1			
P4	2	0	4	1	0	2	1	0	2			

分析：利用安全性算法可得到 T$_0$ 时刻系统是安全的，因为该时刻存在一个安全序列 <P2,P1,P3,P4>，如表 2-5 所示。

表 2-5　T$_0$ 时刻安全性分析

进程	Work			Need			Allocation			Work + Allocation			Finish
	R1	R2	R3	R1	R2	R3	R1	R2	R3	R1	R2	R3	
P2	1	0	2	1	0	1	2	1	1	3	1	3	true
P1	3	1	3	2	1	1	5	1	0	8	2	3	true
P3	8	2	3	2	1	1	0	1	1	8	3	4	true
P4	8	3	4	1	0	2	1	0	2	9	3	6	true

在 T$_0$ 时刻，只要按照安全序列为进程分配资源（安全序列不唯一），系统就不会出现死锁，否则就可能导致死锁。

在 T$_0$ 时刻，进程 P1 发出请求 Request$_1$(1,1,1)，系统按银行家算法进行检查。

> Request$_1$(1,1,1) <= Need$_1$(2,1,1)，
>
> Request$_1$(1,1,1) > Available(1,0,2)，

P1 的请求超过系统的可用资源向量，因此 P1 的请求不能被满足，进程 P1 阻塞等待。

若在 T$_0$ 时刻，进程 P1 发出的请求为 Request$_1$(1,0,0)，按银行家算法进行检查。

> Request$_1$(1,0,0) <= Need$_1$(2,1,1)，
>
> Request$_1$(1,0,0) <= Available(1,0,2)，

因此系统试探性为 P1 分配资源，并修改 Available 及 P1 进程的 Allocation 和 Need 向量，如表 2-6 所示。

表 2-6　为 P1 分配资源后的情况

资源进程	Max			Allocation			Need			Available		
	R1	R2	R3	R1	R2	R3	R1	R2	R3	R1	R2	R3
P1	7	2	1	6	1	0	1	1	1			
P2	3	1	2	2	1	1	1	0	1	0	0	2
P3	2	2	2	0	1	1	2	1	1			
P4	2	0	4	1	0	2	1	0	2			

利用安全性算法检查此时的系统是否安全。而此时，系统的可用资源向量为 Available $(0,0,2)$，比较各进程的需求向量，系统已不能满足任何进程的资源请求，进入不安全状态。因此 P1 的请求资源不能分配，让进程 P1 阻塞等待，并将相关数据结构修改至预分配之前的状态。

2.7.4　死锁检测和恢复

1. 死锁检测算法

根据死锁定理，采用银行家算法中的类似数据结构就可以检测系统中是否存在死锁的进程。

死锁检测的频率可以很高，也可以很低，取决于死锁发生的概率。如果在每次资源请求时就进行，则可以尽早检测死锁情况，算法可基于系统状态逐渐变化情况，从而相对简单。但是，频繁的检测死锁会耗费大量的处理器时间。

2. 恢复死锁

一旦检测到系统中存在死锁就必须解除死锁，使系统从死锁中恢复。恢复死锁的方法有以下几个。

1）通过抢占资源实现恢复：临时性地把资源从一个进程中剥夺后分配给另一个进程，直至死锁环路被破坏。

2）通过回退实现恢复：系统定期设置检查点。当检测到死锁时，将进程回退到安全的检查点后重新启动进程。

3）通过杀死进程实现恢复：系统强行终止进程，从终止的进程中回收占有的资源，分配给其他等待的进程，从而解除死锁。

2.8　思考与练习

1. 什么是进程？为什么要引入进程？
2. 进程的特性有哪些？
3. 进程的基本状态有哪些，它们之间是如何转换的？
4. 为什么要引入挂起状态？
5. 进程控制块的主要组成部分是什么？
6. 什么是原语？原语的主要特点是什么？
7. 同步机制应遵循的准则是什么？

8. 进程互斥的方法有哪些？

9. 进程通信有哪三种基本类型？

10. 高级调度和低级调度的主要任务分别是什么？为什么要引入中级调度？

11. 什么是死锁？产生死锁的原因和必要条件是什么？

12. 进程和线程的主要区别是什么？

13. 什么是线程？进程和线程的关系是什么？

14. 银行家算法的第四步进行安全性算法，若此时系统处于不安全状态，试探分配失效，系统如何恢复原资源分配状态？

15. 你能找出书中银行家算法示例中，在T0时刻更多的安全序列吗？

16. 详细描述死锁检测算法。

17. 假设有5个进程P0、P1、P2、P3、P4共享3类资源R1、R2、R3，这些资源总数分别为18、6、22。T0时刻的资源分配情况如表2-7所示，此时存在的一个安全序列是（　　）。

表2-7　T0时刻的资源分配情况

进程	已分配资源			资源最大需求		
	R1	R2	R3	R1	R2	R3
P0	3	2	3	5	5	10
P1	4	0	3	5	3	6
P2	4	0	5	4	0	11
P3	2	0	4	4	2	5
P4	3	2	4	4	2	4

A. P0, P2, P4, P1, P3　　　　　　B. P1, P0, P3, P4, P2

C. P2, P1, P0, P3, P4　　　　　　D. P3, P4, P2, P1, P0

18. 某博物馆最多可容纳500人同时参观，有一个出入口，该出入口一次仅允许一个人通过。参观者的活动描述如下。

```
Cobegin
参观者进程i;
{…
    进门;
    …
    参观;
    …
  出门;
  …
}
Coend
```

请添加必要的信号量和P、V（或wait( )、signal( )）操作，以实现上述叙述中的互斥与同步。要求写出完整的过程，说明信号量的含义并赋初值。

19. 假设系统中有 5 个进程，它们的到达时间和服务时间如表 2-8 所示，忽略 I/O 及其他开销时间，若按先来先服务（FCFS）和短进程优先两种调度算法进行 CPU 调度，请给出各个进程的完成时间、周转时间、带权周转时间、平均周转时间和平均带权周转时间。

表 2-8 进程到达和需要服务时间

进 程	到 达 时 间	服 务 时 间
A	0	3
B	2	6
C	4	4
D	6	5
E	8	2

第3章 内存管理

存储器是计算机系统的重要组成部分。虽然近年来存储器的容量和速度有了明显的发展，尤其是在内存容量方面有了较大的发展，但仍不能满足现代软件发展的需要，因此，存储器仍然是一种宝贵而又紧俏的资源。如何对它加以有效的管理，不仅直接影响到存储器的利用率，而且还对系统性能有重大影响。存储器管理的主要对象是内存。本章首先介绍计算机的存储层次，然后分析分区存储管理方法，以及页式、段式和段页式管理方法，最后讨论在内存"不足"的情况下，虚拟存储技术的应用。

3.1 计算机存储结构

存储器和中央处理器（CPU）都是计算机系统的重要组成部分。因为任何程序和数据，以及各种控制用的数据结构都必须占用一定的存储空间，所以，存储管理自然会影响系统性能。操作系统中的存储管理主要是指对内存的管理。

一个进程在计算机上运行，操作系统必须为其分配内存空间，使其部分或全部驻留在内存中。因为 CPU 仅从内存中读取程序指令并执行，不能直接读取辅助存储器（简称辅存，又称外部存储器）上的程序，但是，内存比外存昂贵，是一种宝贵而有限的资源，所以对内存进行有效管理，不仅直接影响存储器的利用率，而且还对系统性能有重大影响。

具体地说，存储管理需要做的事情是：将用户程序所用的地址空间转换为主存储器中的实际地址空间，将用户程序的操作地址变换为存储器上的具体位置，为存储空间提供安全和共享的手段，为用户程序实现虚拟存储空间等。

3.1.1 存储器配置方式

在理想情况下，存储器的速度应当非常快，能跟上处理器的速度，容量也非常大，而且价格还应很便宜。但目前无法同时满足这样三个条件。于是在现代计算机系统中，存储部件通常是采用层次结构来组织的。

1. 多级存储器结构

对于通用计算机而言，存储层次至少应具有三级：最高层为 CPU 寄存器，中间为主存，最底层是辅存。在较高档的计算机中，还可以根据具体的功能分工细划为寄存器、高速缓存、主存储器、磁盘缓存、固定磁盘和可移动存储介质等 6 层，如图 3-1 所示。在存储层次中，越往上存储介质的访问速度越快，价格也越高，

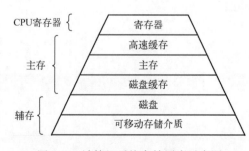

图3-1 计算机系统存储层次示意图

相对存储容量也越小。其中，寄存器、高速缓存、主存储器和磁盘缓存均属于操作系统存储管理的管辖范畴，断电后它们存储的信息不再存在。固定磁盘和可移动存储介质属于设备管理的管辖范畴，它们存储的信息将被长期保存。

在计算机系统存储层次中，寄存器和主存储器又被称为可执行存储器，存放于其中的信息与存放于辅存中的信息相比较而言，计算机所采用的访问机制是不同的，所需耗费的时间也是不同的。进程可以在很少的时钟周期内使用一条 load 或 store 指令对可执行存储器进行访问，但对辅存的访问则需要通过 I/O 设备来实现，因此，访问中将涉及中断、设备驱动程序及物理设备的运行，所需耗费的时间远远高于对可执行存储器访问的时间，一般相差 3 个数量级甚至更多。

对于不同层次的存储介质，由操作系统进行统一管理。操作系统的存储管理负责对可执行存储器的分配、回收，以及提供在存储层次间数据移动的管理机制，例如主存与磁盘缓存、高速缓存与主存间的数据移动等。在设备和文件管理中，根据用户的需求提供对辅存的管理机制。本章主要讨论有关存储管理部分的问题。

2. 主存储器与寄存器

（1）主存储器

主存储器（简称内存或主存）是计算机系统中的一个主要部件，用于保存进程运行时的程序和数据，也称可执行存储器，其容量对于当前的微机系统和大中型机，可能一般为数十 MB 到数 GB，而且容量还在不断增加，而嵌入式计算机系统一般仅有几十 KB 到几 MB。CPU 的控制部件只能从主存储器中取得指令和数据，数据能够从主存储器读取并将它们装入到寄存器中，或者从寄存器存入到主存储器中。CPU 与外围设备交换的信息一般也依托于主存储器地址空间。由于主存储器的访问速度远远低于 CPU 执行指令的速度，为缓和这一矛盾，在计算机系统中引入了寄存器和高速缓存。

（2）寄存器

寄存器的访问速度最快，完全能与 CPU 协调工作，但价格却十分昂贵，因此容量不可能做得很大。寄存器的长度一般以字（word）为单位。寄存器的数目，对于当前的微机系统和大中型机，可能有几十个甚至上百个；而嵌入式计算机系统一般仅有几个到几十个。寄存器用于加速存储器的访问速度，如用寄存器存放操作数，或用作地址寄存器加快地址转换速度等。

3. 高速缓存和磁盘缓存

（1）高速缓存

高速缓存是现代计算机结构中的一个重要部件，其容量大于或远大于寄存器，而比内存约小 2 ～ 3 个数量级左右，从几十 KB 到几 MB，访问速度快于主存储器。根据程序执行的局部性原理（即程序在执行时将呈现出局部性规律，在一段较短的时间内，程序的执行仅局限于某个部分），将主存中一些经常访问的信息存放在高速缓存中，减少访问主存储器的次数，可大幅度提高程序的执行速度。通常，进程的程序和数据存放在主存储器中，每当使用时，被临时复制到一个速度较快的高速缓存中。当 CPU 访问一组特定信息时，首先检查它是否在高速缓存中，如果已存在，可直接从中取出使用，以避免访问主存，否则，再从主存中读出信息。如大多数计算机有指令高速缓存，用来暂存下一条待执行的指令，如果没有指令高速缓存，CPU 将会空等若干个周期，直到下一条指令从主存中取出。由于高速缓存的速度越高价格也越贵，故有的计算机系统中设置了两级或多级高速缓存。紧靠内存的一级高速缓存的速度最高，而容量最小，二级高速缓存的容量稍大，速度也稍低。

（2）磁盘缓存

由于目前磁盘的 I/O 速度远低于对主存的访问速度，因此将频繁使用的一部分磁盘数据和信息暂时存放在磁盘缓存中，可减少访问磁盘的次数。磁盘缓存本身并不是一种实际存在的存储介质，它依托于固定磁盘，提供对主存储器存储空间的扩充，即利用主存中的存储空间来暂存从磁盘中读出（或写入）的信息。主存也可以看做是辅存的高速缓存，因为，辅存中的数据必须复制到主存中方能使用；反之，数据也必须先存放在主存中才能输出到辅存。

一个文件的数据可能出现在存储器层次的不同级别中，例如，一个文件数据通常被存储在辅存中（如硬盘），当其需要运行或被访问时，就必须调入主存，也可以暂时存放在主存的磁盘高速缓存中。大容量的辅存常常使用磁盘，磁盘数据经常备份到磁带或可移动磁盘组上，以防止硬盘故障时丢失数据。有些系统自动地把老文件数据从辅存转储到海量存储器中，如磁带上，这样做还能降低存储价格。

3.1.2 常见 PC 存储结构

1. 按存储介质分类

（1）半导体存储器

存储元件由半导体器件组成的称为半导体存储器。其优点是体积小、功耗低、存取时间短。其缺点是当电源消失时，所存信息也随即丢失，是一种易失性存储器。半导体存储器又可按其材料的不同，分为双极型（TTL）半导体存储器和 MOS 半导体存储器两种。前者具有高速的特点，而后者具有高集成度的特点，并且制造简单、成本低廉、功耗小，因此 MOS 半导体存储器被广泛应用。

（2）磁表面存储器

磁表面存储器是在金属或塑料基体的表面上涂一层磁性材料作为记录介质，工作时磁层随载磁体高速运转，用磁头在磁层上进行读写操作，故称为磁表面存储器。由于用具有矩形磁滞回线特性的材料作为磁表面物质，它们按其剩磁状态的不同而区分"0"或"1"，而且剩磁状态不会轻易丢失，故这类存储器具有非易失性的特点。

（3）光盘存储器

光盘存储器是应用激光在记录介质（磁光材料）上进行读写的存储器，具有非易失性的特点。光盘具有记录密度高、耐用性好、可靠性高和可互换性强等优点。

2. 按存取方式分类

按存取方式可把存储器分为随机存储器、只读存储器、顺序存储器和直接存取存储器四类，如图 3-2 所示。

（1）随机存储器 RAM（Random Access Memory）

RAM 是一种可读写存储器，其特点是存储器的任何一个存储单元的内容都可以随机存取，而且存取时间与存储单元的物理位置无关。计算机系统中的主存都采用这种随机存储器。由于存储信息原理的不同，RAM 又分为静态 RAM（以触发器原理寄存信息）和动态 RAM（以电容充放电原理寄存信息）。

DDR RAM（Double Data - Rate RAM）也称为 DDR SDRAM，这种改进型的 RAM 和 SDRAM 基本一样，不同之处在于它可以在一个时钟读写两次数据，这样就使得数据传输速度加倍了。这是目前计算机中用得最多的内存，而且它有着成本优势，事实上击败了 Intel 的另外一种内存标准——Rambus DRAM。在很多高端的显卡上，也配备了高速 DDR RAM 来提高带宽，这可以大幅度提高 3D 加速卡的像素渲染能力。

（2）只读存储器 ROM（Read only Memory）

只读存储器是能对其存储的内容读出，而不能对其重新写入的存储器。这种存储器一旦存入了原始信息后，在程序执行过程中，只能将内部信息读出，而不能随意重新写入新的信息去改变原始信息。因此，通常用它存放固定不变的程序、常数及汉字字库，甚至用于操作系统的固化。它与随机存储器可共同作为主存的一部分，统一构成主存的地址域。

只读存储器分为掩膜型只读存储器 MROM（Masked ROM）、可编程只读存储器 PROM（Programmable ROM）、可擦除可编程只读存储器 EPROM（Erasable Programmable ROM）和用电可擦除可编程的只读存储器 EEPROM（Electrically Erasable Programmable ROM）。近年来出现了快擦型存储器 Flash Memory，它具有 EEPROM 的特点，而速度比 EEPROM 快得多。

3. 按应用分类

存储器有三个主要特性：速率、容量和价格/位（简称位价）。一般说来，速度越高，位价就越高；容量越大，位价就越低；而且容量越大，速度也越低。可以用一个形象的存储器分层结构图来反映上述问题，如图 3-3 所示。

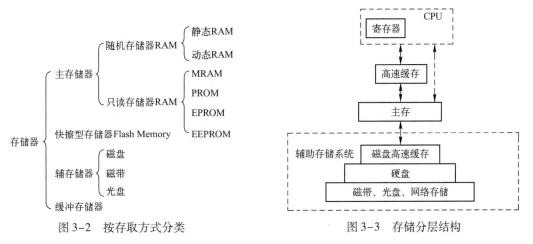

图 3-2　按存取方式分类　　　　　图 3-3　存储分层结构

实际上，存储器的层次结构主要体现在缓存—主存、主存—辅存这两个存储层次上，如图 3-4 所示。

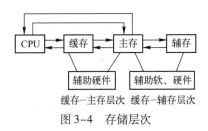

缓存-主存层次 缓存-辅存层次

图 3-4　存储层次

3.2 地址重定位及内存访问保护

3.2.1 地址空间

1. 逻辑地址空间

在用汇编语言或高级语言编写的程序中，是通过符号名来访问子程序和数据的。程序中符号名的集合称为"名字空间"。源程序经过编译或汇编以后，产生了目标程序，而编译系统总是从零号地址单元开始，为目标程序顺序分配地址。这些地址被称为相对地址，或者逻辑地址。相对地址的集合称为逻辑地址空间，简称地址空间。

2. 逻辑地址

逻辑地址是指与当前数据在内存中的物理分配地址无关的访问地址，在执行对内存的访问之前必须把它转换成物理地址。相对地址是逻辑地址的一个特例，是相对于某些已知点（通常是程序的开始处）的存储单元。

3. 物理地址

所谓存储空间，是指主存中一系列存储信息的物理单元的集合。这些物理单元的编号称为物理地址或绝对地址。物理地址或绝对地址是数据内存中的实际位置。物理地址空间是物理地址的集合，由于用户程序的装入而引起地址空间中的相对地址转化为存储空间中的绝对地址的地址变换过程，称为地址重定位，也称地址映射。图3-5反映了源程序、逻辑地址和地址映射之间的关系。

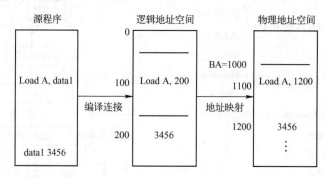

图3-5　源程序、逻辑地址和地址映射之间的关系

3.2.2 地址重定位

在多道程序设计系统中，可用的内存空间通常被多个进程共享。通常情况下，程序员并不能事先知道在某个程序执行期间会有哪些其他程序驻留在内存中。此外，程序员还希望通过提供一个巨大的就绪进程池，能够把活动进程换入或换出内存，以便使处理器的利用率最大化。一旦程序被换出磁盘，当下一次被换入时，如果必须放在和被换出前相同的内存区域，那么这将是一个很大的限制。为了避免这种限制，需要把进程重定位到内存的不同区域。

因此，程序员事先不知道程序将会被放置到哪个区域，并且需要允许程序通过交换技术在内存中移动。这关系到一些与寻址相关的技术问题，如图 3-6 所示，该图描述了一个进程映像。为简单起见，假设该进程映像占据了内存中的一段相邻的区域。显然，操作系统需要知道进程控制信息和执行栈的位置，以及该进程开始执行程序的入口点。由于操作系统管理内存并负责把进程放入内存，因此可以很容易地访问到这些地址。此外，处理器必须处理程序内部的内存访问。跳转指令包含下一步将要执行的指令的地址，数据访问指令包含被访问数据的字或字节的地址。处理器硬件和操作系统软件必须能够通过某种方式把程序代码中的内存访问转化成实际的物理存储地址，并反映程序在内存中的当前位置。

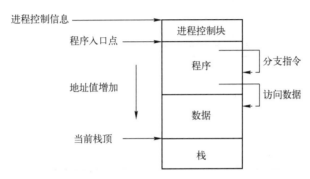

图 3-6　进程映像

1. 重定位

重定位就是把程序的逻辑地址空间变换成内存中的实际物理地址空间的过程，也就是说在装入时对目标程序中的指令和数据的修改过程。它是实现多道程序在内存中同时运行的基础。重定位有两种，分别是动态重定位与静态重定位。

2. 静态重定位

静态重定位是在程序装入内存的过程中完成的，是指在程序开始运行前，程序中的各个地址有关的项均已完成重定位，地址变换通常是在装入时一次完成的，以后不再改变，故称为静态重定位，如图 3-7 所示。

优点：容易实现，无须硬件支持。

缺点：程序在主存中只能连续分配；程序装入内存后不能移动；对共享的同一程序，每个用户必须使用自己的副本，浪费存储空间。

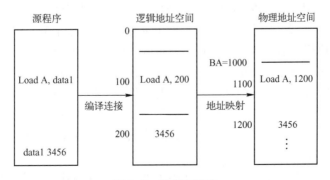

图 3-7　静态重定位

3. 动态重定位

动态重定位不是在程序装入内存时完成的，而是 CPU 每次访问内存时，由动态地址变换机构（硬件）自动把相对地址转换为绝对地址。动态重定位需要软件和硬件相互配合完成，如图 3-8 所示。

优点：OS 可以将一个程序分散存放于不连续的内存空间，可以移动程序；有利于实现共享。

缺点：需要硬件支持（通常是 CPU），是虚拟存储的基础。

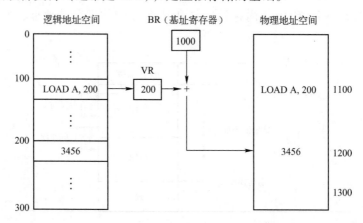

图 3-8　动态重定位

4. 地址重定位

地址重定位是把虚拟地址转换成内存中的物理地址。这个过程又可以称为地址映射。在内存中，每一个存储器单元都有一个内存地址相对应，内存空间是一个一维线性空间。如何把虚拟存储器中的一维或多维线性空间转变成内存的物理线性空间，一个问题是虚拟空间的划分，它让不同的程序模块连接到统一的虚拟空间中，与计算机的系统空间有关；另一个问题是如何把虚拟空间中的内容调进内存，并将虚拟地址重定位成内存地址的问题。实现地址重定位有两种办法：静态地址重定位和动态地址重定位。

（1）静态地址重定位

静态地址重定位是在程序装入内存的过程中完成的，是指在程序开始运行前，程序中的各个地址有关的项均已完成重定位，地址变换通常是在装入时一次完成的，以后不再改变，故称为静态地址重定位。如图 3-9 所示，设定分配程序为进程 A 分配了起始地址是 10000 的内存区域。那么要把虚拟地址转换为物理地址，就要在虚拟地址上加上 10000。如果用 MA 表示物理地址，VA 表示虚拟地址，BA 表示起始地址，则有 $MA = BA + VA$。并且这些工作都必须在程序执行之前完成，否则将不能得到正确的物理地址。

由上段分析可知，静态地址重定位是指在程序执行之前完成的，地址转换在装配程序时一次完成，之后不能再改变。它的优点是不需要硬件的支持，意味着机器成本不会增加。但是它的缺点也很明显：首先，程序装配内存后不能再移动，否则就会出错；其次，给进程分配的内存空间不能是离散的，必须是连续的，这样很难做到程序段的共享。

（2）动态地址重定位

动态地址重定位是在程序执行期间，在中央处理器访问内存之前完成的地址重定位，如图 3-10 所示。进程 A 装入内存后并没有做任何改变，动态地址重定位是在程序执行过程中执行的，它需要硬件的支持，即地址变换机构。地址变换机构由一个或多个虚拟地址寄存器（VR）、一个或多个基地址寄存器（BR）和一个加法器组成。首先把其起始地址装入 BR 中，则（BR）=10000。在程序执行过程中，CPU 要执行"mov al,300"这条执行时，把要访问的虚拟地址再装入 VR 中，则（VR）=300。最后通过加法器把 BR 和 VR 的值相加，就得到了实际的内存地址 10300。

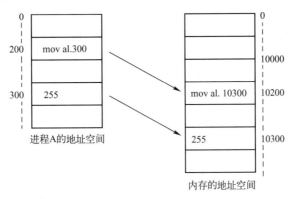

图 3-9　静态地址重定位

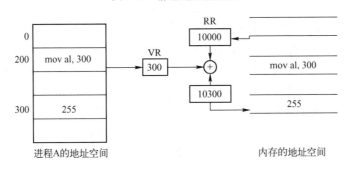

图 3-10　动态地址重定位

相对于静态地址重定位，动态地址重定位需要硬件的支持，机器成本增加了。但是它解决了静态地址重定位的缺点，提高了内存的利用率。首先，程序装入内存后可以移动，只要改变相应的寄存器内容即可；其次，动态地址重定位不需要把所有程序段都调入内存，可以部分分配，这就有利于虚拟存储器的实现；再次，动态地址重定位可以把程序段离散地分配到内存中，有利于程序的共享。

3.2.3　地址重定位及存储信息保护

存储管理是操作系统十分重要的一项工作。存储管理的主要任务是管理主存资源，为多道程序运行提供有力的支撑，提高存储空间的利用率。很多人都认为主存分配地址转换应该是存储管理的重中之重，其他如存储保护、主存共享等应是细枝末节。但是笔者认为存储保护也应该是存储管理中非常重要的一部分。

计算机系统资源为一同执行的多个用户程序所共享。就主存来说，它同时存有多个用户的程序和系统软件。为使系统正常工作，必须防止由于一个用户程序出错而破坏同时存储在主存内的系统软件或其他用户的程序，还要防止一个用户程序不合法地访问并非分配给它的主存区域。因此，存储保护是多道程序和多处理器系统必不可少的部分，也是存储管理中非常重要的一部分。当多个用户共享主存时，应防止由于一个用户程序出错而破坏其他用户的程序和系统软件，以及一个用户程序不合法地访问不是分配给它的主存区域。在多道程序系统中，内存中既有操作系统，又有许多用户程序。为使系统正常运行，避免内存中各程序相互干扰，必须对内存中的程序和数据进行保护。可以从以下两个方面进行。

1. 防止地址越界

对进程所产生的地址必须加以检查，发生越界时产生中断，由操作系统进行相应的处理。

2. 防止操作越权

对属于自己区域的信息，可读可写；对公共区域中允许共享的信息或获得授权可使用的信息，可读而不可修改；对未获授权使用的信息，不可读、不可写。

主存保护是存储保护的重要环节。主存保护一般有存储区域保护和访问方式保护两种。存储区域保护可采用界限寄存器方式，由系统软件经特权指令给定上、下界寄存器内容，从而划定每个用户程序的区域，禁止越界访问。

界限寄存器方式只适用于每个用户程序占用一个或几个连续的主存区域，而对于虚拟存储器系统，由于一个用户的各页离散地分布于主存内，就需要采用键式保护和环状保护等方式。键式保护是由操作系统为每个存储页面规定存储键，存取存储器操作带有访问键，当两键符合时才允许执行存取操作，从而保护别的程序区域不受侵犯。环状保护是把系统程序和用户程序按重要性分层，称为环，对每个环都规定访问它的级别，违反规定的存取操作是非法的，以此实现对正在执行的程序的保护。下面详细介绍各种情况下的存储保护。

分页存储管理中的信息保护可从两个方面实现，一是在进行地址变换时，产生的页号应小于页表长度，否则视为越界访问，这类似于基址－限长存储保护；二是可在页表中增加存取控制和存储保护的信息，对每一个存储块，可允许四种保护方式：禁止任何操作、只能执行、只能读和能读/写。当要访问某页时，先判断该页的存取控制和存储保护信息是否允许。分段存储管理系统的保护可采用以下几种措施。

- 在段表中设置一个段长值，以指明该段的长度。当存储访问时，段地址的位移量与段长相比较，如超过段长，便发出越界中断信号。
- 建立存取控制，在段表的每个表目中还增加"存取方式"项。
- 采用存储保护键。

在一个段式存储管理系统中，通过在段表中施加段长、存取控制和设置存储保护键等，可提供一个多级的存储保护体系。

在虚拟存储系统中，通常采用页表保护、段表保护和键式保护方法。

3. 页表保护和段表保护

每个程序的段表和页表本身都有自己的保护功能。每个程序的虚页号是固定的，经过虚地址向实地址变换后的实存页号也就固定了。那么不论虚地址如何出错，也只能影响到相对的几个主存页面。不会侵犯其他程序空间。段表和页表的保护功能相同，但段表中除包括段表起点外，还包括段长。

4. 键保护方式

键保护方式是为主存的每一页配一个键，称为存储键，每个用户的实存页面的键都相同。为了打开这个锁，必须有钥匙，称为访问键。访问键被赋予每道程序，并保存在该道程序的状态寄存器中。当数据要写入主存的某一页时，访问键要与存储键相比较。若两键相符，则允许访问该页，否则拒绝访问。

5. 环保护方式

环保护方式可以做到对正在执行的程序本身的核心部分或关键部分进行保护。它是按系统程序和用户程序的重要性及对整个系统的正常运行的影响程度进行分层的，每一层称为一个环。在现行程序运行前由操作系统定好程序各页的环号，并置入页表中。然后把该道程序的开始环号送入 CPU 的现行环号寄存器。程序可以访问任何外层空间；访问内层空间则需由操作系统的环控例行程序判断这个向内访问是否合法。

3.3 分区存储管理技术

3.3.1 单一分区内存管理

单一分区内存管理的特点如下。

1）内存分为系统区和用户区。系统区用于存放操作系统的程序，用户区用于存放用户程序。

2）用户区最多存放一道用户程序。

3）可以使用静态地址映射。若有硬件（重定位寄存器）的支持，也可以使用动态地址映射。

4）不存在内存的分配和释放问题。

5）存储保护必须确保用户程序不可以非法访问操作系统区域。若使用动态地址映射，可使用基址寄存器（重定位寄存器）和界限寄存器实现存储保护；若使用静态地址映射，可使用上界寄存器（重定位寄存器）和下界寄存器实现存储保护。

6）不存在内存共享的问题。

7）基本不存在存储扩充的问题。在图 3-11 的右图中，若用户程序较大，覆盖了操作系统程序中可被覆盖的部分，则当此用户程序结束后，操作系统需重新加载被覆盖的部分。这种方式在一定程度上扩充了用户区域。

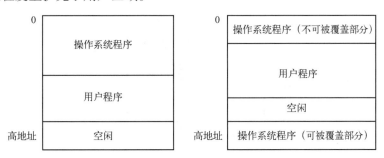

图 3-11 单一分区内内存结构

8）一般仅适用于单道系统。所以这种方式具有单道系统的所有缺点，主要是系统效率不高。

9）使用交换技术，也可以支持多道系统。

3.3.2 固定大小的多分区管理

固定大小的多分区管理的特点如下。

1）系统开机初启时，系统操作员根据需要处理的作业情况把主存的用户区划分成大小可以不等但位置固定的分区。

2）为了说明各分区的分配和使用情况，存储管理需设置一张"主存分配表"，用以记录主存中划分的分区和分区的使用情况。当一个程序需要加载运行时，系统可以选择一个大小合适的空闲分区分配出去。当程序结束而释放分区时，将分区状态设置为空闲即可，如图3-12所示。

操作系统（8KB）	分区号	分区起始地址	分区长度	分区状态
用户分区1（8KB）	1	20KB	8KB	程序A
用户分区2（32KB）	2	28KB	32KB	程序C
用户分区3（64KB）	3	60KB	64KB	程序B
用户分区4（132KB）	4	124KB	132KB	空闲

图3-12 固定分区

3）可以使用静态地址映射或动态地址映射。若使用静态地址映射，在程序加载时，需将程序中的逻辑地址加上程序加载地址得到物理地址，如图3-13所示。若使用动态地址映射，需要重定位寄存器的支持，另外，在程序切换时，需要修改重定位寄存器的值。

4）若使用静态地址映射，存储保护应该有上/下界寄存器的支持；若使用动态地址映射，存储保护应该有基址/限长寄存器的支持。

5）实现共享很困难。

6）可以使用交换技术或覆盖技术扩充内存。

固定分区的缺点如下。

1）由于预先规定了分区大小，使得大程序无法装入。

2）主存空间的利用率不高，往往一个作业不可能恰好填满分区。

3）如果一个作业运行中要求动态扩充主存，采用固定分区难以实现。

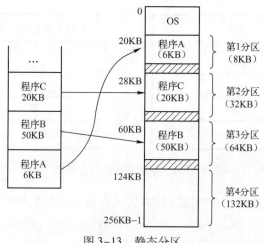

图3-13 静态分区

4）各分区作业要共享程序和数据也难以实现。

5）因为分区的数目是在系统初启时确定的，这就限制了多道运行的程序数。

固定分区的优点为：这种方法实现简单，因此，对于程序大小和出现频率已知的情形，还是比较合适的。

3.3.3 动态分区管理

1. 动态分区的基本原理

动态分区如图 3-14 和图 3-15 所示。

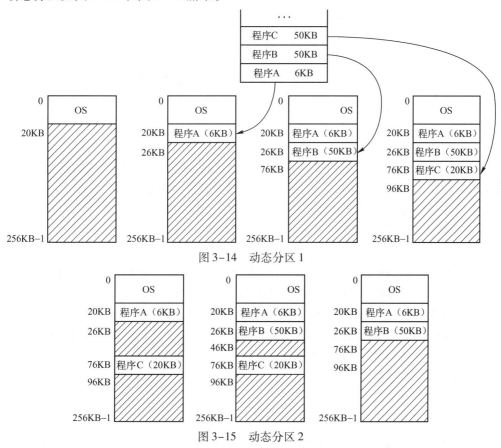

图 3-14　动态分区 1

图 3-15　动态分区 2

2. 动态分区方式的地址映射

动态分区方式的地址映射与前面介绍的其他各种连续存储空间管理方式一样，使用静态地址映射或动态地址映射方式均较简单。

3. 动态分区方式的存储保护和共享

1）动态分区方式的存储保护同样也可以使用上下界保护或基址限长保护，至于使用哪种保护方法取决于地址映射方式。

2）动态分区方式基本不支持共享。

4. 动态分区方式的存储扩充

在存储管理技术的发展过程中，曾出现过多种存储扩充技术，如交换（swapping）技术、覆盖（overlay）技术和虚拟存储技术等。现在仅介绍交换技术和覆盖技术，这两种技术均属于过时的技术，故仅做简单的介绍。虚拟存储技术将在本章后面进行详细介绍。

动态分区方式的可以使用交换技术或覆盖技术实现存储扩充，基本不支持虚拟储存技术来实现存储扩充。

（1）覆盖技术

覆盖技术的示例如图3-16所示。

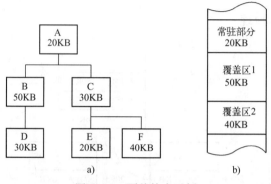

图3-16 覆盖技术示例

1）一般来说，程序被划分为哪些程序段，以及哪些程序段可以相互覆盖（覆盖结构）等信息只有程序员清楚，程序员还必须以某种方式将这些信息告诉操作系统。这表明，覆盖技术对于用户是不方便、不透明的。

2）覆盖技术是一种典型的用时间换取空间的方法。

（2）交换技术

交换技术的基本原理是：使用外存中的一部分存储空间作为盘交换区（swap device、swap file或swap area）。设有若干个程序在内存中并发运行，系统可以将暂时由于某种原因无法运行的程序放到盘交换区中，此程序所占用的内存空间可以让其他程序使用；在将来某个时候，可以将位于盘交换区中的某个能够运行（就绪状态）的程序换入到内存中继续运行。

（3）覆盖技术和交换技术的主要差别

1）覆盖技术对于用户是不透明的，而交换技术对于用户是透明的。就这一点而言，交换技术对于用户而言更方便。

2）覆盖技术以程序段为单位交换，交换技术以整个程序为单位交换。

5. 动态分区方式的主存分配和释放

（1）分区头结构

1）分配标志。若为0，表示分区空闲；若为非0，表示分区不空闲。假设该字段需要1B。

2）分区大小。可以定义为分区可用字节数与分区头部信息字节数之和。假设该字段需要2B，在实际中，用2B描述分区大小显然是不够的，因为这意味着分区最大只能为65536B，现在仅仅只是为了举例。

3）下一个空闲分区指针。指下一个空闲分区的地址，若是非空闲分区，该字段为NULL。假设该字段需2B。

（2）放置策略

若有多个空闲分区满足内存请求，要将哪一个空闲分区分配出去，涉及放置策略问题，如图3-17所示。

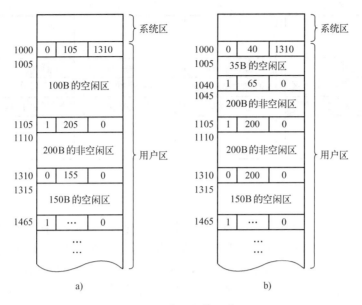

图 3-17   分区和分区分配

- 最先适应（first fit）分配算法。
- 最优适应（best fit）分配算法。
- 最坏适应（worst fit）分配算法。

使用何种放置策略，体现在空闲分区队列的排列方式上。

- 若空闲分区按照其起始地址的升序排列，则是最先适应。
- 若空闲分区按照其大小的升序排列，则是最佳适应。
- 若空闲分区按照其大小的降序排列，则是最坏适应。

放置策略有以下几个。

- 低地址切割和高地址切割，如图 3-18 所示。
- 分配阈值。
- 空闲块的合并，如图 3-19 所示。

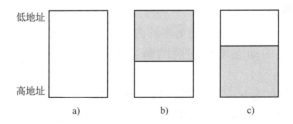

图 3-18   高地址切割和低地址切割

6. 碎片问题及拼接技术

随着分区的不断分配和释放，在内存中会逐渐形成一些很小的空闲分区，这些小空闲分区很难被有效使用，但是它们累加起来可能占用了数量可观的内存空间，导致内存使用效率低下。将这些很难被有效使用的小空闲区称为碎片。

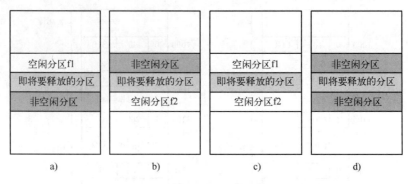

空闲分区f1	非空闲分区	空闲分区f1	非空闲分区
即将要释放的分区	即将要释放的分区	即将要释放的分区	即将要释放的分区
非空闲分区	空闲分区f2	空闲分区f2	非空闲分区
a)	b)	c)	d)

图 3-19　空闲分区合并的 4 种情况

解决碎片问题的方式之一是拼接技术。所谓拼接技术，就是将各个碎片拼接为一个大的空闲分区。若系统使用的是动态地址映射，拼接相对容易一些，只需要将被程序占用的非空闲分区从一个位置复制到另一个位置即可；若系统使用的是静态地址映射，拼接就麻烦一些，除了需要移动非空闲分区外，还要修改被移动的程序中的每一个访内指令中的逻辑地址。无论是动态地址映射还是静态地址映射，为了拼接，系统都要花费极大的代价，因为拼接过程就是大量的内存块的移动过程，而内存的访问速度相对于 CPU 的速度来说是很慢的。在 CPU 忙于这些内存块移动的过程中，系统处于停止状态。

对于拼接时机的选择有以下两种。

1）在分区释放时，不仅考虑空闲块的合并，而且将所有的空闲块拼接起来，当然空闲块拼接包含了空闲块的合并。这种拼接时机使得在系统中总是只有一个空闲块。这种拼接时机的缺点是拼接频率过高，导致系统效率可能很低。

2）在分区分配时，若找不到足够大的分区，而空闲分区的总量超过内存请求时，才考虑拼接。这种拼接时机会有效降低拼接频率，但实现比第一种拼接时机的实现要复杂一些。

由于拼接技术存在下列缺点，拼接技术的使用受到限制。

1）需要消耗大量的 CPU 时间。

2）在拼接期间，系统无法做其他工作。对于分时交互用户，导致响应时间不规律；对于实时用户，由于不能及时响应，无法保证实时。

7. 程序动态增长的问题

程序在执行过程中，可能需要分配更多的内存，比如堆分配和栈分配。对于程序的动态增长问题的解决方法有以下两种。

1）若与该程序相邻的分区是空闲的，将此空闲分区分配给该进程；若与该程序相邻的分区不空闲，则将该程序移动到一个更大的空闲分区中，或者将内存中的一个或多个非空闲分区交换到磁盘上的交换区中，若交换区已满，则该程序只能等待或者被杀死。

2）为程序额外分配一些内存。图 3-20 为这种方式的示意图。当为进程预留的空间用完后，则有以下几种做法。

● 将进程移到足够大的空闲区中。

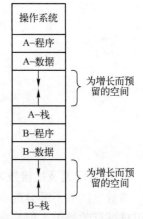

图 3-20　为可能增长的数据
段和栈段预留空间

- 进程换出，直到有足够大的空闲区再换入。
- 将进程杀死。

8. 动态分区方式的优缺点

与其他连续分配方式一样，实现简单几乎是动态分区方式唯一的优点。

动态分区的缺点主要有以下几个。

1）对空间分配的连续性要求使得对空间的使用不灵活，导致空间使用效率不高。

2）存在碎片问题，也会导致空间使用效率降低。尽管可以使用拼接技术解决碎片问题，但是拼接技术是一个成本很高的方法。提高分配阈值虽有助于减少碎片，但是会降低内存使用空间的效率。

3）程序的动态增长较困难。

4）几乎不支持虚拟存储技术。

5）不支持内存共享。

3.4 分区分配算法

3.4.1 分区分配算法描述

分区分配存储管理技术是满足多道应用的最简单的办法，按不同重定位机制分为三类：区式、页式和段式。按分区形式不同又分为固定分区分配、可变式动态分区分配、可重定位分区分配及多重分区分配等。

1. 固定分区法

固定分区法是最简单的一种可运行的多道程序的存储管理方式。这是将内存用户空间划分为若干个固定大小的区域，在每个分区中只装入一道作业，这样，把用户空间划分为几个分区，便允许有几道作业并发运行。当有一个空闲分区时，便可以再从外存的后备作业队列中选择一个适当大小的作业装入该分区，当该作业结束时，又可再从后备作业队列中找出另一作业调入该分区。

（1）划分分区的方法

可用下述两种方法将内存的用户空间划分为若干个固定大小的分区。

1）分区大小相等，即所有的内存分区大小相等。其缺点是缺乏灵活性，即当程序太小时，会造成内存空间的浪费；当程序太大时，一个分区又不足以装入该程序，致使该程序无法运行。尽管如此，这种划分方式仍被用于利用一台计算机控制多个相同对象的场合，因为这些对象所需的内存空间是大小相等的。例如，炉温群控系统就是利用一台计算机控制多台相同的冶炼炉。

2）分区大小不等。为了克服分区大小相等而缺乏灵活性这个缺点，可把内存划分成含有多个较小的分区、适量的中等分区及少量的大分区。这样，便可根据程序的大小为之分配适当的分区。

（2）内存分配

为了便于内存分配，通常将分区按大小进行排队，并为之建立一张分区使用表，其中各表项包括每个分区的起始地址、大小及状态（是否已分配），如图 3-21 所示。当有一个用户程序要装入时，由内存分配程序检索该表，从中找出一个能满足要求的、尚未分配的分区，将之分配给该程序，然后将该表项中的状态设置为"已分配"；若未找到大小足够的分区，则拒绝为该用户程序分配内存。

分区号	大小（KB）	起址（KB）	状态
1	12	20	已分配
2	32	32	已分配
3	64	64	已分配
4	128	128	已分配

a)

b)

图 3-21　固定分区使用表

固定分区分配是最早的多道程序的存储管理方式，用于 20 世纪 60 年代的 IBM 360 的 MFT 操作系统中。由于每个分区的大小固定，必然会造成存储空间的浪费，因而现在已很少将它用于通用的计算机中，但在某些用于控制多个相同对象的控制系统中，由于每个对象的控制程序大小相同，是事先已编好的，其所需的数据也是一定的，故仍采用固定分区式存储管理方式。

2. 可变式动态分区法

可变式动态分区法（variable‐size dynamic partition）在管理上较为复杂，与固定分区法相比，可变式动态分区法在作业执行前并不建立分区，而是在处理作业过程中按需要建立分区，系统建造两张表格登录分配状态：已分配区说明表和未分配区说明表（即空白区表）。分配前，除系统本身占用外，只有一个空白区。分配时，从空白区表中寻找是否有满足作业的可用分区，如果空白区较大则分配，分配后修改两张表格的内容；如果空白区较小则系统报"内存不够"出错（出错报告 program too big 或 no enough memory）。回收时，检查邻接区是不是空白区，如果分区"上有""下有"或"上下都有"空白区，则合并成连续空白区，便于下次作业时使用方便，举例说明如图 3-22 所示。

分区号P	大小	始址	状态
1	10KB	20KB	已使用
2	—	—	
3	40KB	30KB	已使用
4	—	—	
5	—	—	

a)

分区号P	大小	始址	状态
1	—	—	
2	30KB	30KB	可用
3	—	—	
4	156KB	100KB	可用
5	—	—	

b)

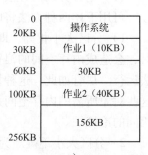

c)

图 3-22　可变式分区分配例图

这种分配技术的优点是存储空间利用率高一些，缺点是形成的"碎片（fragmentation，FRAG）无法被充分利用，有时总的空白区够用但存不进去。

3.4.2 分配算法使用特性

动态分区分配有以下几种分配算法。

1. 首次适应法（first - fit）

首次适应算法把空闲区按地址从小到大排列在空闲分区表（链）中。每次分配时，总是从头顺序查找空闲分区表（链），直到找到第一个能满足长度要求的空闲区为止。分割这个找到的空闲分区，一部分分配给作业，另一部分仍为空闲区。

这种分配算法优先利用主存低地址空闲分区，从而保留了高地址的大的空闲区，这为以后到达的大作业分配大的内存空间创造了条件。但由于低地址部分不断被分割，势必造成低地址部分有较多难以使用的"碎片"，而每次查找又都从低地址部分开始，这就增加了查找可用空闲分区的开销。

2. 循环适应法（circulation - fit）

为了改善首次适应法"经常利用的是低地址空间，后面经常可能是较大的空白区"的情况，有的系统采用记住上一次分配区地址，每次重新分配内存时，都在上一次分配区地址之后寻找。这样，每一个空白分区使用概率相同，即内存所有的线性地址空间可能轮流被使用到。分配的时间会快一些，"碎片"也可能小一些。

循环首次适应算法每次分配时，总是从上次扫描结束处顺序查找空闲分区表（链），直到找到第一个能满足长度要求的空闲区为止。分割这个找到的空闲分区，一部分分配给作业，另一部分仍为空闲区。这一算法是首次适应分配算法的一个变种，能使存储空间的利用率更加均衡，不会导致小的空闲区集中在存储器的一端，但这会缺乏大的空闲分区。

3. 最佳适应法（best - fit）

最佳适应算法要扫描整个空闲分区表（链），从空闲区中挑选一个能满足作业要求的最小分区进行分配。这种算法可保证不去分割一个更大的区域，使装入大作业时比较容易得到满足。采用这种分配算法时，可把空闲区按长度以递增顺序排列，查找时总是从最小的一个区开始，直到找到一个满足要求的分区为止。按照这种方法，在回收一个分区时也必须对空闲分区表或空闲分区链重新排列。最佳适应算法找出的分区如果正好满足要求则是最合适的了，但如果比所要求的略大，则分割后所剩下的空闲区就很小，以致无法使用。

当用户作业或进程申请一个空白区时，选择能满足要求的最小空白区分配，最佳适应法要求系统按空白区空间的大小，从小到大顺序组成一个空白区可用表或自由链。当找到第一个满足要求的空白区时停止查找，如果该空白区大于请求表中的请求长度，则与首次适应法相同，将减去请求长度后的剩余空白区部分留在可用表中。

4. 最坏适应法（worst - fit）

最坏适应法分配时选择能满足要求的最大空白区。该方法要求按空白区大小，按从大到小递减顺序组成空白区可用表或自由链。当用户作业或进程申请一个空白区时，选择能满足要求的最小空白区分配，先检查空白区可用表或自由链的第一个空白可用区的大小是否大于或等于所要求的内存长度，若小于所要求的内存长度则分配失败。

最坏适应算法要扫描整个空闲分区表（链），总是挑选一个最大的空闲区分割给作业使用，其优点是可使剩下的空闲区不至于太小，对中、小作业有利，但这会导致内存中缺乏大的空闲分区。采用这种分配算法时可把空闲区按长度以递减顺序排列，查找时只需看第一个分区能否满足作业要求即可，这使得最坏适应分配算法的查找效率很高。

可以联想平时坐公共汽车上车选择座位时，以及几个朋友或家人一起到饭馆去吃饭，在选择空位置时，服务员和顾客都有一种选择算法。在饭馆刚开门营业时往往用"首次适应法"，中途进入时服务员为了便于清理打扫往往喜欢用"循环适应法"，而有些顾客为了清静些会选用"最坏适应法"。

3.5 页式管理

3.5.1 分页的基本思想

把内存空间分成大小相等、位置固定的若干个小分区，每个小分区称为一个存储块，简称块，并依次编号为0，1，2，3，…，n块，每个存储块的大小由不同的系统决定，一般为2的n次幂，如1KB、2KB、4KB等，一般不超过4KB。而把用户的逻辑地址空间分成与存储块大小相等的若干页，依次为0，1，2，3，…，m页。当作业提出存储分配请求时，系统首先根据存储块大小把作业分成若干页。每一页可存储在内存的任意一个空白块内。此时，只要建立起程序的逻辑页和内存的存储块之间的对应关系，借助动态地址重定位技术，原本连续的用户作业在分散的不连续存储块中就能够正常投入运行。

3.5.2 静态页式管理

静态分页管理的第一步是为要求内存的作业或进程分配足够的页面。系统通过存储页面表、请求表及页表来完成内存的分配工作。静态页式管理解决了分区管理时的碎片问题。但是，由于静态页式管理要求进程或作业在执行前全部装入内存，如果可用页面数小于用户要求，该作业或进程只好等待，并且作业和进程的大小仍受内存可用页面数的限制。

1. 内存页面分配与回收

页表是内存中的一块固定存储区。页式管理时每个进程至少有一个页表。请求表用来确定作业或进程的虚拟空间的各页在内存中的实际对应位置。整个系统只有一个存储页面表，其描述了物理内存空间的分配使用状况。存储页面表有下列两种构成方法。

1）位示图法。

2）空闲页面链表法。

2. 分配算法

首先，请求表给出进程或作业要求的页面数。然后，由存储页面表检查是否有足够的空闲页面，如果没有，则本次无法分配；如果有则首先分配设置页表，并请求表中的相应表项后，按一定的查找算法搜索出所要求的空闲页面，并将对应的页号填入页表中，如图3-23所示。

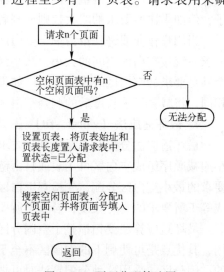

图3-23 页面分配算法图

3. 地址变换

首先，需要有一个装置页表始址和页表长度用的控制寄存器。系统所调度执行的进程页表始址和长度从请求表中取出送入控制寄存器中。然后，由控制寄存器页表始址可以找到页表的所在位置。

3.5.3 动态页式管理

动态页式管理是在静态页式管理的基础上发展起来的，它分为请求页式管理和预调入页式管理。请求页式管理和预调入页式管理在作业或进程开始执行之前，都不把作业或进程的程序段和数据段一次性地全部装入内存，而只装入被认为是经常反复执行和调用的工作区部分。其他部分则在执行过程中动态装入。请求页式管理与预调入页式管理的主要区别在它们的调入方式上。请求页式管理的调入方式是，当需要执行某条指令而又发现它不在内存时或当执行某条指令需要访问其他的数据或指令时，这些指令和数据不在内存中，从而发生缺页中断，系统将外存中相应的页面调入内存。

预调入方式是，系统对那些在外存中的页进行调入顺序计算，估计出这些页中指令和数据的执行和被访问的顺序，并按此顺序将它们顺次调入和调出内存。除了在调入方式上请求页式管理和预调入管理有些区别之外，其他方面这两种方式基本相同。因此，下面主要介绍请求页式管理。

页号	页面号	中断位	外存始址
0			
1			
2			
3			

图 3-24　加入中断处理后的页表图

请求页式管理的地址变换过程与静态页式管理时的相同，也是通过页表查出相应的页面号之后，由页面号与页内相对地址相加而得到实际物理地址，但是，由于请求页式管理只让进程或作业的部分程序和数据驻留在内存中，因此，在执行过程中不可避免地会出现某些虚页不在内存中的问题。怎样发现这些不在内存中的虚页及怎样处理这种情况，是请求页式管理必须解决的两个基本问题。

第一个问题可以用扩充页表的方法来解决。即与每个虚页号相对应，除了页面号之外，再增设该页是否在内存的中断位，以及该页在外存中的副本起始地址，如图 3-24 所示。关于虚页不在内存时的处理，涉及两个问题。第一，采用何种方式把所缺的页调入内存；第二，如果内存中没有空闲页面，把调进来的页放在什么地方。也就是说，采用什么样的策略来淘汰已占据内存的页。还有，如果在内存中的某一页被淘汰，且该页曾因程序的执行而被修改，则显然该页是应该重新写到外存上加以保存的。而那些未被访问修改的页，因为外存已保留有相同的副本，写回外存是没有必要的。因此，在页表中还应增加一项，以记录该页是否曾被改变。

在动态页管理的流程中，有关地址变换部分是由硬件自动完成的。当硬件变换机构发现所要求的页不在内存时，产生缺页中断信号，由中断处理程序做出相应的处理。中断处理程序是由软件实现的。除了在没有空闲页面时要按照置换算法选择出被淘汰的页面之外，还要从外存读入所需要的虚页。这个过程要启动相应的外存并涉及文件系统。因此，请求页式管理是一个十分复杂的处理过程，内存利用率的提高是以牺牲系统开销为代价换来的。

3.6 段式管理

3.6.1 段式管理的基本原理

1. 分段

在分段存储管理方式中，作业的地址空间被划分为若干个段，每个段定义了一组逻辑信息。例如，有主程序段 MAIN、子程序段 X、数据段 D 及栈段 S 等。每个段都有自己的名称。为了实现简单起见，通常可用一个段号来代替段名，每个段都从 0 开始编址，并采用一段连续的地址空间。段的长度由相应的逻辑信息组的长度决定，因而各段长度不等。整个作业的地址空间由于是分成多个段，因而是二维的，亦即，其逻辑地址由段号（段名）和段内地址组成，如图 3-25 所示。

分段地址中的地址具有如下结构：在该地址结构中，允许一个作业最长有 64 K 个段，每个段的最大长度为 64 KB。分段方式已得到许多编译程序的支持，编译程序能自动地根据源程

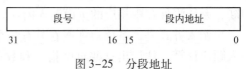

图 3-25　分段地址

序的情况而产生若干个段。例如，Pascal 编译程序可以为全局变量、用于存储相应参数及返回地址的过程调用栈，每个过程或函数的代码部分，或每个过程或函数的局部变量等，分别建立各自的段。类似地，Fortran 编译程序可以为公共块（Common block）建立单独的段，也可以为数组分配一个单独的段。装入程序将装入所有这些段，并为每个段赋予一个段号。

2. 段表

在前面介绍的动态分区分配方式中，系统为整个进程分配一个连续的内存空间。而在分段式存储管理系统中，则是为每个分段分配一个连续的分区，而进程中的各个段可以离散地移入内存中不同的分区中。为使程序能正常运行，亦即，能从物理内存中找出每个逻辑段所对应的位置，应像分页系统那样，在系统中为每个进程建立一张段映射表，简称"段表"。每个段在表中占有一个表项，其中记录了该段在内存中的起始地址（又称为"基址"）和段的长度，如图 3-26 所示。段表可以存放在一组寄存器中，这样有利于提高地址转换速度，但更常见的是将段表放在内存中。

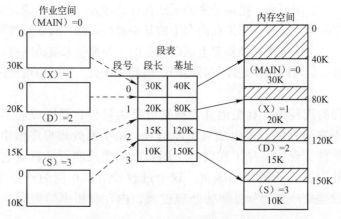

图 3-26　利用段表实现地址变换

3.6.2 地址变换机构

为了实现从进程的逻辑地址到物理地址的变换功能，在系统中设置了段表寄存器，用于存放段表始址和段表长度 TL。在进行地址变换时，系统将逻辑地址中的段号与段表长度 TL 进行比较。若 S > TL，表示段号太大，是访问越界，于是产生越界中断信号；若未越界，则根据段表的始址和该段的段号，计算出该段对应段表项的位置，从中读出该段在内存的起始地址，然后，再检查段内地址 d 是否超过该段的段长 SL。若超过，即 d > SL，同样发出越界中断信号；若未越界，则将该段的基址 d 与段内地址相加，即可得到要访问的内存物理地址。

图 3-27 给出了分段系统的地址变换过程。

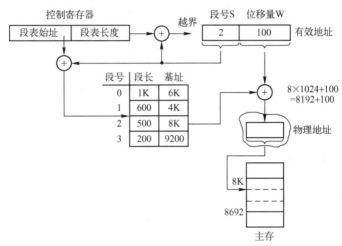

图 3-27 分段系统的地址变换

像分页系统一样，当段表放在内存中时，每次访问一个数据，都必须访问两次内存，从而极大地降低了计算机的效率。解决的方法也和分页系统类似，再增设一个联想存储器，用于保存最近常用的段表项。由于一般情况是段比页大，因而段表项的数目比页表项的数目少，其所需的联想存储器也相对较小，便可以显著地减少存取数据的时间，比起没有地址变换的常规存储器的存取速度来仅慢约 10% ～ 15%。

3.7 段页式管理

3.7.1 分页与分段管理的特点

段页式管理结合了分段式和分页式的优点，克服了二者的缺点。分页和分段都有它们的长处。分页对程序员是透明的，它消除了外部碎片，因为可以更有效地使用内存。此外，由于移入或移出内存的块是固定的、大小相等的，因而有可能开发出更精致的存储管理算法。分段对程序员是可见的，它具有处理不断增长的数据结构的能力，以及支持共享和保护的能力。为了把它们二者的优点结合起来，一些系统配备了特殊的处理器硬件和操作系统软件来同时支持两者。

段页式系统的基本原理，是基本分段存储管理方式和基本分页存储管理方式原理的结合，即先将用户程序分成若干个段，再把每个段分成若干个页，并赋予每个段一个段名。每个段依次划分成许多固定大小的页，页的长度等于内存中的页框大小。如果某一段的长度小于一页，则该段只占据一页。从程序员的角度看，逻辑地址仍然由段号和段偏移量组成；从系统的角度看，段偏移量可看作指定段中的一个页号和页偏移量。图 3-28a 给出了一个作业的地址空间和地址结构。它有三个段，页面大小为 4 KB。在段页式系统中，其地址结构由段号、段内页号及页内地址三部分所组成，如图 3-28b 所示。

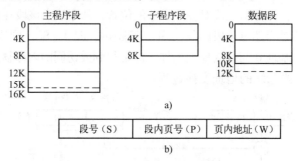

图 3-28　作业的地址空间和地址结构

内存划分：按页式存储管理方案。

内存分配：以页为单位进行分配。

3.7.2　段页式管理方式

段页式管理方式如图 3-29 所示。

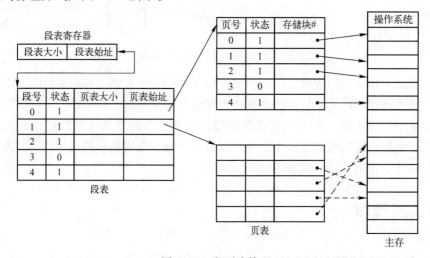

图 3-29　段页式管理

1）段表：记录了每一段的页表始址和页表长度。

2）页表：记录了逻辑页号与内存块号的对应关系（每一段有一个页表，一个程序可能有多个页表）。

3）空块分块管理方法：位示图。

计算一个作业所需要的总块数 N。查位示图，看看是否还有 N 个空闲块。如果有足够的空闲块，则页表长度设为 N，可填入到进程控制块（PCB）中：申请页表区，把页表始址填入 PCB。依次分配 N 个空闲块，将块号和页号填入页表。修改位示图。

4）分配：同页式管理。

1. 地址变换过程

在段页式系统中，为了便于实现地址变换，必须配置一个段表寄存器，其中存放段表起始地址和段表长 TL。进行地址变换时，首先利用段号 S，将它与段表长度 TL 进行比较。若 S < TL，表示未越界，于是利用段表始址和段号来求出该段所对应的段表项在段表中的位置，从中得到该段的页表始址，并利用逻辑地址中的段内页号 P 来获得对应页的页表项位置，从中读出该页所在的物理块号 b，再利用块号 b 和页内地址 d 来构成物理地址。图 3-30 给出了段页式系统中的地址变换机构。

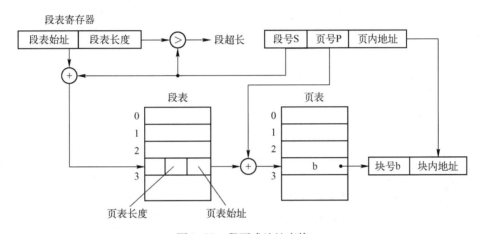

图 3-30　段页式地址变换

在段页式系统中，为了获得一条指令或数据，需三次访问内存。第一次访问是访问内存中的段表，从中取得页表始址；第二次访问是访问内存中的页表，从中取出该页所在的物理块号，并将该块号与页内地址一起形成指令或数据的物理地址；第三次访问才是真正从第二次访问所得的地址中取出指令或数据。

显然，这使访问内存的次数增加了近两倍。为了提高执行速度，在地址变换机构中增设了一个高速缓冲寄存器。每次访问它时，都必须同时利用段号和页号去检索高速缓存，若找到匹配的表项，便可从中得到相应页的物理块号，用来与页内地址一起形成物理地址；若未找到匹配表项，则仍需再进行三次访问内存。

2. 段页式运行概述

每个进程使用一个段表和一些页表，并且每个进程段使用一个页表。当一个特定的进程运行时，使用一个寄存器记录该进程段表的起始地址。对于每一个虚拟地址，处理器使用段号部分来检索进程段表以寻找该段的页表，然后虚拟地址的页号部分用于检索页表并查找相应的页框号。这结合了虚拟地址的偏移部分来产生需要的实地址。

3. 段页式存储管理的优缺点

段页式存储管理的优点如下。

1）它提供了大量的虚拟存储空间。

2）能有效地利用主存，为组织多道程序运行提供了方便。

3）便于动态申请内存。

4）便于共享和保护。

5）便于管理和使用统一化。

6）便于动态链接。

段页式存储管理的缺点如下。

1）增加了硬件成本、系统的复杂性和管理上的开销。

2）存在着系统发生抖动的危险。

3）存在着内存碎片。

4）各种表格需要占用主存空间。

一般，在使用段页式存储管理方式的计算机系统中，都在内存中开辟出一块固定的区域存放进程的段表和页表。因此，在段页式管理系统中，要对内存中的指令或数据进行一次存取的话，至少需要访问三次以上的内存。

第一次，由段表地址寄存器得到段表始址后在内存中访问该段，由此取出对应段的页表在内存中的地址。

第二次，从内存中访问页表，得到所要访问的物理地址。

第三次才能访问真正需要访问的物理单元。

显然，这将使 CPU 的执行指令速度大大降低。为了提高地址转换速度，设置快速联想寄存器就显得比段式管理或页式管理时更加需要。在快速联想寄存器中，存放当前最常用的段号 S、页号 P 和对应的内存页面与其他控制用项目。当要访问内存空间的某一单元时，可在通过段表、页表进行内存地址查找的同时，根据快速联想寄存器查找其段号和页号。如果所要访问的段或页在快速联想寄存器中，则系统不再访问内存中的段表、页表，而直接把快速联想寄存器中的值与页内相对地址 d 拼接起来得到内存地址。

总之，因为段页式管理是段式管理和页式管理方案结合而成的，所以具有它们二者的优点。但反过来说，由于管理软件的增加，复杂性和开销也就随之增加了。另外，所需要的硬件及占用的内存也有所增加。更重要的是，如果不采用联想寄存器的方式提高 CPU 的访内速度，将会使执行速度大大下降。段页式存储管理技术对当前的大、中型计算机系统来说，算是最通用、最灵活的一种方案。

3.8 虚拟存储技术

上面所讨论的各种内存管理策略都是为了同时将多个进程保存在内存中以便允许多道程序设计。它们都具有以下两个共同的特征。

1. 一次性

作业必须一次性全部装入内存后，方能开始运行。这会导致下列两种情况发生。

1）当作业很大，不能全部被装入内存时，将使该作业无法运行。

2）当大量作业要求运行时，由于内存不足以容纳所有作业，只能使少数作业先运行，导致多道程序度的下降。

2. 驻留性

作业被装入内存后，就一直驻留在内存中，其任何部分都不会被换出，直至作业运行结束。运行中的进程会因等待 I/O 而被阻塞，可能处于长期等待状态。

由以上分析可知，许多在程序运行中不用或暂时不用的程序（数据）占据了大量的内存空间，而一些需要运行的作业又无法装入运行，显然浪费了宝贵的内存资源。

所谓虚拟存储，就是把内存与外存有机地结合起来使用，从而得到一个容量很大的"内存"，即虚拟存储。

3.8.1　局部性原理

要真正理解虚拟内存技术的思想，首先必须了解计算机中著名的局部性原理。著名的 Bill Joy（前 SUN 公司 CEO）说过："在研究所的时候，我经常开玩笑地说高速缓存是计算机科学中唯一重要的思想"。事实上，高速缓存技术确实极大地影响了计算机系统的设计。从广义上讲，快表、页高速缓存及虚拟内存技术都属于高速缓存技术。这个技术所依赖的原理就是局部性原理。局部性原理既适用于程序结构，也适用于数据结构（更远地讲，Dijkstra 著名的关于"goto 语句有害"的论文也是出于对程序局部性原理的深刻认识和理解）。

CPU 访问存储器时，无论是存取指令还是存取数据，所访问的存储单元都趋于聚集在一个较小的连续区域中，程序的执行往往呈现高度的局部性。

下面介绍三种类型的局部性。

1）时间局部性：如果一个信息项正在被访问，那么在近期它很可能还会被再次访问。程序循环、堆栈等是产生时间局部性的原因。时间局部性是通过将近来使用的指令和数据保存到高速缓存存储器中，并使用高速缓存的层次结构实现的。

2）空间局部性：在最近的将来将用到的信息很可能与现在正在使用的信息在空间地址上是临近的。空间局部性通常是使用较大的高速缓存，并将预取机制集成到高速缓存控制逻辑中实现的。

3）顺序局部性：在典型程序中，除转移类指令外，大部分指令都是顺序进行的。顺序执行和非顺序执行的比例大致是 5∶1。此外，对大型数组访问也是顺序的。指令的顺序执行、数组的连续存放等是产生顺序局部性的原因。

虚拟内存技术实际上就是建立了"内存—外存"的两级存储器的结构，利用局部性原理实现高速缓存。

3.8.2　虚拟存储的基础

基于局部性原理，在程序装入时，可以将程序的一部分装入内存，而将其余部分留在外存，就可以启动程序执行。在程序执行过程中，当所访问的信息不在内存时，由操作系统将所需要的部分调入内存，然后继续执行程序。另一方面，操作系统将内存中暂时不使用的内容换出到外存上，从而腾出空间存放将要调入内存的信息。这样，系统好像为用户提供了一个比实际内存大得多的存储器，称为虚拟存储器。

之所以将其称为虚拟存储器，是因为这种存储器实际上并不存在，只是由于系统提供了部分装入、请求调入和置换功能后（对用户完全透明），给用户的感觉是好像存在一个比实际物理内存大得多的存储器。虚拟存储器的大小由计算机的地址结构决定，并非内存和外存的简单相加。虚拟存储器有以下三个主要特征。

1）多次性。是指无须在作业运行时一次性地全部装入内存，而是允许被分成多次调入内存运行。

2）对换性。是指无须在作业运行时一直常驻内存，而是允许在作业的运行过程中进行换进和换出。

3）虚拟性。是指从逻辑上扩充内存的容量，使用户所看到的内存容量远大于实际的内存容量。

在虚拟内存中，允许将一个作业分多次调入内存。采用连续分配方式时，会使相当一部分内存空间都处于暂时或"永久"的空闲状态，造成内存资源的严重浪费，而且也无法从逻辑上扩大内存容量。因此，虚拟内存的实现需要建立在离散分配的内存管理方式的基础上。虚拟内存的实现有以下三种方式。

- 请求分页存储管理。
- 请求分段存储管理。
- 请求段页式存储管理。

不管哪种方式，都需要有一定的硬件支持。一般需要的支持有以下几个方面。

- 一定容量的内存和外存。
- 页表机制（或段表机制），作为主要的数据结构。
- 中断机构，当用户程序要访问的部分尚未调入内存时，则产生中断。
- 地址变换机构，逻辑地址到物理地址的变换。

3.8.3 用分页管理实现虚拟存储

分页存储管理是将一个进程的逻辑地址空间分成若干个大小相等的片，称为页面或页，并为各页加以编号，从 0 开始，如第 0 页、第 1 页等。相应地，也把内存空间分成与页面相同大小的若干个存储块，称为（物理）块或页框（frame），也同样为它们加以编号，如 0#块、1#块等。在为进程分配内存时，以块为单位将进程中的若干个页分别装入到多个可以不相邻接的物理块中。由于进程的最后一页经常装不满一块而形成了不可利用的碎片，称为"页内碎片"。

采用分页存储器允许把一个作业存放到若干不相邻的分区中，既可免去移动信息的工作，又可尽量减少主存的碎片。分页式存储管理的基本原理如下：

1）页框：物理地址分成大小相等的许多区，每个区称为一块。

2）逻辑地址分成大小相等的区，区的大小与块的大小相等，每个称为一个页面。

3）逻辑地址形式：与此对应，分页存储器的逻辑地址由两部分组成：页号和单元号。逻辑地址的格式为：页号 + 单元号（页内地址），采用分页式存储管理时，逻辑地址是连续的。所以，用户在编制程序时仍只需使用顺序的地址，而不必考虑如何分页。

4）页表和地址转换：采用的办法是动态重定位技术，让程序的指令执行时做地址变换，由于程序段以页为单位，所以，给每个页设立一个重定位寄存器，这些重定位寄存器的集合便称为页表。页表是操作系统为每个用户作业建立的，用来记录程序页面和主存对应页框的对照表，页表中的每一栏指明了程序中的一个页面和分得的页框的对应关系。绝对地址 = 块号 × 块长 + 单元号

请求分页系统建立在基本分页系统基础之上，为了支持虚拟存储器功能而增加了请求调页功能和页面置换功能。请求分页是目前最常用的一种实现虚拟存储器的方法。

在请求分页系统中，只要求将当前需要的一部分页面装入内存，便可以启动作业运行。在作业执行过程中，当所要访问的页面不在内存中时，再通过调页功能将其调入，同时还可以通过置换功能将暂时不用的页面换出到外存上，以便腾出内存空间。

为了实现请求分页，系统必须提供一定的硬件支持。除了需要一定容量的内存及外存的计算机系统，还需要有页表机制、缺页中断机构和地址变换机构。

1. 页表机制

请求分页系统的页表机制不同于基本分页系统，请求分页系统在一个作业运行之前不要求全部一次性调入内存，因此在作业的运行过程中，必然会出现要访问的页面不在内存的情况，如何发现和处理这种情况是请求分页系统必须解决的两个基本问题。为此，在请求页表项中增加了 4 个字段，如图 3-31 所示。

| 页号 | 物理块号 | 状态位P | 访问字段A | 修改位M | 外存地址 |

图 3-31　请求分页系统中的页表项

增加的 4 个字段的说明如下。

1）状态位 P：用于指示该页是否已调入内存，供程序访问时参考。

2）访问字段 A：用于记录本页在一段时间内被访问的次数，或记录本页最近已有多长时间未被访问，供置换算法换出页面时参考。

3）修改位 M：标识该页在调入内存后是否被修改过。

4）外存地址：用于指出该页在外存上的地址，通常是物理块号，供调入该页时参考。

2. 缺页中断机构

在请求分页系统中，每当所要访问的页面不在内存中时，便产生一个缺页中断，请求操作系统将所缺的页调入内存。此时应将缺页的进程阻塞（调页完成唤醒），如果内存中有空闲块，则分配一个块，将要调入的页装入该块，并修改页表中相应的页表项，若此时内存中没有空闲块，则要淘汰某页（若被淘汰页在内存期间被修改过，则要将其写回外存）。

缺页中断作为中断同样要经历诸如保护 CPU 环境、分析中断原因、转入缺页中断处理程序及恢复 CPU 环境等几个步骤。但与一般的中断相比，它有以下两个明显的区别。

1）在指令执行期间产生和处理中断信号，而非一条指令执行完后，属于内部中断。

2）一条指令在执行期间可能产生多次缺页中断。

3. 地址变换机构

请求分页系统中的地址变换机构是在分页系统地址变换机构的基础上，为实现虚拟内存，又增加了某些功能而形成的。

如图 3-32 所示，在进行地址变换时，先检索快表，若找到要访问的页，便修改页表项中的访问位（写指令则还需重置修改位），然后利用页表项中给出的物理块号和页内地址形成物理地址；若未找到该页的页表项，应到内存中去查找页表，再对比页表项中的状态位 P，看该页是否已调入内存，若未调入则产生缺页中断，请求从外存把该页调入内存中。

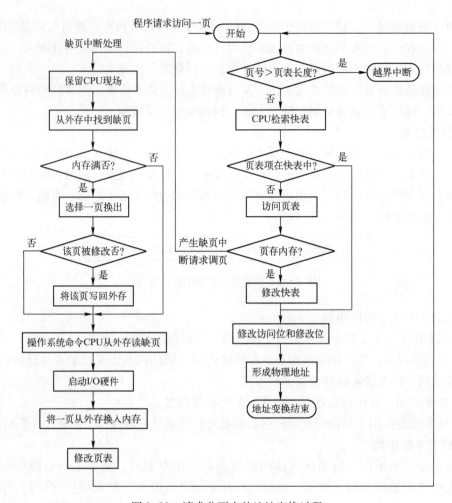

图 3-32　请求分页中的地址变换过程

3.8.4　虚拟存储页面置换算法

如果内存没有空间，调入新的页就需要淘汰旧的页，这个过程称为页面置换。页面置换是多年来计算机操作系统如何分配内存空间存储器管理中比较广泛的一个研究课题。因为置换算法的好坏直接影响系统的性能，若选用的算法不合适，可能会出现抖动的现象，导致系统的大部分时间花费在页面的调度和传输上，降低了系统的实际效率。页面调度算法的理想情况是换出的页面再也不用或很长时间后才使用的概率很小。但这是很难的，因为计算机并不清楚用户的程序内容。对特定的访问序列来说，为确定缺页的数量和页面置换算法，还要知道可用的内存块数。为了更好地说明页面置换算法，采用下述页面走向：7, 0, 1, 2, 0, 3, 0, 4, 2, 3, 0, 3, 2, 1, 2, 0, 1, 7, 0, 1，并且假定每个作业只有 3 个内存块可供使用，来探讨常用的页面置换算法。

1. 最优页面置换算法 OPT

OPT 算法是 1966 年由 Belady 提出的一种算法，其实质是从内存中移出以后不再使用的页面。这是一种理想化的置换算法，其优点是缺页中断率最低。它要求操作系统能知道进程

"将来"页面的使用情况，但这是不可能实现的，因为程序的执行是不可预测的。对于上面的页面走向来说，最优页面置换算法仅出现 9 次缺页中断，如图 3-33 所示。

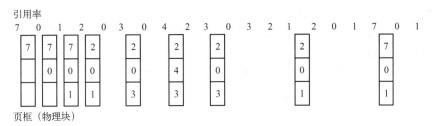

图 3-33　OPT 算法过程

　　3 个内存块最初都是空的，前面 3 个页面访问（7，0，1）导致缺页，它们被分别放入这 3 个块中，即先将（7，0，1）这 3 个页面装入内存，下面访问页面 2 时，因 3 个内存块中都有页面，将会产生缺页中断。此时 OS 根据最佳置换算法，将选择页面 7 予以淘汰。这是因为页面 0 将作为第 5 次被访问的页面，页面 1 是第 14 次被访问的页面，而页面 7 要在第 18 次页面访问时才需调入。下面访问页面 0 时因它已不在内存而不会产生缺页中断。当进程访问页面 3 时，又将引起页面 1 被淘汰，因它在现在的(1,2,0)3 个页面中，将是最后被访问的。这样依次顺序访问页面，每出现 1 次缺页，就显示出置换后的情况，共计 9 次缺页。缺页中断率为 f =（9/20）×100% ＝45%。

2. 先进先出置换算法 FIFO

　　FIFO 算法是最简单的页面置换算法，其实质是选择在主存中停留时间最长（即最老）的一页置换，即最早进入内存的页，最先退出内存。理由是最早调入内存的页，其不再被使用的可能性比刚调入内存的可能性大。

　　第一种方法为：建立一个 FIFO 队列，选择最早进入内存的页面置换（即查看页面访问序列的页面号，确定谁是最早进入内存的页面），当一个页面被放入内存时，则把该页面插在置换页面上。前面 3 次缺页情况与 OPT 算法一样，下面访问页面 2，发生缺页，因 3 个内存块中都有页面，根据 FIFO 算法，页面 7 是最先进入的，所以要置换页面 7，在第 1 次访问页面 3 时，又将把页面 0 换出。这样依次顺序访问页面，如图 3-34 所示。每出现一次缺页，则显示出置换后的情况，共计 15 次缺页。缺页中断率为 f =（15/20）×100% ＝75%。

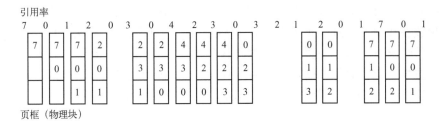

图 3-34　FIFO 算法过程

　　第二种方法为：建立一个 FIFO 队列，按进入的时间次序建立链队列，要置换的页面总是排在队列头上，当一个页面被放入内存时，就把该页面插在队列尾上。其分析情况与第一种方法一样，共计 15 次缺页。此队列方法比较简明扼要，容易掌握。分析可知，先进先出置换算法 FIFO 的优点是实现简单，容易理解，在按线性顺序访问地址空间时是理想的。因为那些常被访问的页往往在主存中也停留得最久，结果它们因变"老"而不得不被置换出去。其缺点是遇到常用的页效率降低，例如有循环计算的程序；另一个缺点是没有考虑到程序的动态特征，有时内存很大反而缺页中断率高，即对于某一特定的页面走向，先进先出算法会出现缺页中断率随着被分配的内存块增加反而上升的反常现象，即 Belady 现象，例如在程序中可能要经常实施入栈出栈操作。

3. 最久未使用置换算法 LRU

LRU 算法与每个页面最后使用的时间有关。当必须置换一个页面时，LRU 算法选择过去一段时间里最久未被使用的页面。前面 3 次缺页情况和 OPT 算法一样，当访问到页面 2 时，LRU 算法查看内存中的 3 个页，其中页面 1 刚刚用过，而页面 7 很久未使用，所以置换页面 7，当进程第一次对页面 3 进行访问时，页面 1 成为最近最久未使用的页，这样依次顺序访问，如图 3-35 所示，共计 12 次缺页。缺页中断率为 f = (12/20) × 100% = 60%。

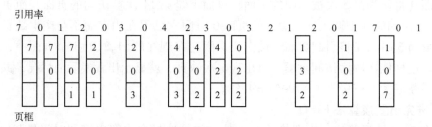

图 3-35　LRU 算法过程

如果给定的页面走向为 4 个内存块，其结果共计 8 次缺页，缺页中断率为 40%。一般来说，对于 LRU 算法不会出现页面异常现象。LRU 算法是经常采用的页面置换算法，并被认为是相当好的，但是存在如何实现它的问题。LRU 算法需要实际硬件的支持。其问题是怎么确定最后使用时间的顺序，对此有两种可行的办法：一是使用计数器。最简单的情况是使每个页表项对应一个使用时间字段，并给 CPU 增加一个逻辑时钟或计数器。每次存储访问，该时钟都加 1。每当访问一个页面时，时钟寄存器的内容就被复制到相应页表项的使用时间字段中。这样就可以始终保留着每个页面最后访问的"时间"。在置换页面时，选择该时间值最小的页面。这样不仅要查页表，而且当页表改变时（因 CPU 调度）还要维护这个页表中的时间，还要考虑到时钟值溢出的问题。二是使用栈。每当访问一个页面时，就把它从栈中取出放在栈顶上。由于要从栈的中间移走一项，所以要用具有头尾指针的双向链连起来。在最坏的情况下，移走一页并把它放在栈顶上需要改动 6 个指针。每次修改都要有开销，但需要置换哪个页面却可以直接得到，不用查找，因为尾指针指向栈底，其中有被置换页。实现 LRU 算法必须有大量硬件支持，还需要一定的软件开销。所以，实际实现的都是一种简单有效的 LRU 近似算法。

4. 最近未使用算法 NUR

NUR 算法在存储分块表的每一表项中增加一个引用位，操作系统定期地将它们置为 0。过一段时间后，通过检查这些位可以确定哪些页使用过，哪些页自上次置 0 后还未使用过。把该位是 0 的页淘汰出去，因为在最近一段时间里它们未被访问过。

当进程执行中总内存的需求量超出实际内存量时，为释放内存块给新的页面，需要进行页面置换。有各种页面置换算法可供使用。FIFO 是最容易实现的，但性能不是很好；OPT 需要将来发生的信息，仅有理论价值；LRU 是 OPT 的近似算法，但实现时要有硬件的支持和软件开销；多数页面置换算法，如最近未使用算法都是 LRU 的近似算法；页面缓冲置换算法采用 FIFO 选择被置换的页面，它不仅改善了页面调度的性能，而且是一种较为简单的置换策略，此算法大大减少了 I/O 操作的次数，减少了系统开销。

3.9 思考与练习

1. 存储管理的主要功能是什么？
2. 为什么要引入动态重定位？如何实现？
3. 分别说明支持页式、段式和段页式虚拟存储器所需的硬件配置、数据结构及地址转换过程。
4. 说明页式系统中几种常用淘汰算法的基本思想。
5. 编制一个程序，实现循环首次适应法的基本功能，包括分配和释放过程。
6. 如将页表存放在高速缓冲存储器 Cache 中，与使用快表比较起来，各有什么优缺点？
7. 一个计算机系统的虚拟存储器的最大容量和实际容量分别由什么决定？
8. 如何理解页面淘汰算法中的 FIFO 异常？请再举一个 FIFO 异常的例子。
9. 覆盖和交换的区别是什么？各有什么优缺点？
10. 比较分别采用数组和链表两种数据结构实现最佳适应算法和最差适应算法的优缺点，要考虑分配和释放两个过程。
11. 什么是内存碎片和外部碎片？各种存储管理方法可能产生何种碎片？
12. 要克服系统存储分配的抖动现象，可采用哪几种方法？比较它们的优缺点。
13. 为什么要将程序的逻辑地址与物理地址分开？叙述这两种地址的区别。
14. 虚拟存储器有哪些特征？其中最本质的特征是什么？
15. 在一个请求分页系统中，采用 FIFO 页面置换算法时，假如一个作业的页面走向为 4、3、2、1、4、3、5、4、3、2、1、5，当分配给该作业的物理块数 M 分别为 3 和 4 时，试计算在访问过程中所发生的缺页次数和缺页率，并比较所得结果。

第4章 设备管理

计算机系统的一个重要组成部分是 I/O 系统，同时也是设计最为复杂的部分，这主要是因为其使用着大量特点完全不同的设备。计算机系统中除了 CPU 和内存之外的所有硬件资源统称为外部设备。而设备管理的基本任务是完成用户提出的 I/O 请求，提高 I/O 速率，以及提高 I/O 设备的利用率；解决由于设备和 CPU 速度的不匹配所引起的问题，使主机和设备能够并行工作，提高设备使用效率。本章的设备管理内容主要涉及缓冲区管理、磁盘调度、高速缓存和 RAID 磁盘设计等。

4.1 I/O 设备功能的组织

I/O 设备的种类非常多，这里讨论按照不同分类方式对 I/O 设备的分类，并着重讨论 I/O设备的三种访问方式。

4.1.1 I/O 功能的发展

1. I/O 设备的分类

（1）按传输速率分类

1）低速设备：指传输速率为每秒钟几个字节到数百个字节的设备。典型的设备有键盘、鼠标和语音的输入等。

2）中速设备：指传输速率在每秒钟数千个字节至数十千个字节的设备。典型的设备有行式打印机、激光打印机等。

3）高速设备：指传输速率在数百千个字节至数兆字节的设备。典型的设备有磁带机、磁盘机和光盘机等。

（2）按信息交换的单位分类

1）块设备（Block Device）：指以数据块为单位来组织和传送块设备数据信息的设备。这类设备用于存储信息，如磁盘等。它属于有结构设备。典型的块设备是磁盘，每个盘块的大小为 512B ～ 4KB，磁盘设备的基本特征是：①传输速率较高，通常每秒钟为几兆位；②它是可寻址的，即可随机地读/写任意一块；③磁盘设备的 I/O 采用 DMA 方式。

2）字符设备（Character Device）：指以单个字符为单位来传送字符和数据信息的设备。这类设备一般用于数据的输入和输出，如交互式终端、打印机等。它属于无结构设备。字符设备的基本特征是：①传输速率较低；②不可寻址，即不能指定输入时的源地址或输出时的目标地址；③字符设备的 I/O 常采用中断驱动方式。

（3）按资源分配的角度分类

1）独占设备：指在一段时间内只允许一个用户（进程）访问的设备，大多数低速的 I/O设备，如用户终端、打印机等都属于这类设备。因为独占设备属于临界资源，所以多个并发进程必须互斥地进行访问。

2）共享设备：指在一段时间内允许多个进程同时访问的设备。显然共享设备必须是可寻址和可随机访问的设备，典型的共享设备是磁盘。共享设备不仅可以获得良好的设备利用率，而且是实现文件系统和数据库系统的物质基础。

3）虚拟设备：指通过虚拟技术将一台独占设备变换为若干台供多个用户（进程）共享的逻辑设备。一般可以利用假脱机技术（SPOOLing技术）实现虚拟设备。

2. I/O设备的特点

（1）操作系统需要管理的最复杂的资源

1）种类繁多，工作模式各不相同。

2）数据多样，处理方式各不相同。

3）性能参差，运行控制多种多样。

（2）最容易成为计算机系统的瓶颈

1）很多I/O设备使用机械操作，导致其速度较CPU相差很大。

2）进程运行中的输入/输出操作可能造成系统运行的性能瓶颈。

3）I/O管理：如何最大限度地保证I/O设备与CPU的并行工作。

3. 更多I/O设备分类

1）顺序或随机设备：顺序设备按其固有的顺序来传输数据，而随机访问设备的用户可以让设备寻找到任一数据存储位置。

2）同步或异步设备：同步设备按一定响应时间来进行数据传输，而异步设备呈现的是规则或不可预测的响应时间。

3）共享或专用设备：共享设备可以被多个进程或线程并发使用，而专用设备则不能。

4）操作速度不同的设备：设备速度从每秒几个字节到每秒数G字节。

5）读写，只读，只写设备：有的设备能读能写，而其他只支持单向数据操作（读或写）。

4. I/O系统的功能

I/O系统的主要功能是对指定外设进行I/O操作，同时完成许多其他的控制。包括外设编址，数据通路的建立，以及向主机提供外设的状态信息等。

1）程序直接控制方式：在这种方式下控制者是用户进程，当用户进程需要输入或输出数据时，它通过CPU发出启动设备的指令，然后，用户进程进入测试等待状态。

2）程序中断I/O控制方式：仅当I/O操作正常或异常结束时才中断中央处理器，从而实现了一定程度的并行操作。

3）DMA控制方式：在外围设备和内存之间开辟直接的数据交换通路。

4）I/O通道控制方式：以内存为中心，实现设备和内存直接交换数据的控制方式。数据的传送方向、存放数据的内存始址及传送的数据块长度等都由通道来进行控制。

5. I/O设备访问方式

对I/O设备常见的三种访问技术如图4-1所示。

● 可编程I/O。

● 中断驱动I/O。

● 直接内存存取（DMA）。

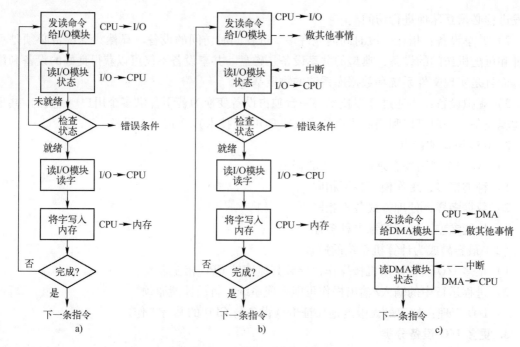

图 4-1　用于输入数据的 3 种技术

（1）可编程 I/O

当处理器遇到与 I/O 相关的指令时，通过向对应的 I/O 模块发送命令来执行该指令。
I/O 模块执行请求动作，并设置 I/O 状态寄存器的相应位。I/O 模块不会通知处理器，
也不会中断处理器。处理器在执行 I/O 指令后，还需定期检查 I/O 模块的状态，以确定 I/O
操作是否完成。处理器负责从内存中读取数据用于输出，并在内存中保存数据用于输入。

I/O 指令类型：控制（外设），（检查）状态，传送（数据）。

主要缺点为耗时（处理器需长时等待 I/O 操作的准备和完成）和低效（处理器需不断
询问 I/O 模块的状态）。

（2）中断驱动 I/O

处理器在给 I/O 模块发送 I/O 命令后，继续做其他有用的工作。I/O 模块在准备好与处
理器交换数据后，就打断处理器的执行，并请求服务。处理器执行数据传送，然后恢复以前
执行的处理。中断驱动 I/O 较可编程 I/O 虽更有效，但是处理器仍需主动干预存储器与 I/O
模块之间的数据传送，且所有数据的传送都必须通过处理器。

编程 I/O 和中断驱动 I/O 的固有缺陷如下。

1）I/O 传送的速度受限于处理器测试设备和为设备提供服务的速度。

2）处理器被管理 I/O 传送的工作所占用，对每次的 I/O 传送都必须执行许多指令。

4.1.2　直接存储器访问

DMA（Direct Memory Access，直接内存存取）是所有现代计算机的重要特色，它允许不
同速度的硬件装置直接沟通，而不需要依赖 CPU 的大量中断负载。否则，CPU 需要从来源
把每一片段的资料复制到寄存器，然后把它们再次写回到新的地方。在这个时间中，CPU

对于其他的工作来说就无法使用。DMA 传输方式无须 CPU 直接控制传输，也没有中断处理方式那样保留现场和恢复现场的过程，通过硬件为 RAM 与 I/O 设备开辟一条直接传送数据的通路，能使 CPU 的效率大为提高。

直接内存存取的工作原理如图 4-2 所示。

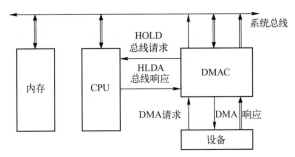

图 4-2　DMA 工作原理

DMA 传输将数据从一个地址空间复制到另外一个地址空间。当 CPU 初始化这个传输动作时，传输动作本身由 DMA 控制器来实行和完成。典型的例子就是移动一个外部内存的区块到芯片内部更快的内存区。类似这样的操作并没有让处理器工作拖延，它可以被重新分配去处理其他的工作。DMA 传输对于高效能嵌入式系统算法和网络是很重要的。

在实现 DMA 传输时，DMA 控制器直接掌管总线，因此，存在着一个总线控制权转移问题。即 DMA 传输前，CPU 要把总线控制权交给 DMA 控制器，而在结束 DMA 传输后，DMA 控制器应立即把总线控制权再交回给 CPU。一个完整的 DMA 传输过程必须经过 DMA 请求、DMA 响应、DMA 传输和 DMA 结束 4 个步骤。

1. DMA 请求

CPU 对 DMA 控制器初始化，并向 I/O 接口发出操作命令，I/O 接口提出 DMA 请求。

2. DMA 响应

DMA 控制器对 DMA 请求判别优先级及屏蔽，向总线裁决逻辑提出总线请求。当 CPU 执行完当前总线周期后即可释放总线控制权。此时，总线裁决逻辑输出总线应答，表示 DMA 已经响应，通过 DMA 控制器通知 I/O 接口开始 DMA 传输。

3. DMA 传输

DMA 控制器获得总线控制权后，CPU 即刻挂起或只执行内部操作，由 DMA 控制器输出读写命令，直接控制 RAM 与 I/O 接口进行 DMA 传输。

在 DMA 控制器的控制下，在存储器和外部设备之间直接进行数据传送，在传送过程中不需要中央处理器的参与。开始时需提供要传送的数据的起始位置和数据长度。

4. DMA 结束

当完成规定的成批数据传送后，DMA 控制器即释放总线控制权，并向 I/O 接口发出结束信号。当 I/O 接口收到结束信号后，一方面停止 I/O 设备的工作，另一方面向 CPU 提出中断请求，使 CPU 从不介入的状态中解脱，并执行一段检查本次 DMA 传输操作正确性的代码。最后，带着本次操作结果及状态继续执行原来的程序。

由此可见，DMA 传输方式无须 CPU 直接控制传输，也没有中断处理方式那样保留现场和恢复现场的过程，通过硬件为 RAM 与 I/O 设备开辟一条直接传送数据的通路，使 CPU 的效率大为提高。

DMA 技术的出现使得外围设备可以通过 DMA 控制器直接访问内存，与此同时，CPU 可以继续执行程序。那么 DMA 控制器与 CPU 怎样分时使用内存呢？通常采用以下三种方法：①停止 CPU 访问内存；②周期挪用；③DMA 与 CPU 交替访问内存。

（1）停止 CPU 访问内存

当外围设备要求传送一批数据时，由 DMA 控制器发一个停止信号给 CPU，要求 CPU 放弃对地址总线、数据总线和有关控制总线的使用权。DMA 控制器获得总线控制权以后，开始进行数据传送。在传送完一批数据后，DMA 控制器通知 CPU 可以使用内存，并把总线控制权交还给 CPU。图 4-3 所示是这种传送方式的时间图。很显然，在这种 DMA 传送过程中，CPU 基本处于不工作状态或者说保持状态。

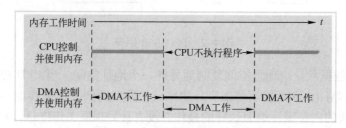

图 4-3　停止 CPU 访问内存

优点：控制简单，适用于数据传输率很高的设备进行成组传送。

缺点：在 DMA 控制器访问内存阶段，内存的效能没有充分发挥，相当一部分内存工作周期是空闲的。这是因为外围设备传送两个数据之间的间隔一般总是大于内存存储周期，即使高 I/O 设备也是如此。例如，软盘读出一个 8 位二进制数大约需要 $32\mu s$，而半导体内存的存储周期小于 $0.5\mu s$，因此许多空闲的存储周期不能被 CPU 利用。

（2）周期挪用

当 I/O 设备没有 DMA 请求时，CPU 按程序要求访问内存；一旦 I/O 设备有 DMA 请求，则由 I/O 设备挪用一个或几个内存周期。

这种传送方式的时间图如图 4-4 所示。

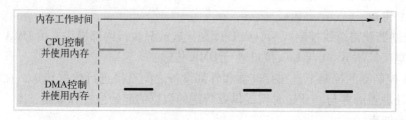

图 4-4　周期挪用

I/O 设备要求 DMA 传送时可能遇到两种情况。

1）此时 CPU 不需要访问内存，如 CPU 正在执行乘法指令。由于乘法指令的执行时间较长，此时 I/O 访问内存与 CPU 访问内存没有冲突，即 I/O 设备挪用 1～2 个内存周期对 CPU 执行程序没有任何影响。

2）I/O 设备要求访问内存时 CPU 也要求访问内存，这就产生了访问内存冲突，在这种情况下 I/O 设备访问内存优先，因为 I/O 访问内存有时间要求，前一个 I/O 数据必须在下一个访问请求到来之前存取完毕。显然，在这种情况下 I/O 设备挪用 1 ～ 2 个内存周期，意味着 CPU 延缓了对指令的执行，或者更明确地说，在 CPU 执行访问内存指令的过程中插入 DMA 请求，挪用了 1 ～ 2 个内存周期。与停止 CPU 访问内存的 DMA 方法比较，周期挪用的方法既实现了 I/O 传送，又较好地发挥了内存和 CPU 的效率，是一种广泛采用的方法。但是 I/O 设备每一次周期挪用都有申请总线控制权、建立总线控制权和归还总线控制权的过程，所以传送一个字对内存来说要占用一个周期，但对 DMA 控制器来说一般要 2 ～ 5 个内存周期（视逻辑线路的延迟而定）。因此，周期挪用的方法适用于 I/O 设备读写周期大于内存存储周期的情况。

（3）DMA 与 CPU 交替访问内存

如果 CPU 的工作周期比内存存取周期长很多，此时采用交替访问内存的方法可以使 DMA 传送和 CPU 同时发挥最高的效率。

这种传送方式的时间图如图 4-5 所示。

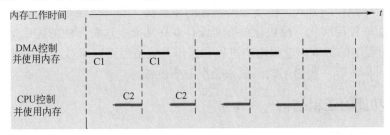

图 4-5　DMA 与 CPU 交替访问内存

图 4-5 所示是 DMA 与 CPU 交替访内的详细时间图。假设 CPU 的工作周期为 1.2μs，内存存取周期小于 0.6μs，那么一个 CPU 周期可以分为 C1 和 C2 两个分周期，其中 C1 专供 DMA 控制器访问内存，C2 专供 CPU 访问内存。

这种方式不需要总线使用权的申请、建立和归还过程，总线使用权是通过 C1 和 C2 分时制的。CPU 和 DMA 控制器各自有自己的访内地址寄存器、数据寄存器和读/写信号等控制寄存器。在 C1 周期中，如果 DMA 控制器有访问内存请求，可将地址、数据等信号送到总线上。在 C2 周期中，如果 CPU 有访问内存请求，同样传送地址、数据等信号。事实上，对于总线，这是用 C1、C2 控制的一个多路转换器，这种总线控制权的转移几乎不需要什么时间，所以对 DMA 传送而言效率是很高的。

这种传送方式又称为"透明的 DMA"方式，这种 DMA 传送对 CPU 来说如同透明的玻璃一般，没有任何感觉或影响。在透明的 DMA 方式下工作，CPU 既不停止主程序的运行，也不进入等待状态，是一种高效率的工作方式。当然，相应的硬件逻辑也就更加复杂。

4.2　操作系统设计问题

本节将从效率和通用性两个角度讨论操作系统设计的目标，然后讨论操作系统的分层，以及 I/O 设备的逻辑结构。

4.2.1　设计目标

设计目标：效率和通用性。

1. 效率：提高 I/O 的效率

在设计 I/O 机制时，效率是很重要的，这是因为 I/O 操作通常是计算机系统的瓶颈。与内存和处理器相比，大多数 I/O 设备的速度都非常低。解决这个问题的一种方法是多道程序设计，多道程序设计允许在一些进程执行的同时其他一些进程在等待 I/O 操作。但是，即使到了计算机中拥有大量内存的今天，I/O 操作跟不上处理器活动的情况仍然频繁出现。交换技术用于将额外的就绪进程加载到内存中，从而保证处理器处于工作状态，但这本身就是一个 I/O 操作。因此，I/O 设计的一个主要任务就是提高 I/O 效率，包含 I/O 缓冲、磁盘调度、磁盘阵列和磁盘高速缓存等。

2. 通用性

另一个重要目标是通用性。出于简单和避免错误的考虑，人们希望能用一种统一的方式处理所有的设备。

这意味着从两个方面都需要统一，一是从 CPU 的角度看待 I/O 设备的方式，二是 OS 管理 I/O 设备和 I/O 操作的方式。由于设备特性的多样性，实际上很难真正实现通用性，目前所能做的就是用一种层次化、模块化的方法设计 I/O 功能。这种方法的优点是隐藏了大部分 I/O 设备低层历程中的细节，使得用户进程和操作系统高层可以通过诸如 read、write、open、close、lock 和 unlock 等一些通用的函数来操作 I/O 设备。

4.2.2 I/O 功能的逻辑结构

1. 操作系统功能的分层

操作系统的功能可以根据其复杂性、特征时间尺度（time scale）和抽象层次来分层，按照这个方法，可以将操作系统组织分成如表 4-1 所示的一系列层次。

表 4-1　操作系统组织层次

	层　次	名　称	对　象	示 例 操 作
外部逻辑对象	13	shell	用户编程环境	shell 语句
	12	用户进程	用户进程	退出、终止、挂起、恢复
	11	目录	目录	创建、删除、连接、分离、查找、列表
	10	设备	外设（如显示器、键盘）	打开、关闭、读、写
	9	文件系统	文件	创建、删除、打开、关闭、读、写
	8	通信	管道	创建、删除、打开、关闭、读、写
内部资源	7	虚拟存储器	段、页	读、写、取
	6	本地辅存	数据块、设备通道	读、写、分配、空闲
	5	原始进程	进程、信号量、就绪列表	挂起、恢复、等待、发信号
硬件	4	中断	中断处理程序	调用、屏蔽、去屏蔽、重试
	3	过程	过程、调用栈、显示	标记栈、调用、返回
	2	指令集	计算栈、微程序解释器标量与数组数据	加载、保存、加、减、分支
	1	电路	寄存器、门和总线等	清空

操作系统的每一层都执行操作系统所需要的功能的一个相关子集，它依赖于更低一层所执行的更原始的功能，从而可以隐藏这些功能的细节。同时，每一层又为高一层提供服务。

理想情况下，这些层应该定义成某一层的变化不需要改动其他层。因此，可以把一个问题分解成一些更易于控制的子问题。

2. 多层结构

一般来说，层次越低，处理的时间尺度就越小。操作系统的某些部分必须直接与计算机硬件交互，这时一个事件的时间尺度只有几个十亿分之一秒。而在另一端，操作系统的某些部分必须与用户交互，而用户以一种比较悠闲的速度发出命令，可能是每几秒一次。多层结构非常适合这种情况。

把这种原理应用于 I/O 机制可以得到如图 4-6 所示的组织类型。组织的细节取决于设备的类型和应用程序。图 4-6 中给出了三个最重要的逻辑结构。当然，一个特定的操作系统可能并不完全符合这些结构，但是，它的基本原则是有效的，并且大多数操作系统都通过类似的途径进行 I/O。

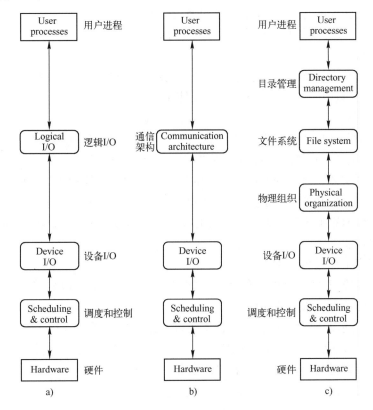

图 4-6 I/O 组织模型

3. 三个重要的逻辑结构

把层次化原理应用于 I/O 功能，给出三个最重要的逻辑结构。

（1）本地外围设备

1）逻辑 I/O。

逻辑 I/O 模块把设备当做一个逻辑资源来处理，它并不关心实际控制设备的细节。逻辑 I/O 模块代表用户进程管理的一般的 I/O 功能，允许用户进程根据设备标示符，以及诸如 open、close、read 和 write 之类的简单命令与设备打交道。大部分 I/O 软件是与设备无关的，

89

设备驱动程序与设备无关软件的确切界限依赖于具体系统。

设备无关 I/O 软件的常见功能如下。

① 设备驱动程序的统一接口：实现一般设备都需要的 I/O 功能，向用户层软件提供统一接口。

② 设备命名：把设备的符号名映射到相应的设备驱动程序上。

③ 设备保护：防止无权限用户存取设备。

④ 提供一个与设备无关的块大小：屏蔽"不同设备基本单位可以不同"这一事实（不同的磁盘扇区尺寸可以不同，不同的字符设备传输单位也可以不同），向较高层软件提供统一块大小的抽象设备。

⑤ 缓冲：通过缓冲区来协调设备的读写速度和用户进程的读写速度。

⑥ 块设备的存储分配：磁盘空闲块管理。

⑦ 分配和释放独占设备：对独占设备的使用请求进行检查。

⑧ 错误报告：报告设备驱动程序无法处理的出错信息。

2）设备 I/O。

请求的操作和数据（缓冲的数据、记录等）被转换成适当的 I/O 指令序列、通道命令和控制器指令。可以使用 I/O 缓冲技术来提高使用率。

3）调度和控制。

I/O 操作的排队与调度实际上发生在这一层。因此，在这一层处理中断，收集并报告 I/O 状态。这一层是与 I/O 模块和设备硬件真正发生交互的软件层。

物理设备控制实体，直接面对硬件设备的控制细节。通常体现为设备驱动程序，如并发 I/O 访问调度，设备控制和状态维护，以及中断处理等。设备驱动程序处理一种或一类设备类型，只存在细微差别的不同品牌终端可使用同一个终端驱动程序，性能差别很大的终端应该使用不同的终端驱动程序。

设备驱动程序工作过程如下。

① 接收来自逻辑 I/O 软件的抽象请求（如"读第 n 块"），将其转换成具体的形式（如计算第 n 块的实际位置、检查磁头臂等）。

② 执行这个请求，即通过设备控制器中的寄存器向控制器发出 I/O 命令并监督执行。

③ 在 I/O 操作完成后（阻塞或不阻塞），进行错误检查，若无错则将数据传送到与设备无关的软件层，否则进行出错处理（重试、忽略或报警等）。

④ 返回状态信息。

（2）通信端口

对于一个通信设备而言，I/O 结构（如图 4-6b 所示）看上去和之前描述的几乎一样。主要差别是逻辑 I/O 模块被通信体系结构取代，通信体系结构自身也是由许多层组成的。

（3）文件系统

图 4-6c 显示了一个有代表性的结构，该结构常用于在支持文件系统的辅存设备上管理 I/O，这里用到了前面没有讲到的三层。

1）目录管理。在这一层，符号文件名被转换成标识符，用标识符可以通过文件描述符表或索引表直接或间接地访问文件。这一层还处理影响文件目录的用户操作，如添加、删除和重新组织等。

2）文件系统。这一层处理文件的逻辑结构及用户指定的操作，如 open、close、read 和 write 等，这一层还管理访问权限。

3）物理组织。就像考虑到分段和分页结构，虚拟内存地址必须转换成物理内存地址一样，考虑到辅存设备的物理磁道和扇区结构，对于文件和记录的逻辑访问也必须转换成物理外存地址。辅助存储空间和内存缓冲区的分配通常也在这一层处理。

4.3 I/O 缓冲

为什么要设置 I/O 缓存？输入/输出的外部设备一般都含有机电部件，特别是机械部件，速度较慢，而主机的 CPU 和内存是纯电子部件，速度较快，两者传输工作仍不协调。在 I/O 部分设置缓冲存储有以下几个理由。

1. 解决信息的到达率和离去率不一致的矛盾

例如，假设有一个输入任务不断地把软磁盘上的数据输入到内存，另一个计算任务则不断地对输入数据加工并送到另外一个地方（打印出来或存入内存的其他地方）。由于输入数据的速度和加工数据的速度（电气部件和机械部件）往往是不相同的，于是，有必要设置一个缓存，作为它们之间的缓冲。有了这个缓存之后，数据先输入到这个缓存，在缓存输满之后，下一步才能对其加工，然后再输入数据到缓存……以这种交替工作的方式完成信息的输入和加工。

有时会遇到这种情况：把一段已经有的程序从软盘驱动器输入主机，然后按照原样在另一台打印机设备上输出，这就是程序的打印，它涉及将信息从一张软盘传输到另一个外设。显然，由于不同外设的机械和电气部分各不相同，其传输信息的速率是很难完全匹配的，如果在其间不设置缓存，显然会由于速率的不一致而造成信息的丢失或紊乱。

2. 缓存起中转站的作用

缓存可以是外设与外设之间的中转站，就像电话总机那样，为所有外设之间的通信提供支持，在系统设计时，考虑所有外设之间的通信很有必要，若没有缓存做中转，则要使用外设之间的完全互连，代价显然昂贵且不必要。

3. 使得一次输入的信息能多次使用

这主要是针对文件系统而言，由于有的文件是可以共享的，所以会出现多个任务"同时"需要使用一个文件的情况。这样可直接从缓存中获得所需内容，而不必启动 I/O 到外存上去读取。这种情形可进一步推广，使得一次读入的信息可多次重复使用。同样，在通道或控制器内设置局部寄存器作为缓冲存储器，可暂存 I/O 信息，以减少中断 CPU 的次数。这也使得一次读入的信息可多次重复使用。

4.3.1 单缓冲

单缓冲是指在设备和处理器之间设置一个缓冲区，设备和处理器交换数据时，先把被交换的数据写入缓冲区，然后需要数据的设备或处理器从缓冲区中取走数据。

如图 4-7 所示，在块设备输入时，假定从磁盘把一块数据输入到缓冲区的时间为 T，操作系统将该缓冲区中的数据传送到用户区的时间为 M，而 CPU 对这一块数据处理的时间为 C。由于 T 和 C 是可以并行的，当 $T > C$ 时，系统对每一块数据的处理时间为 $M + T$，反之则

为 $M + C$，故可把系统对每一块数据的处理时间表示为 $\text{Max}(C, T) + M$。

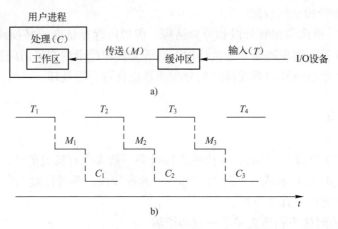

图 4-7 单缓冲工作示意图

4.3.2 双缓冲

根据单缓冲的特点，CPU 在传送时间 M 内处于空闲状态，由此引入双缓冲：I/O 设备输入数据时先装填到缓冲区 1，在缓冲区 1 填满后才开始装填缓冲区 2，与此同时处理器可以从缓冲区 1 中取出数据放入用户进程处理。当缓冲区 1 中的数据处理完后，若缓冲区 2 已填满，则处理器又从缓冲区 2 中取出数据放入用户进程处理，而 I/O 设备又可以装填缓冲区 1。双缓冲机制提高了处理器和输入设备之间并行操作的程度。

如图 4-8 所示，系统处理一块数据的时间可以粗略地认为是 $\text{MAX}(C, T)$。如果 $C < T$，可使块设备连续输入（图中所示情况）；如果 $C > T$，则可使 CPU 不必等待设备输入。对于字符设备，若采用行输入方式，则采用双缓冲可使用户在输入完第一行之后，在 CPU 执行第一行中的命令的同时，用户可以继续向第二缓冲区中输入下一行数据。而单缓冲情况下则必须等待一行数据被提取完毕才可输入下一行的数据。

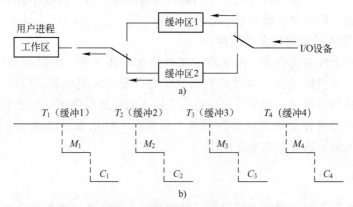

图 4-8 双缓冲工作示意图

4.3.3 循环缓冲

循环缓冲包含多个大小相等的缓冲区，每个缓冲区中有一个链接指针指向下一个缓冲区，最后一个缓冲区指针指向第一个缓冲区，多个缓冲区构成一个环形。

循环缓冲用于输入/输出时，还需要有两个指针 in 和 out。对于输入而言，首先要从设备接收数据到缓冲区中，in 指针指向可以输入数据的第一个空缓冲区；当运行进程需要数据时，从循环缓冲区中读取一个装满数据的缓冲区，并从此缓冲区中提取数据，out 指针指向可以提取数据的第一个满缓冲区。输出则正好相反。

4.3.4 缓冲的作用

总之，为了匹配外设与 CPU 之间的处理速度，减少中断次数和中断处理时间，也为了解决 DMA 或通道方式的瓶颈问题，在设备管理中引入了用来暂存数据的缓冲技术。

为了有效地进行 I/O 操作，在信息传输的路径上，在现代计算机系统中设置和增加各种其他存储器是完全必要的，例如，在 CPU 和内存之间的缓存（cache）、辅助存储器（auxiliary），以及各种外部设备的缓冲存储机制。但是，并不是所有的 I/O 都要非经过缓存不可。例如，在有的系统中，将作业从辅存装入内存，以及程序在辅存和内存之间的对换，都可以不经过缓存。

缓存技术的管理按缓冲存储器分为单缓冲、双缓冲、多缓冲和缓冲池等多种形式。单、双、多缓冲等形式的共同特点是输入和输出缓存分开，这样做在管理上比较简单，但缓存的使用效率较低，因为当输入（或输出）很紧张时，它的输入（或输出）缓存供不应求，输出（或输入）缓存却空着不用。而缓冲池则是把多个输入、输出缓存合在一起进行统一的分配和管理，这样做使管理较为复杂，但明显地提高了缓存的使用效率。单缓冲是在设备和处理器之间设置一个缓冲区。设备和处理器交换数据时，先把被交换数据写入缓冲区，然后，需要数据的设备或处理器从缓冲区取走数据。由于缓冲区属于临界资源，即不允许多个进程同时对一个缓冲区操作，因此，尽管单缓冲能匹配设备和处理器的处理速度，但是，设备和设备之间不能通过单缓冲达到并行操作。解决两台外设、打印机和终端之间的并行操作问题的办法是设置双缓冲。有了两个缓冲区之后，CPU 可以把输出到打印机的数据放入其中一个缓冲区，让打印机慢慢打印；然后，它又可以从另一个为终端设置的缓冲区中读取所需要的输入数据。显然，双缓冲只是一种说明设备和设备、CPU 和设备并行操作的简单模型，并不能用于实际系统中的并行操作，这是因为计算机系统中的外围设备较多，另外，双缓冲也很难匹配设备和处理器的处理速度。因此，现代计算机系统中一般使用多缓冲或缓冲池结构。多缓冲是把多个缓冲区连接起来组成两部分，一部分专门用于输入，另一部分专门用于输出的缓冲结构。缓冲池则是把多个缓冲区连接起来统一管理，既可用于输入又可用于输出的缓冲结构。

显然，无论是多缓冲还是缓冲池，由于缓冲区是临界资源，在使用缓冲区时都有一个申请、释放和互斥的问题。下面以缓冲池为例，介绍缓冲的管理。一个缓冲池由两部分组成：一部分用来标识该缓冲区和用于管理的缓冲首部，另一部分用于存放数据的缓冲体。这两部分有一一对应的映射关系。对缓冲池的管理是通过对每一个缓冲区的缓冲首部进行操作实现的。缓冲首部包括设备号、设备上的数据块号（块设备时）、互斥标识位、缓冲队列连接指针和缓冲器号等。

根据 I/O 控制方式，缓冲的实现方法有两种，一种是采用专用硬件缓冲器，例如，I/O 控制器中的数据缓冲寄存器。另一种方法是在内存中开辟出一个具有 n 个单元的专用缓冲区，以便存放输入/输出的数据。内存缓冲区又称软件缓冲。为了对缓存实施管理，一般的管理方法首先必须为每一个缓存建立起一个数据结构，叫作缓存控制块，即 BCB（Buffer Control Block），操作系统通过 BCB 对每一个缓存实施具体的管理。

4.4　磁盘调度

在过去的 40 年中，处理器速度和主存速度的提高远远超过了磁盘访问速度的提高，处理器和主存的速度提高了两个数量级，而磁盘访问的速度只提高了一个数量级。其结果是当前磁盘的速度比主存至少慢了 4 个数量级，并且可以预见，将来这个差距还会继续增大。因此，磁盘存储子系统的性能是至关重要的，当前有许多研究都致力于如何提高其性能。

4.4.1　磁盘性能参数

当磁盘驱动器正在工作时，磁盘以一种稳定的速度旋转。为了读或写，磁头必须定位于期望的磁道和该磁道中期望的扇区的开始处。磁道选择包括在活动头系统中移动磁头或者在固定头系统中电子选择一个磁头。在活动头系统中，磁头定位磁道所需要的时间称为寻道时间（seek time）。在任何一种情况下，一旦选择好磁道，磁盘控制器就开始等待，直到适当的扇区旋转到磁头处。扇区到达磁头的时间称为旋转延迟（rotational delay）。寻道时间和旋转延迟的总和为存取时间（access time），这是达到读或写位置所需要的时间。一旦磁头定位，并且扇区旋转到磁头下，就开始执行读操作或写操作，这是整个操作的数据传送部分。

除了存取时间和传送时间之外，一次磁盘 I/O 操作通常还有许多排队延迟。当进程发出一个 I/O 请求时，它必须首先在队列中等待该设备可用。到那时，该设备被分配给这个进程。如果该设备与其他磁盘驱动器共享一个 I/O 通道或一组 I/O 通道，还可能需要额外的等待时间，等待该通道可用。在这之后才执行寻道，开始磁盘访问。

一次磁盘读写操作的时间由寻找（寻道）时间、延迟时间和传输时间决定。

1）寻找时间 T_s：活动头磁盘在读写信息前，将磁头移动到指定磁道所需要的时间。这个时间除跨越 n 条磁道的时间外，还包括启动磁臂的时间 s，即

$$T_s = mn + s$$

式中，m 是与磁盘驱动器速度有关的常数，约为 0.2 ms，磁臂的启动时间约为 2 ms。

2）延迟时间 T_r：磁头定位到某一磁道的扇区（块号）所需要的时间，设磁盘的旋转速度为 r，则

$$T_r = \frac{1}{2r}$$

对于硬盘，典型的旋转速度为 5400 r/m，相当于一周 11.1 ms，则 T_r 为 5.55 ms；对于软盘，其旋转速度在 300 ~ 600 r/m 之间，则 T_r 为 50 ~ 100 ms。

3）传输时间 T_t：从磁盘读出或向磁盘写入数据所经历的时间，这个时间取决于每次所读/写的字节数 b 和磁盘的旋转速度。

$$T_t = \frac{b}{rN}$$

式中，r 为磁盘每秒钟的转数；N 为一个磁道上的字节数。

在磁盘存取时间的计算中，寻道时间与磁盘调度算法相关，4.4.2 节将分析几种算法，而延迟时间和传输时间都与磁盘旋转速度相关，且为线性相关，所以在硬件上，转速是磁盘性能的一个非常重要的参数。

总平均存取时间 T_a 可以表示为

$$T_e = T_s + \frac{1}{2r} + \frac{b}{rN}$$

虽然这里给出了总平均存取时间的公式，但是这个平均值是没有太大实际意义的，因为在实际的磁盘 I/O 操作中，存取时间与磁盘调度算法密切相关。调度算法直接决定寻找时间，从而决定了总的存取时间。

4.4.2　磁盘调度策略

1. 先来先服务算法（FCFS）

FCFS 算法根据进程请求访问磁盘的先后顺序进行调度，这是一种最简单的调度算法，如图 4-9 所示。该算法的优点是具有公平性。如果只有少量进程需要访问，且大部分请求都是访问簇聚的文件扇区，则有望达到较好的性能；但如果有大量进程竞争使用磁盘，那么这种算法在性能上往往接近于随机调度。所以，在实际磁盘调度中会考虑一些更为复杂的调度算法。

例如，磁盘请求队列中的请求顺序分别为 55、58、39、18、90、160、150、38、184，磁头初始位置是 100 磁道，采用 FCFS 算法磁头的运动过程如图 4-9 所示。磁头共移动了 (45 + 3 + 19 + 21 + 72 + 70 + 10 + 112 + 146) = 498 个磁道，平均寻找长度 = 498/9 = 55.3。

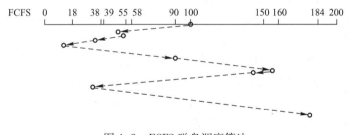

图 4-9　FCFS 磁盘调度算法

2. 最短寻道时间优先算法（SSTF）

SSTF 算法选择调度处理的磁道是与当前磁头所在磁道距离最近的磁道，以使每次的寻找时间最短。当然，总是选择最小寻找时间并不能保证平均寻找时间最小，但是能提供比 FCFS 算法更好的性能。这种算法会产生"饥饿"现象，如图 4-10 所示，若某时刻磁头正在 18 号磁道上，而在 18 号磁道附近频繁地增加新的请求，那么 SSTF 算法使得磁头长时间在 18 号磁道附近工作，将使 184 号磁道的访问被无限期地延迟，即被"饿死"。

例如，磁盘请求队列中的请求顺序分别为 55、58、39、18、90、160、150、38、184，磁头初始位置是 100 磁道，采用 SSTF 算法磁头的运动过程如图 4-10 所示。磁头共移动了 (10 + 32 + 3 + 16 + 1 + 20 + 132 + 10 + 24) = 248 个磁道，平均寻找长度 = 248/9 = 27.5。

3. 扫描算法（SCAN）

扫描算法（SCAN，又称电梯算法）在磁头当前移动方向上选择与当前磁头所在磁道距离最近的请求作为下一次服务的对象，如图 4-11 所示。由于磁头移动规律与电梯运行相似，故又称为电梯调度算法。SCAN 算法对最近扫描过的区域不公平，因此，它在访问局部性方面不如 FCFS 算法和 SSTF 算法好。

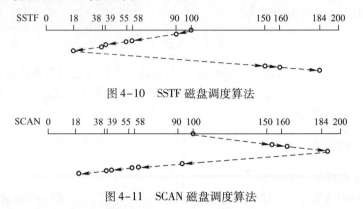

图 4-10　SSTF 磁盘调度算法

图 4-11　SCAN 磁盘调度算法

例如，磁盘请求队列中的请求顺序分别为 55、58、39、18、90、160、150、38、184，磁头初始位置是 100 磁道。采用 SCAN 算法时，不但要知道磁头的当前位置，还要知道磁头的移动方向，假设磁头沿磁道号增大的顺序移动，则磁头的运动过程如图 4-11 所示。磁头共移动了 $(50 + 10 + 24 + 94 + 32 + 3 + 16 + 1 + 20) = 250$ 个磁道，平均寻找长度 $= 250/9 = 27.8$。

4. 循环扫描算法（CSCAN）

在扫描算法的基础上规定磁头单向移动来提供服务，返回时直接快速移动至起始端而不服务任何请求。由于 SCAN 算法偏向于处理那些接近最里或最外的磁道的访问请求，所以使用改进型的 CSCAN 算法来避免这个问题。

用 SCAN 算法和 CSCAN 算法时磁头总是严格地遵循从盘面的一端到另一端，显然，在实际使用时还可以改进，即磁头移动只需要到达最远端的一个请求即可返回，不需要到达磁盘端点。这种形式的 SCAN 算法和 CSCAN 算法称为 LOOK 和 C–LOOK 调度。这是因为它们在朝一个给定方向移动前会查看是否有请求。

例如，磁盘请求队列中的请求顺序分别为 55、58、39、18、90、160、150、38、184，磁头初始位置是 100 磁道。采用 CSCAN 算法时，假设磁头沿磁道号增大的顺序移动，则磁头的运动过程如图 4-12 所示。磁头共移动了 $(50 + 10 + 24 + 166 + 20 + 1 + 16 + 3 + 32) = 322$ 个磁道，平均寻道长度 $= 322/9 = 35.8$。

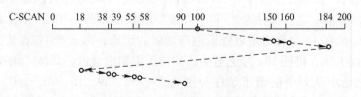

图 4-12　CSCAN 磁盘调度算法

对比以上几种磁盘调度算法，FCFS 算法太过简单，性能较差，仅在请求队列长度接近于 1 时才较为理想；SSTF 算法较为通用和自然；SCAN 算法和 CSCAN 算法在磁盘负载较大时比较占优势。它们之间的比较如表 4-2 所示。

表 4-2　磁盘调度算法比较

	优　点	缺　点
FCFS 算法	公平、简单	平均寻道距离大,仅应用在磁盘 I/O 较少的场合
SSTF 算法	性能比"先来先服务"好	不能保证平均寻道时间最短,可能出现"饥饿"现象
SCAN 算法	寻道性能较好,可避免"饥饿"现象	不利于远离磁头一端的访问请求
CSCAN 算法	消除了对两端磁道请求的不公平	——

除减少寻找时间外,减少延迟时间也是提高磁盘传输效率的重要手段。可以对盘面扇区进行交替编号,对磁盘片组中的不同盘面错位命名。假设每个盘面有 8 个扇区,磁盘片组共有 8 个盘面,则可以采用如图 4-13 所示的编号。

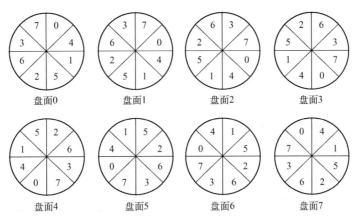

图 4-13　磁盘片组扇区编号

磁盘是连续自转设备,磁头读/写一个物理块后,需要经过短暂的处理时间才能开始读/写下一块。假设逻辑记录数据连续存放在磁盘空间中,若在盘面上按扇区交替编号连续存放,则连续读/写多个记录时能减少磁头的延迟时间;同柱面不同盘面的扇区若能错位编号,连续读/写相邻两个盘面的逻辑记录时也能减少磁头延迟时间。

由于传输时间由磁盘转速决定,所以无法通过其他方法减少传输时间。以图 4-13 为例,在随机扇区访问情况下,定位磁道中的一个扇区平均需要转过 4 个扇区,这时,延迟时间是传输时间的 4 倍,这是一种非常低效的存取方式。理想化的情况是不需要定位而直接连续读取扇区,没有延迟时间,这样磁盘数据的存取效率可以成倍提高。但是由于读取扇区的顺序是不可预测的,所以延迟时间不可避免。图 4-13 中的编号方式是读取连续编号扇区时的一种方法。

4.5　RAID

廉价磁盘冗余阵列(Redundant Array of Inexpensive Disks,RAID)是 1987 年由美国加利福尼亚大学伯克莱分校提出的,现在广泛地应用于大、中型计算机系统和计算机网络中。它是利用一台磁盘阵列控制器来统一管理和控制一组(几台到几十台)磁盘驱动器,组成一个高度可靠的、快速的大容量磁盘系统。

1. 并行交叉存取

为了提高对磁盘的访问速度，已把在大、中型机中应用的交叉存取（Interleave）技术应用到了磁盘存储系统中。在该系统中，有多台磁盘驱动器，系统将每一盘块中的数据分为若干个子盘块数据，再把每一个子盘块的数据分别存储到各个不同磁盘中的相同位置上。以后，当要将一个盘块的数据传送到内存时，采取并行传输方式，将各个盘块中的子盘块数据同时向内存中传输，从而使传输时间大大减少。例如，在存放一个文件时，可将该文件中的第一个数据子块放在第一个磁盘驱动器上；将文件的第二个数据子块放在第二个磁盘上；……；将第 N 个数据子块放在第 N 个驱动器上。以后在读取数据时，采取并行读取方式，即同时从第 $1 \sim N$ 个数据子块读出数据，这样便把磁盘 I/O 的速度提高了 $N-1$ 倍。

2. RAID 的优点

RAID 自问世后，便引起了人们的普遍关注，并很快流行起来。这主要是因为 RAID 具有下述一系列明显的优点。

1）可靠性高。RAID 最大的特点就是它的高可靠性。除了 RAID 0 级外，其余各级都采用了容错技术。当阵列中的某一磁盘损坏时，并不会造成数据的丢失，因为它既可实现磁盘镜像，又可实现磁盘双工，还可实现其他的冗余方式。所以此时可根据其他未损坏磁盘中的信息，来恢复已损坏的盘中的信息。与单台磁盘机相比，其可靠性高出了一个数量级。

2）磁盘 I/O 速度高。由于磁盘阵列可采取并行交叉存取方式，故可将磁盘 I/O 速度提高 $N-1$ 倍（N 为磁盘数目）。或者说，磁盘阵列可将磁盘 I/O 速度提高数倍至数十倍。

3）性能/价格比高。利用 RAID 技术来实现大容量高速存储器时，其体积与具有相同容量和速度的大型磁盘系统相比，只是后者的 1/3，价格也只是后者的 1/3，且可靠性高。换而言之，它仅以牺牲 $1/N$ 的容量为代价，换取了高可靠性；而不像磁盘镜像及磁盘双工那样，必须付出 50% 容量的代价。

RAID 有多种方式，介绍如下。

4.5.1 RAID 0

RAID 0 由两个或两个以上的硬盘组成，其容量是它们每个容量的总和，优点是速度快，缺点是没有容错能力，往往用在要求速度高但对数据安全要求不高的场合，如图 4-14 所示。

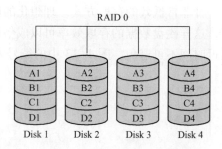

图 4-14 RAID 0 磁盘阵列

RAID 0 其实就是数据分段（Disk Striping）。RAID 0 模式一般通过两个以上的硬盘组成一个磁盘阵列来实现。在磁盘阵列子系统中，几个硬盘并行处理，在存取数据时由几个硬盘分别同时进行操作，读写各自的部分。数据以系统规定的"段"为单位依次写入多个硬盘，例如数据段 1 写入硬盘 0，段 2 写入硬盘 1，段 3 写入硬盘 2 等。当数据写完最后一个硬盘时，它就重新从硬盘 0 的下一个可用段开始写入，写数据的全过程按此重复，直至数据写完。所以这样整个系统的性能会得以大大提高。

RAID 0 是所有 RAID 规格中效率最高的，不过它有一个致命的缺点——不具有容错性的方式。因为它将数据分成区块存储在不同的硬盘内，当任何一个磁盘驱动器发生问题时，整个数组都会受到影响——如果其中有一个硬盘的数据受到破坏，整个数据便不能被正确读出了。这种隐患也随着系统中硬盘总数量的增多而加大。此种 RAID 类型适用于需要高效能的系统，不适合使用在需要高安全性的数据系统中。

对于打算使用 RAID 0 的用户，建议使用同一型号的磁盘驱动器，以获得更好的效能及数据储存效率，因为磁盘阵列容量等于磁盘驱动器的数量乘以最小的磁盘驱动器容量。例如，一个 40GB 及一个 60GB 的磁盘驱动器将形成一个 80GB（40GB×2）的磁盘阵列。

注意以下几点。

1）如果要做 RAID 0，至少要有两个硬盘，另外，一旦将硬盘组成 RAID 就会丢失原来的数据。

2）选择硬盘时最好完全一样，否则会降低性能，此时的理论速度也只是慢硬盘速度的两倍。

3）如果 RAID 0 阵列中的一块硬盘损坏，硬盘阵列的数据将全部丢失，造成损失。

4.5.2 RAID 1

如果说 RAID 0 是追求性能而放弃安全性的话，那么 RAID 1 则正好相反。RAID 1 是追求安全性而放弃性能的一种解决方案。它的做法就是通过系统数据冗余，将数据进行实时的备份来完成，如图 4-15 所示（提示：数据冗余的功能指的是在用户数据一旦发生损坏后，利用冗余信息可以使损坏数据得以恢复）。

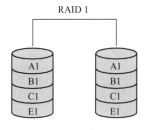

图 4-15 RAID 1 磁盘
阵列工作模式

RAID 1 又称为 Mirror 或 Mirroring，意译为磁盘镜像，每一个磁盘都具有一个对应的镜像盘。对任何一个磁盘的数据写入都会被复制到镜像盘中；系统可以从一组镜像盘中的任何一个磁盘读取数据。由于需要空间存入镜像，因此所能使用的空间只是所有磁盘容量总和的一半，例如总容量为 80GB 的两个 40GB 的硬盘，只拥有 40GB 的可用储存量。因为如果使用不同容量的磁盘驱动器，那么在较大的磁盘驱动器中可能会有未使用的容量。显然，磁盘镜像肯定会提高系统成本。当然，被"镜像"的硬盘也可被镜像到其他存储设备上，例如可擦写光盘驱动器，虽然以光盘作为镜像盘没有硬盘的速度快，但这种方法比没有使用镜像盘毕竟减少了丢失数据的危险性。

在 RAID 1 模式下，任何一块硬盘的故障都不会影响到整个系统的正常运行。当一块硬盘失效时，系统会忽略该硬盘，转而使用剩余的镜像盘读写数据。在 RAID 1 下，甚至可以在一半数量的硬盘出现问题时系统仍能不间断地工作。

通常，把出现硬盘故障的 RAID 系统称为在降级模式下运行。虽然这时保存的数据仍然可以继续使用，但是 RAID 系统将不再可靠。如果剩余的镜像盘也出现问题，那么整个系统就会崩溃。因此，应当及时更换损坏的硬盘，避免出现新的问题。更换新硬盘之后，原有好硬盘中的数据必须被复制到新硬盘中。这一操作被称为同步镜像。同步镜像一般都需要很长时间，尤其是当损害的硬盘的容量很大时更是如此。在同步镜像的进行过程中，外界对数据的访问不会受到影响，但是由于复制数据需要占用一部分带宽，所以可能会使整个系统的性能有所下降。

此外，因为 RAID 1 主要是通过二次读写实现磁盘镜像，所以磁盘控制器的负载也相当大，尤其是在需要频繁写入数据的环境中。为了避免出现性能瓶颈，可以使用多个磁盘控制器来解决（提示：在 RAID 1 模式下，系统读数据的速度会有微小的提高，但写数据的速度与单个硬盘没有什么差别，其主要是强调安全性）。

RAID 1 和 RAID 0 各有优点，但如果单独使用 RAID 1 或 RAID 0 都无法满足那些既追求性能又要确保系统资料安全性的用户的需要。为了解决这一问题，人们又推出了 RAID 0 + 1 模式。

RAID 0 + 1 也称为 RAID 10，是磁盘分段及镜像的结合，结合了 RAID 0 及 RAID 1 最佳的优点，两组 RAID 0 的磁盘阵列互为镜像，也就是它们之间又成为了一个 RAID 1 的阵列。在每次写入数据时，磁盘阵列控制器会将数据同时写入两组"大容量阵列硬盘组"（RAID 0）中。在资源的占用上这种方式同 RAID 1 一样，虽然其硬盘使用率只有 50%，但具有最高的效率，其工作原理如图 4-16 所示。

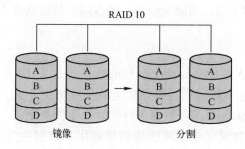

图 4-16　RAID 10 磁盘阵列工作模式

这种类型的组态提供了最佳的速度及可靠度。不过需要两倍的磁盘驱动器数目作为一个 RAID 0，每一端的半数作为镜像用。在执行 RAID 0 + 1 时至少需要 4 个磁盘驱动器，所以可以说 RAID0 + 1 的"安全性"和"高性能"是通过高成本来换取的。

4.5.3　RAID 2

从概念上讲，RAID 2 同 RAID 3 类似，两者都是将数据条块化分布于不同的硬盘上，条块单位为位或字节。然而 RAID 2 使用一定的编码技术来提供错误检查及恢复。这种编码技术需要多个磁盘存放检查及恢复信息，使得 RAID 2 技术实施更复杂。因此，在商业环境中很少使用。图 4-17 显示了各个磁盘上数据的各个位，由一个数据不同的位运算得到的海明校验码可以保存到另一组磁盘上。由于海明码的特点，它可以在数据发生错误的情况下将错误校正，以保证输出的正确。同时它的数据传送速率相当高，如果希望达到更加理想的速度，可以提高保存校验码（Error Correcting Code，ECC）的硬盘访问速度（如图 4-17 中的 Disk 3 和 Disk 4）。对于控制器的设计来说，比 RAID 3、RAID 4 或 RAID 5 的实现要简单。但是，要利用海明码，必须付出数据冗余的代价。输出数据的速率与驱动器组中速度最慢的磁盘相等。

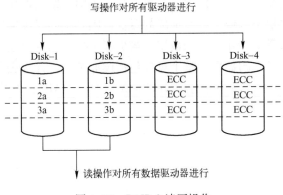

图 4-17　RAID 2 读写操作

4.5.4　RAID 3

RAID 3 是利用一个专门的磁盘存放所有的校验数据，而在剩余的磁盘中创建带区卷分散数据的读写操作，具体如图 4-18 所示。RAID 3 不仅可以像 RAID 1 那样提供容错功能，而且整体开销从 RAID 1 的 50% 下降为 25%（RAID 3 + 1）。随着所使用磁盘数量的增多，额外成本开销会越来越小。在不同情况下，RAID 3 读写操作的复杂程度也不相同。最简单的情况就是从一个完好的 RAID 3 系统中读取数据。这时，只需要在数据存储盘中找到相应的数据块进行读取操作即可，不会增加额外的系统开销。当向 RAID 3 写入数据时，情况会变得复杂一些。即使只是向一个磁盘写入一个数据块，也必须计算与该数据块同处一个带区的所有数据块的校验值，并将新值重新写入到校验块中。由此可以看出，一个写入操作事实上包含了数据读取（读取带区中的关联数据块）、校验值计算、数据块写入和校验块写入 4 个过程，系统开销大大增加。可以通过适当设置带区的大小使 RAID 系统得到简化。如果某个写入操作的长度恰好等于一个完整带区的大小（全带区写入），那么就不必再读取带区中的关联数据块计算校验值，只需要计算整个带区的校验值，然后直接把数据和校验信息写入数据盘和校验盘即可。

到目前为止，所探讨的都是正常运行状况下的数据读写。下面再来看一下当硬盘出现故障时，RAID 系统在降级模式下的运行情况。

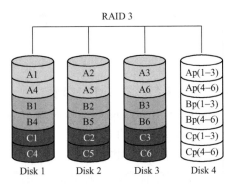

图 4-18　RAID 3 磁盘阵列工作模式

RAID 3 虽然具有容错能力，但是系统性能会受到影响。当一块磁盘失效时，该磁盘上的所有数据必须使用校验信息重新建立。如果是从好盘中读取数据块，不会有任何变化。但是如果所要读取的数据块正好位于已经损坏的磁盘，则必须同时读取同一带区中的所有其他数据块，并根据校验值重新创建丢失的数据。当更换了损坏的磁盘之后，系统必须一个数据块一个数据块地重建坏盘中的数据。整个过程包括读取带区、计算丢失的数据块和向新盘写入新的数据块，都是在后台自动进行。重建活动最好是在 RAID 系统空闲时进行，否则整个系统的性能会受到严重的影响。

4.5.5 RAID 4

RAID 4 和 RAID 3 类似，它对数据的访问是按数据块进行的，也就是按磁盘进行的，每次一个盘。不同的是，RAID 3 是一次一横条，而 RAID 4 是一次一竖条。它的特点与 RAID 3 也挺像，不过在进行故障恢复时，其难度要比 RAID 3 大得多，控制器的设计难度也要大许多，而且访问数据的效率不太高。

4.5.6 RAID 5

RAID 5 也被称为带分布式奇偶位的条带。每个条带上都有相当于一个"块"那么大的地方被用来存放奇偶位。与 RAID 3 不同的是，RAID 5 把奇偶位信息也分布在所有的磁盘上，而并非在一个磁盘上，这大大减轻了奇偶校验盘的负担，如图 4-19 所示。尽管有一些容量上的损失，RAID 5 却能提供较为完美的整体性能，因而也是被广泛应用的一种磁盘阵列方案。它适合于输入/输出密集、高读/写比率的应用程序，如事务处理等。为了具有 RAID 5 级的冗余度，至少需要 3 个磁盘组成的磁盘阵列。RAID 5 可以通过磁盘阵列控制器硬件实现，也可以通过某些网络操作系统软件实现。

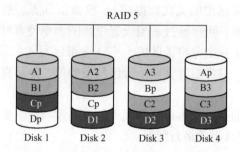

图 4-19　RAID 5 磁盘阵列工作模式

4.5.7 RAID 6

RAID 6 是由一些大型企业提出来的私有 RAID 级别标准，它的全称为 independent data disks with two independent distributed parity schemes（带有两个独立分布式校验方案的独立数据磁盘）。这种 RAID 级别是在 RAID 5 的基础上发展而成的，因此它的工作模式与 RAID 5 有异曲同工之妙，不同的是 RAID 5 将校验码写入到一个驱动器里面，而 RAID 6 将校验码写入到两个驱动器里面，这样就增强了磁盘的容错能力，同时 RAID 6 阵列中允许出现故障的磁盘也就达到了两个，但相应的阵列磁盘数量最少也要有 4 个。图 4-20 所示是 RAID 6 的图解。

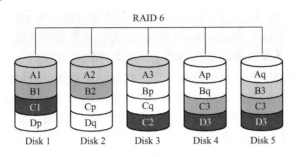

图 4-20　RAID 6 工作原理图解

从图 4-20 中可以看到，每个磁盘中都具有两个校验值，而 RAID 5 里面只能为每一个磁盘提供一个校验值，由于校验值的使用可以达到恢复数据的目的，因此增加一位校验位，数据恢复的能力就会增强了。不过在增加一位校验位后，就需要一个比较复杂的控制器来进行控制，同时也使磁盘的写能力降低，并且还需要占用一定的磁盘空间。因此，这种 RAID 级别应用目前还比较少。不过随着 RAID 6 技术的不断完善，RAID 6 将得到广泛应用。

4.6　磁盘高速缓存

操作系统中使用磁盘高速缓存技术来提高磁盘的 I/O 速度，对高速缓存的访问要比原始数据访问更为高效。例如，正在运行的进程的指令既存储在磁盘上，也存储在物理内存上，还被复制到 CPU 的二级和一级高速缓存中。

不过，磁盘高速缓存技术不同于通常意义下的介于 CPU 与内存之间的小容量高速存储器，而是指利用内存中的存储空间来暂存从磁盘中读出的一系列盘块中的信息。因此，磁盘高速缓存在逻辑上属于磁盘，物理上则是驻留在内存中的盘块。

高速缓存在内存中分为两种形式：一种是在内存中开辟一个单独的存储空间作为高速缓存，大小固定；另一种是把未利用的内存空间作为一个缓冲池，供请求分页系统和磁盘 I/O 时共享。

4.6.1　设计考虑

为了解决硬盘和主存在数据传送速度上的矛盾，操作系统中往往采用硬盘高速缓存，或称为硬盘 Cache。硬盘高速缓存的实现方式分为两种：软件高速缓存和硬件高速缓存。

软件高速缓存是利用软件工具在系统主存中开辟一块区域作为数据传送缓冲区。常用的 Windows 系统中使用了一个特殊的子系统，用于对一些基于磁盘的操作提供支持。其中就有一种技术，能够把对磁盘的写入操作暂时缓存起来，然后等到系统空闲时再执行相应的操作。这种被称为"写入缓存"的技术能够提升系统的性能，不过默认情况下系统可能并没有开启该功能。

Vcache 是 Windows 的硬盘缓存，它对系统的运行起着至关重要的作用。一般情况下，Windows 会自动设定使用最大量的内存来作为硬盘缓存。但是，Vcache 是一种非常贪婪的系统，有时甚至会耗尽所有的内存来作为硬盘缓存，等到其他程序向 Windows 申请内存空间时，它才会释放部分内存给其他程序，所以有必要对硬盘缓存空间进行设定，这样不仅可以节省系统计算 Vcache 的时间，而且可以保证其他程序对内存的要求。

需要设置合适的硬盘缓存容量，不能过小或过大，如果缓存容量设置得太小，所能存放的数据信息量就很小，系统速度的提高不明显，并且系统还要花费一定的系统资源来频繁清除缓存中的数据，可能最终会使系统速度下降。相反，如果缓存容量设置得太大的话，在硬盘容量一定的情况下，其他系统程序占用的资源将变得相对较少，从而降低计算机本身的运行速度。在这两种情况下，硬盘缓存就失去了应有的作用。在 Windows 系统中，可以使用系统默认的设置或者手动设置缓存大小。

硬件高速缓存则是在磁盘控制器中安装的一块 RAM，通过 RAM 缓冲区读写数据可以得到更高的访问速度。早期硬盘中的 Cache 很小，只有数十 KB 到数百 KB，目前新型硬盘的高速缓存均达到了 2 MB。在选购硬盘时除了注意容量、转速等参数外，还应该考虑 Cache 的容量。Cache 容量越大越好，因为容量大时，能够保证较稳定的突发数据传送，而如果容量较小，在读写大型图形或视频文件时，由于连续传送的数据量很大，缓冲区不能表示出其优越性，使得数据传送不再处于突发传送方式，而处于持续传送方式，降低了数据传输的效率。

4.6.2 性能考虑

在计算机系统中，硬盘是常用的外存，为了提高对硬盘的读写效率，在硬盘控制器上有一块存取速度极快的 RAM 作为高速缓存 Cache。对硬盘进行读写操作时，通常会先对 RAM 进行操作，这样就大大提高了硬盘的工作效率。

因此，Cache 的容量往往越大越好。然而硬盘缓存现今大多采用性能较好的 RAM，其价格相对硬盘而言昂贵得多。这样，大容量的 RAM 的使用要以牺牲成本为代价。所以，通常在硬盘读写中采用磁盘缓存技术来提高硬盘的工作效率。

磁盘缓存技术应用的基本思想是使用一个小的缓冲磁盘——Cache 磁盘作为 RAM 缓冲区的扩展。缓冲磁盘可以分为物理缓冲磁盘和逻辑缓冲磁盘。物理缓冲磁盘是与数据磁盘分开的一个独立磁盘。而逻辑磁盘与数据磁盘位于同一个磁盘上，即从常规盘上划分一个小分区作为 Cache 磁盘使用，剩下的空间作为真正的数据磁盘。在存储器的层次结构中，缓冲磁盘位于 RAM 缓冲区和装有常规文件系统的数据磁盘之间，这样 RAM 缓冲区与缓冲磁盘一起形成一个二级层次来高速缓存数据。在实际设计中，RAM 可以是 2 MB，而相对的缓冲磁盘可以较大，如 128 M。

在有缓冲磁盘构成的计算机存储系统中，对于来自文件系统的读写请求会做相应的读写处理。若是读请求，系统首先要判断所读的数据是存放在 RAM、缓冲磁盘还是数据磁盘中，然后找到相应的数据进行读操作。若是写请求，则要根据所写数据量的大小进行不同的动作。对于数据量很大的数据，缓存磁盘不做任何处理交给原磁盘驱动程序自己处理。而对于数据量不大的数据，可以先被收集到 RAM 缓冲区中，当 RAM 缓冲区满时，利用磁盘缓存技术将缓冲区中的所有数据块以一次大的数据传输写到缓冲磁盘上，由于这次传输只需要一次找到时间和旋转时间，因此操作能很快完成。之后，RAM 可以迅速用于接受新的I/O读写请求。

如果存储系统空闲了一定时间，没有进行读写请求，则可以把缓冲磁盘上的一小部分数据通过磁盘操作写到数据磁盘中。这样做，一方面是因为缓冲磁盘中的大多数数据存活周期短且很快又被覆盖，因而无须写入缓冲磁盘上的所有数据。另一方面，由于写入磁盘的操作是在系统空闲时做的，所以不会影响系统的性能。而且，如果系统掉电，在重新启动时会把缓冲磁盘中的数据写到数据磁盘中，不会引起数据的丢失。

从磁盘缓存技术在存储器系统中的应用可以看出，它和采用传统技术的存储系统相比有着很明显的优点。首先，由于缓冲磁盘上信息的非易失性，使得它的引进解决了由一般RAM 构成的主存所无法解决的数据安全性问题。其次，对于少量数据频繁的写操作，利用缓冲磁盘会大大提高系统的工作效率。可见使用磁盘缓存技术，即以在磁盘上划分一个很小分区的较小代价，可以较大地提高存储器速度性能，从而大大提高了计算机系统的性能价格比。

4.7　思考与练习

1. 有哪几种 I/O 控制方式？各适用于何种场合？
2. 试说明 DMA 的工作流程。
3. 引入缓冲的主要原因是什么？
4. 在单缓冲情况下，为什么系统对一块数据的处理时间为 $\max(C,T) + M$ ？
5. 在双缓冲情况下，为什么系统对一块数据的处理时间为 $\max(T,C)$？
6. 设备中断处理程序通常需要完成哪些工作？
7. 磁盘访问时间由哪几部分组成？每部分时间应如何计算？
8. 目前常用的磁盘调度算法有哪几种？每种算法优先考虑的问题是什么？
9. 为什么要引入磁盘高速缓冲？什么是磁盘高速缓冲？
10. 在设计磁盘高速缓冲时，如何实现数据交付？
11. 廉价磁盘冗余阵列是如何提高对磁盘的访问速度和可靠性的？
12. 为什么要引入缓冲技术？其基本思想是什么？
13. 试述常用的缓冲技术。
14. 试述各种 I/O 控制方式及其主要优、缺点。
15. 试述直接存储器存取（DMA）传输信息的工作原理。
16. 假设一个磁盘驱动器有 5000 个柱面，从 0 ～ 4999。驱动器正在为柱面 143 的一个请求提供服务，且前面的一个服务请求是在柱面 125。按 FIFO 顺序，即将到来的请求队列为

86,1470,913,1774,948,1509,1022,1750,130

从现在磁头位置开始，按照下面的磁盘调度算法，要满足队列中即将到来的请求，要求磁头总的移动距离（按柱面数计）是多少？

a,FCFS
b,SSTF
c,SCAN
d,C - SCAN

第5章 文件管理

内存无法长期保存计算机处理和存放的大量信息，因此信息将以文件的形式存储于外存中，当需要使用时再调入内存。操作系统中负责管理和存放文件的软件结构称为文件管理系统。文件管理功能能够让用户安全地保存文件和管理文件。

本章主要介绍文件管理功能的工作原理，包括文件系统的层次结构、文件的组织结构与存取方式、文件目录管理方法、存储空间管理，以及文件共享与文件保护。

5.1 文件管理概述

若操作系统用户直接管理辅存中的文件，用户需要熟悉辅存的物理属性，了解不同类型文件的属性和文件在辅存中的存储位置，同时还需要保持数据的安全性和一致性。但是普通操作系统用户根本不能胜任、也不愿意承担这样的工作。因此，为了方便用户、保证文件安全、有效提高系统资源利用率，需要在操作系统中实现文件管理功能。

5.1.1 文件和文件系统

文件是以符号命名的一组相关信息的有序集合，通常由许多相关的记录组成。文件的表示非常广泛，如程序、数据、表格、声音、图像和视频等。用户总是将自己的各类信息以文件的形式存储在辅存上，并且将相关信息存储在一个文件或相关文件中，而把不相关的信息存储在不同的文件中，因此，可以说文件是信息在辅存上的基本逻辑单位。而在计算机系统中，文件被解释为以符号命名的一组相关字符流集合。

文件系统是操作系统中统一管理信息资源的一种软件，管理文件的存储、检索和更新，提供安全可靠的共享和保护手段，并且方便用户使用。文件系统包含文件管理程序（文件与目录的集合）和所管理的全部文件，是用户与外存的接口，系统软件为用户提供统一方法（以数据记录的逻辑单位），访问存储在物理介质上的信息。

文件系统具有以下几个特点。

1）友好的用户接口，用户只对文件进行操作，而不关注文件的结构和文件存放的物理位置。

2）对文件按名存取，对用户透明。

3）某些文件可以被多个用户或进程共享。

4）文件系统使用磁盘、磁带和光盘等大容量存储器作为存储介质，可以存储大量信息。

5.1.2 文件管理的功能

文件管理关注的问题与操作系统关注的问题不同，文件管理关注用户程序如何有效、快捷地访问记录，如文件目录管理、文件结构和文件操作函数等，与存储设备的物理组织形式无关；而操作系统更加关注存储设备中的物理块与记录的关系，如磁盘调度、空闲空间管理等，如图5-1所示。

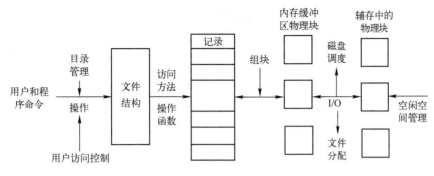

图 5-1　文件管理示意图

文件系统作为一个操作系统中对于文件相关信息的统一管理机制，应具有下述文件管理功能。

1）文件系统应统一管理文件存储空间（即辅存），管理文件存储空间的分配与回收。当用户或程序创建新文件时，文件系统分配存储这个文件的空闲区；当用户或程序删除或修改文件时，回收和调整这个文件的存储区。

2）文件系统应确定文件信息在文件存储空间中的存放位置及存放形式。

3）文件系统应实现文件从命名空间到文件存储空间的地址映射，并应实现文件的按名存取，即文件应有统一的逻辑结构，并对用户来说可见。用户可以按照文件逻辑结构提供的访问方法进行信息的存取和访问。这种逻辑结构与存储设备的物理结构无关，让用户可以不用知道存储设备的物理结构等与存储设备有关的信息，只需给定文件名和相应的操作命令，文件系统就会自动地完成与文件名对应文件的操作。

4）文件系统应有效实现对文件的各种控制操作（如建立、撤销、打开和关闭文件等）和存取操作（如读、写、修改、复制和转储等），并提供给用户。

5）实现文件信息的共享，并且提供可靠的文件保密和保护措施。

5.1.3　文件管理系统的层次结构

现代操作系统有多种文件系统类型，如FAT32、NTFS、ext2、ext3和ext4等，因此文件系统的层次结构也不尽相同。图5-2显示了一种比较合理的文件管理系统层次结构。

1. 用户调用接口

文件系统为用户提供与文件及目录有关的调用，如新建、打开、读写、关闭和删除文件，以及建立、删除目录等。此层由若干程序模块组成，每一模块对应一条系统调用，用户发出系统调用时，控制即转入相应的模块。

2. 文件目录系统

文件目录系统的主要功能是管理文件目录，其任务有管理文件目录表、管理读写状态信息表、管理用户进程的打开文件表、管理与组织位于存储设备上的文件目录结构，以及调用下一级存取控制模块。

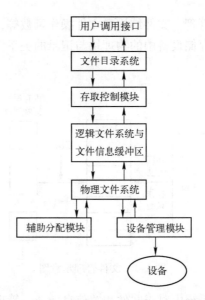

图 5-2　一种文件管理系统层次结构

3. 存取控制验证

实现文件保护主要由该级软件完成，它把用户的访问要求与 FCB 中指示的访问控制权限进行比较，以确认访问的合法性。

4. 逻辑文件系统与文件信息缓冲区

逻辑文件系统与文件信息缓冲区的主要功能是根据文件的逻辑结构将用户要读写的逻辑记录转换成文件逻辑结构内的相应块号。

5. 物理文件系统

物理文件系统的主要功能是把逻辑记录所在的相对块号转换成实际的物理地址。

6. 分配模块

分配模块的主要功能是管理辅存空间，即负责分配辅存空闲空间和回收辅存空间。

7. 设备管理程序模块

设备管理程序模块的主要功能是分配设备、分配设备读写用缓冲区、磁盘调度、启动设备、处理设备中断、释放设备读写缓冲区和释放设备等。

5.2　文件的组织结构与存取方式

文件的结构可分为逻辑结构和物理结构两种。文件的逻辑结构是指文件的外部组织形式，即从用户角度看到的文件组织形式，用户以这种形式存取、检索和加工有关信息。因此，从用户角度看，文件可分为两种形式：流式文件和记录式文件。流式文件是有序字符的集合，构成文件的基本单位是字符，其长度为该文件所包含的字符个数，因此它又称为字符流文件。流式文件本身没有结构，管理相对简单，用户可以方便地对其进行操作。较为常见的系统程序文件、用户源程序文件等均属于流式文件。而记录式文件是一组有序记录的集合，构成文件的基本单位是记录。记录是一个具有特定意义的信息单位，它包含一个记录键和其他域。记录式文件可以将记录按照不同的方式进行排列，可以方便用户对文件中的记录进行修改、追加、查找和管理。记录既可以是定长的，也可以是变长的。记录的长度可以短到一个字符，也可以长到一个文件，这要由系统设计人员确定。图5-3所示是一个记录的例子。

图5-3 记录的组成

文件系统选择哪一种文件组织形式，才会更加有利于用户操作文件？一般情况下，选取文件的逻辑结构应遵循下述原则。

1）当用户需要对文件内容进行修改时，给定的逻辑结构应能尽量减少对已存储好的文件信息的变动。

2）当用户需要对文件信息进行操作时，给定的逻辑结构应使文件系统在尽可能短的时间内查找到需要查找的记录或域。

3）文件信息应该占据最小的存储空间。

4）文件信息应便于被用户操作。

显然，对于流式文件来说，查找文件中的基本信息单位，如某个单词，是比较困难的。但反过来，流式文件管理简单，用户可以方便地对其进行操作。所以，那些对基本信息单位操作不多的文件比较适于采用流式文件。

记录式文件主要有5种，包括堆文件、顺序文件、索引顺序文件、索引文件、直接或散列文件。

5.2.1 堆文件

堆文件组织是非常开放的，文件的任何一条记录都可以存放在文件中的任何地方。组成堆文件的记录采用简单堆积的方式来组织，记录与记录之间没有顺序，基本没有关系，唯一的关系就是这些记录保存在同一个文件中，如图5-4所示。

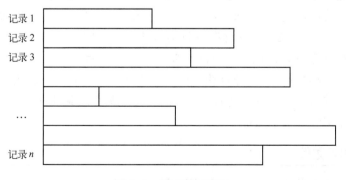

图5-4 堆文件示意图

堆是最简单的文件组织形式，数据仅仅按照记录到达的顺序被采集，每个记录由一串数据组成。堆的目的仅仅是积累大量的数据并保存数据，保存在堆中的记录可以有不同的域。

堆文件没有结构，因而是通过穷举方式来访问记录的，要获取某一个域值的记录，需要检查堆中的每一条记录才能确定。因此，当采集的数据结构多变并且难以组织时，应该用堆文件来管理。特别是当每条记录的大小和结构都不相同时，堆文件结构的空间利用率非常高，也可以较好地支持穷举查找。

5.2.2　顺序文件

顺序文件是文件结构中较为常见的一种，文件中的所有记录都有相同的关键域和其他域。关键域通常是每条记录的第一个域，能够唯一地标识这条记录，因此不同记录的关键域是不同的，如图 5-5 所示。

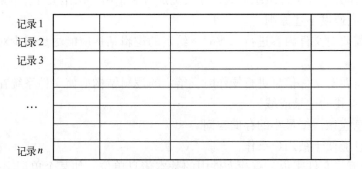

图 5-5　顺序文件示意图

顺序文件是按照记录到达顺序一次保存到文件中的，所以顺序文件中记录的物理顺序和逻辑顺序是相同的。顺序文件分为顺序有序文件和顺序无序文件。记录按其主关键字有序的顺序文件称为顺序有序文件；记录未按其主关键字有序排列的顺序文件称为顺序无序文件。顺序有序文件中的所有记录需要按关键域排列，既可以从小到大排序，也可以从大到小排序，甚至可以按英文字母排序。

为提高检索效率，常将顺序文件组织成有序文件。如果用户要求查找或修改某个记录，若采用顺序无序文件结构，系统便要采用穷举方式逐个查找每条记录，此时顺序文件所表现出来的性能就可能很差，尤其是当文件的记录非常多时，性能更差。

顺序文件的主要优点是连续存取的速度较快，当文件中第 i 个记录刚被存取过，而下一个要存取的是第 $i+1$ 个记录，则这种存取将会很快完成。因此，顺序文件的最佳应用场合是要对记录进行批量存取时，也就是每次都要读或写一大批记录。对存放在单一存储设备（如磁带）上的顺序文件连续存取速度快，但是，顺序文件存放在多路存储设备（如磁盘）上时，在多道程序的情况下，由于别的用户可能驱使磁头移向其他柱面，会降低连续存取的速度，因此，顺序文件多用于磁带。

5.2.3　索引顺序文件

为解决顺序文件穷举查找所带来检索效率低下的问题，在顺序文件结构中索引，以提高检索效率，这种改进的顺序文件称为索引顺序文件。顺序索引能迅速地按顺序或随机地访问文件中的记录。顺序索引的结构是按顺序存储查找域的值，并将查找域与包含该查找域的记录关联起来，如图 5-6 所示。

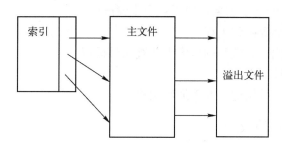

图 5-6　索引顺序文件示意图

索引顺序文件与顺序文件相比，到底能够提高多少检索效率呢？这里以 100 万条记录规模的文件为例。一个包含 100 万条记录的顺序文件，为查找某一特定的关键域值，平均需要访问 50 万次记录。如果这个文件为索引顺序文件，假设包含 1000 项索引，此时要找到一条记录，需要分两步进行。首先平均需要在索引文件中查找 500 次，接着在主文件中进行 500 次访问。因此，与顺序文件相比，索引顺序文件的平均查找次数从 50 万次减少到 10000 次，效率提高了 50 倍。

当然，一个文件也可以设置多个索引，对应不同的查找域。如果包含记录的文件按照某个查找域的顺序存储，那么该查找域对应的索引就称为主索引。与此相反，查找域顺序与文件中记录的存储顺序不同的索引称为辅助索引。

5.2.4　索引文件

索引文件由数据文件组成，它是一种带索引的顺序文件。索引本身所占据的存储空间非常小，通常只有两个字段：顺序文件的域和在磁盘上的存储地址，如图 5-7 所示。

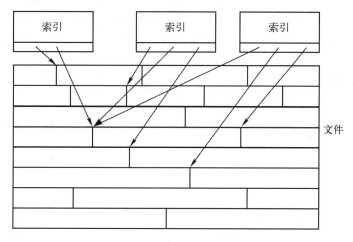

图 5-7　索引文件示意图

索引文件由索引表和主文件两部分构成。索引表是一张指示逻辑记录和物理记录之间对应关系的表。索引表中的每项称为索引项。索引项是按域（或逻辑记录号）顺序排列的。若文件本身也是按关键域顺序排列，则称为索引顺序文件。否则，称为索引非顺序文件。

通常存取索引文件的记录需要按以下 4 个步骤进行。

1）整个索引文件都载入到内存中。

2）使用如折半查找等高效率的检索方法查找目标域。

3）检索记录的地址。

4）按照地址，检索数据记录并返回给用户。

5.2.5　直接文件或散列文件

在直接存取存储设备上，记录的关键域与其地址之间可以通过某种方式建立对应关系，利用这种关系实现存取的文件称为直接文件，也称为散列文件。这种文件存储结构是通过指定记录在介质上的位置进行直接存取的，记录之间没有次序。而记录在介质上的位置是通过变换记录的域而获得相应地址的。

这种存储结构用在不能采用顺序组织方法、次序较乱、又需在极短时间内存取的场合，比如对于实时处理文件、操作系统目录文件和编译程序变量名表等特别有效。此外，这种存储结构又不需要索引，节省了索引存储空间和索引查找时间。

直接文件的优点是：文件随机存放，记录无须进行排序；插入、删除方便；存取速度快；不需要索引区，节省存储空间等。

直接文件的缺点是：不能进行顺序存取，只能按关键字随机存取，且询问方式限于简单询问，并且在经过多次插入和删除后，也可能造成文件结构不合理，需要重新组织文件。

5.3　文件目录管理

文件管理系统要求能够对文件进行按名存取，为了有效地利用存储空间，迅速准确地完成由文件名到文件物理块的转换，需要把文件名及其结构信息等按一定的组织结构排列，以方便文件的搜索。把文件名和对该文件实施控制管理的控制管理信息称为该文件的文件说明，并把一个文件说明按一定的逻辑结构存放到物理块的一个表目中。利用文件说明信息，可以完成对文件的创建、检索及维护作用。因此，把一个文件的文件说明信息称为该文件的目录。对文件目录的管理就是对文件说明信息的管理。

文件目录的管理除了要解决存储空间的有效利用之外，还要解决快速搜索、文件命名冲突及文件共享问题。

5.3.1　文件目录

文件目录是用于保存文件属性信息的数据结构。目录包含关于文件的一系列信息，这些信息包括属性、位置和所有权等。不同的文件管理系统的目录信息各不相同。常见目录保存的信息如表 5-1 所示。

表 5-1　常见目录保存的信息

基 本 信 息	
文件名	由创建者（用户或程序）选择的名称，在同一个目录中必须是唯一的
文件类型	如文本文件、二进制文件和加载模块等
文件组织	供那些支持不同组织的系统使用
地 址 信 息	
卷	指出存储文件的设备
起始地址	文件在辅存终端的起始物理位置（如在磁盘上的柱面、磁道和块号）
使用大小	文件的当前大小，单位为字节、字或块
分配大小	文件的最大大小
访问控制信息	
所有者	被指定为控制该文件的用户。所有者可以授权或拒绝其他用户的访问，并可以改变给予他们的权限
访问信息	这个单元最简单的形式包括每个授权用户的用户名和口令
允许的行为	控制读、写、执行，以及在网上传送
使 用 信 息	
数据创建	当文件第一次放置在目录中时
创建者身份	通常是当前所有者，但并不必须是当前所有者
最后一次读访问的时间	最后一次读记录的日期
最后一次读的用户身份	最后一次进行读的用户
最后一次修改的日期	最后一次修改、插入或删除的日期
最后一次修改者的身份	最后一次进行修改的用户
最后一次备份的日期	最后一次把文件备份到另一个存储介质中的日期
当前使用	有关当前文件活动的信息，如打开文件的进程、是否被一个进程加锁，以及文件是否在内存中被修改但没有在磁盘中被修改等

不同系统对组织文件目录的方式也是不同的。某些信息可以保存在与文件相关联的头记录中，这可以减少目录所需要的存储量，使得可以在内存中保存所有或大部分目录，从而提高访问速度。当然，一些重要单位必须在目录中，在典型情况下包括名称、地址、大小和组织。

5.3.2　文件目录结构

第一代微型计算机的操作系统采用的是最简单的一级目录结构，之后出现了二级目录结构和树形目录结构。最简单的目录结构形式是一个目录项列表，每个文件一个目录项。这种结构可以用于表示最简单的顺序文件，文件名用作关键字。在一些早期的单用户系统中就已经使用了这种技术，但是当多个用户共享一个系统或者单个用户使用多个文件时，就远远不够了。

为理解一个文件结构的需求，必须考虑可能在目录上执行的操作类型，常见的目录操作包含以下几种。

- 查找：当用户或应用程序引用一个文件时，必须查找目录，以找到该文件相应的目录项。

- 创建文件：当创建一个新文件时，必须在目录中增加一个目录项。
- 删除文件：当删除一个文件时，必须在目录中删除相应的目录项。
- 显示目录：可能会请求目录的全部或部分内容。通常，这个请求是由用户发出的，用于显示该用户所拥有的所有文件或某个文件的某些属性（如类型、访问控制信息或使用信息）。
- 修改目录：由于某些文件属性保存在目录中，因而这些属性的变化需要改变相应的目录项。

简单列表难以支持这些操作。用户可能有许多类型的文件，包括字处理文件、图形文件和电子表格等，并且用户可能希望按照项目、类型或其他某种方便的方式组织这些文件。如果目录中没有内在的结构，很难对用户隐藏整个目录的某些部分。功能更强大、更灵活的方法是层次或树状结构方法。

1. 一级目录结构

如果把所有文件的信息都登记在一个文件目录中，每个文件的目录项占用一个表项，这样通过文件名查找文件目录项，直接就能找到所需要的文件。目录项中主要记录了文件名、扩展名、文件的物理地址和其他属性。一级目录结构如图 5-8 所示。

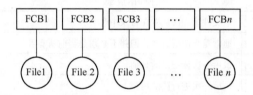

图 5-8　一级目录结构

一级目录结构实现简单，易于维护，但是存在诸多问题，如文件重名的问题、文件共享问题和检索效率低下等。由于只要一个目录，文件不能重名，否则就不能识别。在多用户系统中，多个用户共享一个目录，不同用户的文件之间不能重名是很难保证的。同时，在一个目录下有太多文件必然会影响文件的检索效率。

2. 二级目录结构

为解决一级目录中文件重名的问题、文件共享问题和检索效率低下等问题，需要二级目录结构。二级目录结构由"主目录"与"用户目录"两级构成。主文件目录项记录用户名及相应用户文件目录所在的存储位置。用户文件目录项记录该用户的文件信息，如图 5-9 所示。当某用户要对其文件进行访问时，只需搜索该用户对应的用户目录，用户目录也称为 UFD，这既解决了不同用户文件的"重名"问题，也在一定程度上保证了文件的安全。

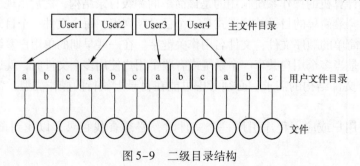

图 5-9　二级目录结构

二级目录结构基本解决了多用户之间的文件重名问题，文件系统可以在目录上实现访问限制。但是二级目录结构缺乏灵活性，不能对文件进行分类。

3. 树形目录结构

将二级目录结构的层次关系加以推广，就形成了多级目录结构，也就是树形目录结构。在树形目录结构中，允许每个用户拥有多个自己的目录，即在用户目录的下面可以再分子目录，子目录的下面还可以有子目录，如图 5-10 所示。

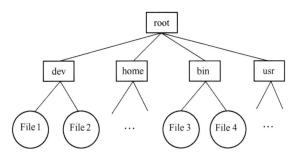

图 5-10　树形目录结构

用户要访问某个文件时，用文件的路径名标识文件，文件路径名是一个字符串，由从根目录出发到所找文件通路上的所有目录名与数据文件名用分隔符链接起来而成。从根目录出发的路径称为绝对路径。当层次较多时，每次都从根目录查询很浪费时间，于是加入了当前目录，进程对各文件的访问都是相对于当前目录进行的。当用户要访问某个文件时，使用相对路径标识文件，相对路径由从当前目录出发到所找文件通路上的所有目录名与数据文件名用分隔符"/"链接而成。

通常，每个用户都有各自的"当前目录"，登录后自动进入该用户的"当前目录"。操作系统提供一条专门的系统调用，供用户随时改变"当前目录"。

树形目录结构可以很方便地对文件进行分类，层次结构清晰，也能够更有效地进行文件的管理和保护。但是，在树形目录中查找一个文件，需要按路径名逐级访问中间结点，这就增加了磁盘访问次数，影响了查询速度。

5.3.3　文件控制块

文件管理系统需要为每一个文件在磁盘上开辟一块存储区域，在这块存储区域内记录这个文件的相关信息，把这块存储区称为文件控制块（FCB）。通过访问一个文件的 FCB，可以得到这个文件的有关信息，如文件实际存放在磁盘上的位置等，操作系统的用户就能够根据这些信息操作文件。

一般地，一个典型的文件控制块中会包含下列两项内容。

● 文件名称：这是用户为自己的文件起的符号名，它是在外部区分文件的主要标识。很明显，不同文件不应该拥有相同的名称，否则系统无法对它们加以区分。

● 文件在辅存中存放的物理位置：指明文件在磁盘中的信息。

5.3.4　目录与文件

文件目录是指为实现"按名存取"，必须建立文件名与磁盘中物理地址的对应关系，体现这种对应关系的数据结构称为文件目录。每一个文件在文件目录中登记一项，作为文件系统建立和维护文件的清单。其中，一个目录项也就是一个文件控制块（File Control Block，FCB），其中包含了该文件名、文件属性，以及文件的数据在磁盘中的信息等。操作系统用户访问一个文件时，通过文件名检索这个文件的目录项，获得文件的有关信息。

从最终用户使用目录的角度看，目录的作用是操作系统提供给用户组织管理文件的一种机制。用户认为可以将自己的文件分类"存放在不同的目录下"。但从物理实现来看，目录和文件是一样的，一个目录也对应自己的一个 FCB，在该 FCB 中记录目录名，目录的内容位于外存中的起始位置。其中，目录的内容为该目录下各文件及子目录的 FCB。

5.4 存储空间管理

存储空间管理是文件系统中非常重要的一环，通过高效的存储空间管理，能够保证多个用户共享文件存储设备，同时实现按名存取文件。存储设备实际上是分成若干个大小相等的物理块，并以块为单位来交换信息。管理文件的存储空间实际上是一个空闲块的组织和管理问题，它包括空闲块的组织、空闲块的分配与空闲块的回收等几个问题。下面介绍 4 种空闲块管理方法：空闲块表法、空闲块链法、位示图法和成组链接法。

5.4.1 空闲块表法

空闲块表法是最简单的空闲块管理方法，它采用连续分配方法，为外存上的所有空闲区建立一张空闲表，每个空闲区对应一个空闲表项，其中包括序号、该空闲区的第一物理块号和该区的空闲块数等信息，再将所有空闲区按起始物理块号递增的次序排列，如表 5-2 所示。

表 5-2 空闲块表

序　　号	第一空闲盘块号	空闲盘块数
1	2	3
2	8	4
3	16	6
4	–	–

当文件管理系统为某个文件分配空闲块时，首先扫描空闲文件目录项，如找到合适的空闲区项，则分配给这个文件，并把这个空闲组从空白文件目录中删除。但是如果一个空闲区项不能满足这个文件的需求，就把目录中的另一项分配给这个文件。如果一个空闲区项所含块数超过这个文件的要求，则为它分配了所要的物理块之后，再修改这个空闲区的表项。

当一个文件被删除后，文件管理系统将释放这个文件的存储物理块，同时把被释放的块号、长度及第一块块号置入空白目录文件的新表项中。

在前面讲解内存管理时讨论过有关空闲连续区分配和释放算法，略微修改后也可以用于空闲文件项的分配和回收。空闲文件项方法适用于连续文件结构的文件存储区的分配与回收。

5.4.2 空闲块链法

空闲块链法是一种比较常用的空闲块管理方法。将存储设备上所有空闲盘区链接在一个队列中，称为空闲块链。当文件管理系统请求分配空闲块时，从链头依次提取所需数量的空闲块来分配给申请文件，删除文件时则将删除文件的空闲块逐个链入空闲块链尾部。

不同系统空闲块链的链接方法各不相同，常用的空闲块链法有按空闲区大小顺序链接的方法、按释放先后顺序链接的方法和成组链接法。其中成组链接法可看作空闲块链的链接法的扩展。

按空闲区大小顺序链接和按释放先后顺序链接的空闲块管理在增加或移动空闲块时需对空闲块链做较大的调整，因而，需要耗去一定的系统开销。成组链接法在空闲块的分配和回收方面则要优于上述两种链接法。

空闲块链法的优点是无须专用块存放管理信息，缺点是连续分配和回收多块空闲块时需要增加磁盘的 I/O 操作。

5.4.3 位示图法

空闲文件表法和空闲块链法在分配和回收空闲块时，都需要在文件存储设备上查找空闲文件目录项或链接块号，这必须经过设备管理程序启动外设才能完成，速度较慢。为了提高空闲块的分配回收速度，可以使用位示图法进行空闲块管理，如图 5-11 所示。

图 5-11　位示图

位示图是利用二进制的一位来表示磁盘中一个物理块的作用情况，当其值为 0 时表示物理块空闲；值为 1 时表示物理块已使用。辅存上的所有物理块都有一个二进制位表示其是否空闲，那么辅存中的所有物理块所对应的表示位组成的集合称为位示图，位示图用物理块存放，称为位图块。

通常物理块的地址存储与操作系统的字长有关。例如，操作系统中字长为 16 位，只能保存 16 个块的空闲状态，但如果一个物理块的地址为 18 就无法保存，这时需要将物理块的地址 d 描述为一个 bit 类型的二维数组 map[1...n,1...15]，如表 5-3 所示。物理块号与 map[i,j] 数组的转换公式为

$$i = d \ \text{div} \ n$$
$$j = d \ \text{mod} \ n$$

其中，div 表示整除运算；mod 表示取余运算；n 表示系统字长。

表 5-3　位示图实例表

	0	1	2	3	4	5	6	7	8	9	10	11	12	13	14	15
0	0	1	0	0	0	1	1	1	1	0	1	0	0	1	1	1
1	1	1	1	1	1	1	0	1	0	1	1	0	0	0	0	1
2	0	0	0	1	1	0	1	0	0	0	0	1	1	1	0	1
3	0	0	0	0	0	1	0	1	0	1	1	1	0	0	1	0
...																
15	0	1	0	0	0	0	1	1	0	1	0	0	0	0	1	1

根据位示图进行物理块分配时，首先顺序扫描位示图，从中找出一个或一组值均为"0"的二进制位，将找到的二进制位转换成与之相应的物理块号，最后修改位示图，令 $map[i,j]=1$。

根据位示图进行物理块的回收，首先将回收物理块的物理块号转换成位于图中的行号和列号，然后修改位示图，令 $map[i,j]=0$。

5.4.4　成组链接法

空闲块表法和空闲块链法都不适用于大型文件系统。某些大型操作系统，如 UNIX 等，采用的是成组链接法，它兼备了上述两种方法的优点而克服了上述两种方法均有的、表太长的缺点。

在成组链接法中，当系统要为用户分配文件所需的物理块时，首先检查空闲块号栈是否上锁，如未上锁，便从栈顶取出一个空闲块号，将与之对应的物理块分配给用户，然后将栈顶指针下移一格。若该物理块号已是栈底，表示这是当前栈中最后一个可分配的物理块号。由于在该物理块号所对应的物理块中记有下一组可用的物理块号，因此，将栈底物理块号所对应的物理块的内容读入栈中，作为新的物理块号栈的内容，并把原栈底对应的物理块分配出去。然后再分配一个相应的缓冲区。最后，把栈中的空闲块数减 1 并返回。

在系统回收空闲块时，必须将回收物理块的物理块号记入空闲块号栈的顶部，并执行空闲块数加 1 操作。当栈中空闲块号数目已达最大数时，表示栈已满，便将现有栈中的所有物理块号记入新回收的物理块中，再将其物理块号作为新栈底。

5.5　文件共享与文件保护

文件的保护和保密与文件共享密切相关，它是文件共享的必然需要，其实质是实施有条件的文件共享。

一个用户建立的文件可以允许其他用户共享，也可以不允许，即使是获准使用的用户对文件的操作也有一定的限制，如只许读、只许执行或可读写。因此，操作系统应该建立安全可靠的保护机构，向用户提供保护个人文件的必要手段，同样，系统文件也需要保护。文件保护机构的基本作用如下。

1）防止未经许可的用户访问某个文件。

2）限制获准用户（包括文件主）对文件的存取权限，防止对文件的误操作。

5.5.1　文件共享方法

当多个用户进程访问同一个文件时，操作系统需要共享这个文件。这种共享关系只有当用户进程存在时才可能出现，一旦用户的进程消亡，其共享关系也就自动消失。通常，操作系统可以赋予用户或用户组某些对文件的访问权限，实现文件共享。下面列出的是一些可以指定给某个特定用户访问某个特定文件的具有代表性的访问权限。

- 无：用户不知道文件是否存在，更不必说访问它了。为实施这种限制，不允许用户读包含该文件的用户目录。
- 知道：用户可以确定文件是否存在及其所有者。用户可以向所有者请求更多的访问权限。

- 执行：用户可以加载并执行一个程序，但是不能复制它。私有程序通常具有这种访问限制。
- 读：用户能够以任何目的读文件，包括复制和执行。有些系统还可以区分浏览和复制，对于前一种情况，文件的内容可以呈现给用户，但用户却没有办法进行复制。
- 追加：用户可以给文件添加数据，通常只能在末尾追加，但不能修改或删除文件的任何内容。当在许多资源中收集数据时，这种权限非常有用。
- 更新：用户可以修改、删除和增加文件中的数据。这通常包括最初写文件、完全重写或部分重写、移去所有或部分数据。一些系统还区分不同程度的更新。
- 改变保护（changing protection）：用户可以改变授予其他用户的访问权限。只有文件的所有者才具备这项权力。在某些系统中，所有者可以把这项权力扩展到其他用户。为防止滥用这种机制，文件的所有者通常能够指定该项权力的持有者可以改变哪些权限。
- 删除（deletion）：用户可以从文件系统中删除一个文件。

这些权限构成了一个层次，每项权限都隐含着它前面的那些权限。因此，如果一个特定的用户被授予对某个文件的修改权限，该用户也就同时被授予以下权限：知道、执行、读和追加。

一个用户被指定成某个给定文件的所有者，通常是最初创建文件的那个用户。所有者具有前面列出的全部权限，并且可以给其他用户授予权限。访问可以提供给下列不同类的用户。

- 特定用户（specific user）：由用户 ID 号指定的单个用户。
- 用户组（user group）：不是单个定义的一组用户。系统必须可以通过某种方式了解用户组的所有成员。
- 全部（all）：访问该系统的所有用户。这些是公共文件。

实现文件共享本质上是从不同的地方打开不同的文件，在这个过程中，最重要的是从不同的地方找到文件的目录项，读取文件在辅存中的起始地址。共享文件的用户需要通过某种手段和被共享的文件建立联系，这中间最重要的是与被共享文件的目录项取得联系。根据实现文件共享的方式不同，可以采用以下几种方法。

1. 链接目录项实现文件共享

链接目录项需要在文件目录项中设置一个链接指针，指向共享文件的目录项。当需要访问文件时，首先查找目录项，如果文件目录项中有链接指针，说明它是一个共享文件。然后根据链接指针找到这个共享文件的目录项，读取文件的起始位置等信息，也可以对该文件进行可行的操作，如图 5-12 所示。

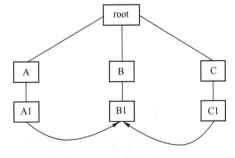

图 5-12　链接目录项

2. 利用索引结点实现文件共享

索引结点实现文件共享的操作系统的文件目录项中只包含文件名和指向索引结点的指针，如 UNIX 操作系统就是典型的使用索引结点实现文件共享。在这样的系统中，可以通过共享文件索引结点来共享文件。当用户需要共享该文件时，需要在自己的文件目录下创建一个目录项，将索引结点的指针指向共享文件的索引结点，如图 5-13 所示。

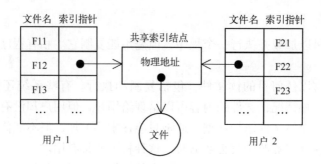

图 5-13 索引结点

为了统计共享文件的用户进程数，在索引结点中还要设置一个变量 count。当新文件创建时 count 的值为 1，若有其他用户共享该文件，count 值加 1；当有用户断开连接，不共享该文件时，count 值减 1。对于文件的创建者，只有检测到 count 的值为 1，也就是没有其他用户共享该文件时，才允许删除该文件。

3. 利用 URL 实现文件共享

URL 又称为统一资源定位器，是 Internet 上用来链接超文本文件的一种方式。它既可以链接同一台计算机中的本地文件，也可以链接 Internet 中任何计算机的远程文件。基本 URL 包含模式（或称协议）、服务器名称（或 IP 地址）、路径和文件名，如 "协议://授权/路径? 查询"。完整的、带有授权部分的普通统一资源标志符语法可以表示成 "协议://用户名:密码@ 子域名.域名.顶级域名:端口号/目录/文件名.文件后缀? 参数 = 值#标志"，如图 5-14 所示。

图 5-14 URL 实现文件共享

利用 URl 实现共享文件的具体方法是，首先利用 HTML 语言编写超文本传输文件，保存在计算机的某个目录下，需要链接超文本文件或者图像、视频等其他多媒体文件时，可以在浏览器的 URL 地址栏中输入一个 URL 地址，或者在 HTML 文件中嵌入超链接文件的 URL 地址。当单击超链接时，本地计算机会按照 URL 的协议和地址链接到远程计算机并下载指定目录下的文件。

5.5.2 文件保护方式

系统中的文件既存在保护问题也存在保密问题。所谓保护，是指避免文件拥有者或其他用户有意或无意的错误使文件受到破坏。所谓保密，是指文件本身不得被未授权的用户访问。这两个问题都涉及用户对文件的访问权限，也就是文件的访问控制。常见的文件访问控制有访问控制矩阵、访问控制表、用户权限表、口令和密码等。

1. 访问控制矩阵

访问控制矩阵是用矩阵的形式描述系统的访问控制的模型。它由三元组(S,O,A)来定义，其中：

S 是主体的集合——行标对应主体。

O 是客体的集合——列标对应客体。

A 是访问矩阵，矩阵元素 $A[s,o]$ 是主体 s 在 o 上实施的操作。

客体及在其上实施的操作类型取决于应用系统本身的特点。

假设 $S = \{s1,s2\}$，$O = \{m1,m2,f1,f2,s1,s2\}$，此时访问控制矩阵如表 5-4 所示。

表 5-4 访问矩阵控制表

	m1	m2	f1	f2	s1	s2
s1	{r,w,e}		{r}	{c,r,e}		
s2	{r,w}	{r,w}				

当用户向文件系统提出访问要求时，由访问矩阵验证模块根据矩阵内容对本次访问要求进行比较，如果不匹配则拒绝执行。访问控制矩阵虽然在概念上比较简单，但访问控制矩阵可能非常大，其内存空间和查找时间两方面的开销都非常大。

2. 访问控制表

访问控制表以文件为单位把用户按某种关系划分成若干个组，同时规定每组的访问权限。用户组对文件权限的集合就形成了该文件的访问控制表。

每个文件都有一个访问控制表，它是文件说明的一部分。文件被打开时，访问控制表也相应地被复制到内存中。这样可以实现高效的访问验证。

3. 用户权限表

用户权限表与访问控制表类似。将一个用户或者用户组所要访问的文件名集中存放在一个表中，每个表项对应相应文件的存取权限，这种表称为用户权限表。

4. 口令

口令有两种形式，一种是当用户进入操作系统，为建立终端进程时获得系统使用权的口令；另一种是每个用户在创建文件时可以为这个文件设置一个口令，并将这个口令置于文件说明中。当任何用户（包括创建者）想要使用该文件时，都必须先输入口令，两者相符时才能进入访问。

口令的特点是所需的信息少、节省存储空间，但可靠性差、不能控制访问权限。因此，这种方法多用于识别用户，但是访问控制需要用其他方法实现。

5. 密码

密码方式在用户创建源文件并将数据写入存储设备时对文件进行编码加密，在读文件时对其进行译码解密。只有能够进行译码解密的用户才能正确处理被加密的文件，起到文件保密的作用。

密码方式保密性强、节约存储空间，但编码和译码需要花费一定的时间。

5.6 思考与练习

1. 什么是文件管理系统？简述文件管理的功能。
2. 记录式文件有哪些类型？分别简述它们的特点。
3. 常见的目录操作有哪些？
4. 文件目录结构有哪些类型？它们的区别是什么？
5. 简述文件控制块。
6. 存储空间管理有哪些方法？
7. 文件共享的方法有哪些？

第6章　Fedora 操作系统

本章主要介绍 Fedora 桌面操作系统的一些功能与特性，以及 Fedora 23 Workstation 的安装与简单配置。

6.1　Fedora 操作系统简介

Fedora 是一个知名的 Linux 发行版，是一款由全球社区爱好者构建的面向日常应用的快速、稳定、强大的操作系统。它允许任何人自由地使用、修改和重发布，无论现在还是将来。它由一个强大的社群开发，这个社群的成员以自己的不懈努力，提供并维护自由、开放源码的软件和开放的标准。Fedora 项目由 Fedora 基金会管理和控制，得到了红帽公司的支持。Fedora 是一个独立的操作系统，可运行的体系结构包括 x86（即 i386 – i686）、x86 – 64 和 PowerPC。

1. 简介

Fedora（第 7 版以前称为 Fedora Core）是一款基于 Linux 的操作系统，也是一组维持计算机正常运行的软件集合。Fedora 由 Fedora Project 社区开发、红帽公司赞助，目标是创建一套新颖、多功能并且自由和开源的操作系统。Fedora 项目以社区的方式工作，引领创新并传播自由代码和内容，是世界各地爱好、使用和构建自由软件的社区朋友的代名词。

Fedora 基于 Red Hat Linux，在 Red Hat Linux 终止发行后，红帽公司计划以 Fedora 来取代 Red Hat Linux 在个人领域的应用，而另外发行的 Red Hat Enterprise Linux（Red Hat 企业版 Linux，RHEL）则取代 Red Hat Linux 在商业领域的应用。

Fedora 对于用户而言，是一套功能完备、更新快速的免费操作系统，而对赞助者 Red Hat 公司而言，是许多新技术的测试平台，被认为可用的技术最终会加入到 Red Hat Enterprise Linux 中。Fedora 大约每 6 个月发布一次新版本。

2. 功能

（1）发行

Fedora 项目以不同方式发行 Fedora。

- Fedora DVD/CD：包含了所有主要软件包的 DVD 或 CD 套装。
- Live 光盘：CD 或 DVD 大小的光盘镜像，可用于创建 Live CD 或从 USB 设备启动，并可安装到硬盘。
- 最小 CD：用于通过 HTTP、FTP 或 NFS 安装。

可以通过 Fedora Live USB Creator 或 UNetbootin 创建 Live USB 版本的 Fedora。同时，Fedora 项目发布自定义的 Fedora 版本，称为 Fedora spins。这些版本由一些对 Fedora 有特殊兴趣的小组开发，包含特定的软件包集合，以满足特定种类的用户的需要。

Enterprise Linux 额外软件包（Extra Packages for Enterprise Linux，EPEL）是由来自 Fedora Project 的志愿者发起的社区力量，目的是为了创建由高质量的附加软件组成的、用于补足 RHEL 和其他兼容版本的软件仓库。

软件包管理主要由 yum 实用程序提供。Fedora 同样提供图形界面（如 pirut、pup 和 puplet），用于在更新可用时提供视觉通知。apt－rpm 是 yum 的替代品，对于 Debian 类发行版的用户来说可能更熟悉。这里，APT 被用于管理软件包。额外的软件仓库可以被添加到 Fedora，以便安装 Fedora 软件仓库未提供的软件包。

（2）软件仓库

在 Fedora 7 之前，有 Core 和 Extras 两个主要的仓库。Fedora Core 仓库包含所有操作系统必需的基本软件包，以及其他随安装 CD/DVD 发行的、由 Red Hat 开发者维护的软件包。Fedora Extras 仓库自 Fedora Core 3 开始加入，包含社区维护的、没有随安装 CD/DVD 发布的软件包。自 Fedora 7 开始，Core 和 Extras 软件仓库被合并，因此该版本在其名称中去掉了 Core。该软件仓库同样允许社区成员维护软件包，这在以前是 Red Hat 开发者才可进行的。

同样，在 Fedora 7 发布之前，有一个被称为 Fedora Legacy 的第三方软件仓库。该软件仓库主要包含社区维护的、针对较老的 Fedora 和某些的 Red Hat 发行版，用于延长这些版本的生命周期。Fedora Legacy 于 2006 年 12 月关闭。

第三方软件仓库主要用于发布未包含在 Fedora 中的软件包——可能因为不满足 Fedora 对自由软件的定义，或该软件包的发行会触犯美国法律。主要的第三方软件仓库（并且是完全兼容的）有 RPM Fusion 和 Livna。前者是由许多第三方软件仓库维护者共同维护的。后者目前仍然独立维护，作为对 RPM Fusion 的扩展，并且只包含 libdvdcss 包，用于播放加密的 DVD。

（3）安全

安全是 Fedora 中最重要的功能。其中一项是 SELinux——基于内核中的 Linux Security Modules（LSM）的、补充了各种安全策略的 Linux 功能，包括访问控制等。Fedora 是引领 SELinux 的发行版之一。SELinux 包含在 Fedora Core 2 和以后的发行版中。由于该功能强制修改系统的运作方式，因此默认情况下，一般该功能处于关闭状态，但在 SPARC 上则启用。

3. 现况

Fedora 被红帽公司定位为新技术的实验场。与 Red Hat Enterprise Linux 被定位为稳定性优先不同，许多新的技术都会在 Fedora Core 中被检验，如果稳定的话，红帽公司则会考虑加入 Red Hat Enterprise Linux 中。

（1）测试版

Fedora Project 在发布每一个稳定版本之前，会先发布 3 次测试版本让用户测试并协助改进。Fedora 7 由于要合并 Core 和 Extra，引入了第 4 个测试版。

Fedora 另外还有一个用来放置不稳定（Bleeding－Edge）软件的包库，称为 Rawhide，开发中的软件包会先发布在 Rawhide，然后再转移至 Fedora 包库。Rawhide 更新相当频繁，并不适合一般工作用途，但还是被某些开发者和测试者用来作为主要的工作系统。

（2）更新维护

目前每个 Fedora 版本的更新维护持续到其下下个版本发布后一个月，大约每个版本维护 13 个月。用户若需要更长期的更新维护，在类似的系统中，RHEL 或 CentOS 会是更佳的选择。

Fedora Legacy Project 是由社区发起的计划，目标是为已被官方停止支持的 Red Hat、Fedora 系统提供（安全性与错误方面的）更新维护，该计划所支持的系统包括：Red Hat Linux 7.3～9、Fedora Core 1～4。然而由于志愿者的缺乏、需求降低及官方延长更新支持等因素，Fedora Legacy 于 2006 年终止。

（3）Re – spins

FedoraUnity Project 重新制作了特别版的光盘镜像文件，称为 Fedora Unity Re – Spins。收纳的皆为更新过的软件包，让用户在安装后可以节省许多在线更新的时间。

4. 特色

（1）与 Red Hat Linux 的相似度

Fedora 承继了 Red Hat Linux 的安装接口 Anaconda、桌面环境（同时包含 Gnome 和 KDE）、包管理器 RPM、多国语言支持，以及许多设置工具，所以习惯使用 Red Hat 操作系统的用户会感到相当熟悉，也正因如此，Fedora 用户在转移至 RHEL、CentOS 等系统时不会面临太多差异。

（2）引入新技术

因其趋近半年一次的发布周期，Fedora 在引入新技术的部分颇为快速，通常每一个版本都会引入最新版的 Xorg、Gnome 及 KDE。另外较重大的更新有：Fedora Core 2 开始使用 2.6 版的 Linux 内核，并新增 SELinux 安全加强模块。Fedora Core 4 引入 GCC 4.0 版、PHP 5.0 版及 Xen 虚拟技术支持。Fedora Core 5 新增 SCIM 多国语言输入框架及 MySQL 5.0 版。Fedora Core 6 新增 Compiz 3D 窗口管理器。

（3）自由软件的推广

Fedora Project 在自由软件的推广上有积极的作为。其内置自由软件的 GNU Java 运行环境 libgcj 可成功运行 Eclipse 等 Java 软件，而无须使用 Sun 的 Java 运行环境。另外，Fedora 也不支持专利封闭的多媒体格式（如 MP3 等），并建议用户支持诸如 Ogg 等开放的多媒体格式。Fedora Core 5 引入了 Mono 计划，Mono 是开放源代码且跨平台的 .NET 运行环境与开发工具。

（4）软件包

Fedora 使用 yum 工具来协助 RPM 包的管理，可以有效避免"依赖性地狱"（dependency hell）的问题，并且用户可以利用 yum 来方便取得原先 Fedora 因专利权因素所缺乏的功能，如 MP3 播放支持、DVD 影片支持及 NTFS 文件系统支持等功能。

Fedora 的官方包库在收纳上有其多样性，如 ClamAV（杀毒软件）与 Wine（Windows 软件转译器）都可在官方包库中取得，另外也包含许多开放源代码的游戏软件。Livna 和 Freshrpms 等社区也提供了和官方包库兼容的第三方包，用户可从中取得 NVIDIA 和 ATI 的 3D 显卡驱动程序或 VLC、MPlayer 等播放软件。

（5）多平台支持

Fedora 官方支持 x86、x86 – 64 及 PowerPC 处理器。在游戏机方面，Fedora Core 5、Fedora Core 6 和 Fedora 7 也已成功安装在 PlayStation 3 上。

5. 系统需求

下面以 Fedora 17 为例，介绍 x86 架构的处理器和内存需求。

Fedora 17 可以在"当前"大多数 x86 处理器上安装（特别兴趣小组还支持了一些"次

要架构"的处理器，如 Power PC、System/390 和 ARM）。

处理器速度的最低需求取决于最终使用、安装方式及特定硬件。尽管某些配置可以在奔腾Ⅲ处理器上工作，但大多数用户还是要考虑奔腾 4 或更新的处理器，或者是其他制造商生产的同档次处理器。Fedora 17 能够充分利用当前多核架构的优势。

x86 – 64 架构的内存需求如下。

1）字符模式最小内存：768 MB。

2）图形模式推荐内存：1152 MB。

全部软件包将占据 9GB 以上的硬盘空间。最终大小取决于安装定制和安装过程中所选的软件包数量。安装过程中还需要额外的硬盘空间以支持安装环境。该额外硬盘空间的大小与/Fedora/base/stage2. img 文件（位于第一张安装光盘）及安装好的系统中 /var/lib/rpm 目录下的文件大小之和相对应。

实际情况下，额外的空间需求大小会在最小化安装的 90 MB 到较大安装的 175 MB 之间变化。用户数据同样也需要额外硬盘空间，至少需要保留 5% 左右的自由空间以维持正常的系统操作。

6.2　Fedora 操作系统的安装

6.2.1　基本设置

1）先下载安装镜像，再刻录 DVD 光盘或操作 U 盘安装镜像。

Universal USB Installer 是 Windows 下制作 Linux 安装 U 盘非常流行和常用的一个工具，该工具是绿色版本，无须安装，支持当前主流的 Linux 发行版，当然也支持 Fedora。

2）当使用安装 DVD 或 U 盘引导之后，就会看到 Fedora 23 的安装界面，如图 6–1 所示。

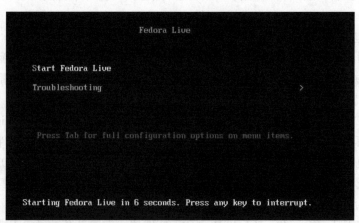

图 6–1　安装界面

3）现在选择 Install to Hard Drive（安装到硬盘）选项，进行安装，如图 6-2 所示。

4）在接下来的步骤中，可以手动选择安装向导语言，这里选择简体中文（中国）即可，如图 6-3 所示。

图 6-2　选择安装到硬盘

图 6-3　选择安装语言

5）选择好安装向导语言后，单击"继续"按钮。在本步骤中可自定义更改 Fedora 安装配置，包括键盘布局、时间和日期、安装位置、网络和主机名，如图 6-4 所示。

6）键盘布局将预定义所选择的语言，如果想添加更多语言，请单击加号"＋"按钮，配置好之后单击"完成"按钮即可，如图 6-5 所示。

图 6-4 安装配置

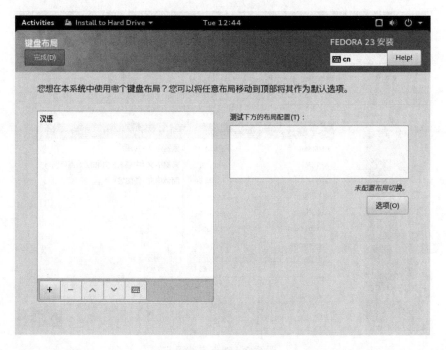

图 6-5 语言选择

7）在时间和日期选项中可以对系统日期和时间数据进行配置，如果当前系统是直接连网的，则会自动连网进行检测。当然，大家也可以手动指定时区，编辑配置好之后单击"完成"按钮即可，如图 6-6 所示。

图 6-6 时间和日期

6.2.2 磁盘分区及软件包选择

1. 硬盘分区

选择图 6-4 中的"安装位置"选项，可以对安装位置和分区进行选择。可以选择自动分配，也可以选择手动分配。下面进行手动分区和配置，如图 6-7 所示。

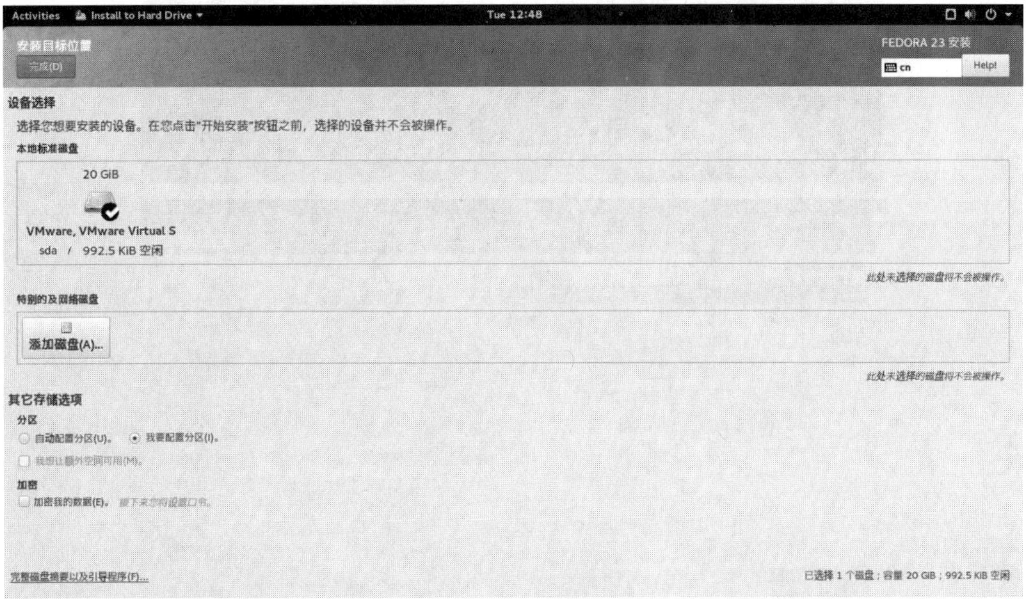

图 6-7 硬盘分区安装

单击"完成"按钮之后，安装程序会自动切换到手动分区导向，在此步骤中可以按自己的需要对分区方案和挂载点进行选择和分配。为了方便演示，选择标准分区，如图 6-8 所示。

图 6-8　选择分区方案

选择好分区方案之后，可以点击"＋"号来手动创建所需分区如图 6-9 所示。

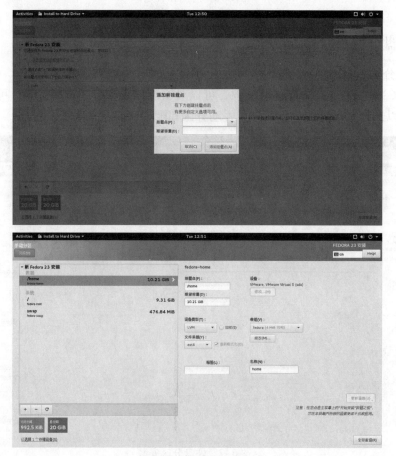

图 6-9　设置分区大小

演示环境分区如下，可以作为参考。

- /根分区 10 GB。
- /swap 交换分区 1 GB（16 GB 内存够大了）。
- /home 分区将占用剩余的所有空间。

分好路径之后，单击"完成"按钮即可。此时会弹出分区的更改摘要，确认无误后单击"接受更改"按钮。

2. 软件包的选择

当系统安装完成后，Fedora 23 已经安装了一些常用的软件，大致涵盖了因特网、办公、图形和影音等，譬如办公软件套装 LibreOffice 系列（版本 5.0），类似于微软的 Office 系列软件。

如果用户还需要安装其他软件包，可以通过 Yum Extender 内置软件选择自己想要的软件包，进行安装或者升级，如图 6-10 所示。例如，需要安装 gcc 编译器，可在输入框中输入关键字 gcc，然后选择合适的软件包单击进行安装，如图 6-11 所示。

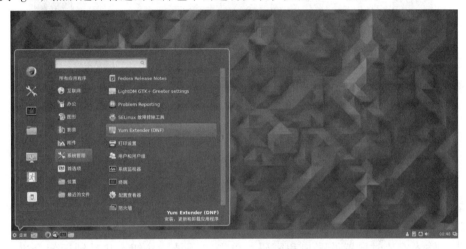

图 6-10　Yum Extender 内置软件

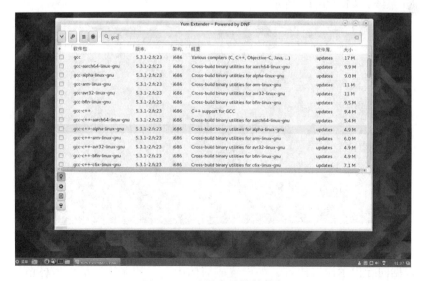

图 6-11　选择合适的软件包

图 6-12 显示了 gcc 软件包的安装过程。

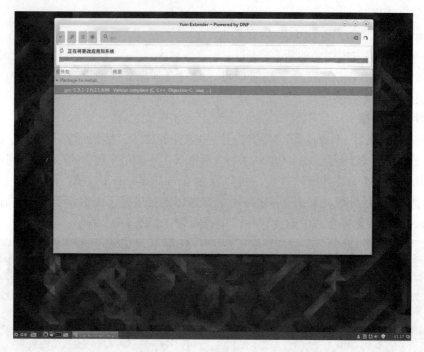

图 6-12　gcc 软件包安装过程

6.2.3　最终设置

安装完成后，需要对 Fedora 23 Workstation 进行首次登录设置，这个步骤需要对语言和隐私等选项进行配置。

首先，输入安装时设置的账户和密码，单击"登录"按钮，几秒钟后便会进入 Fedora 23 Workstation 系统，如图 6-13 所示。

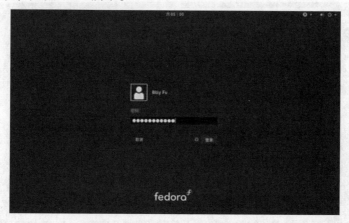

图 6-13　用户登录

然后，根据向导提示设置语言，如设置成简体中文，就在简体中文栏处单击，选择简体中文选项，单击确定即可，如图 6-14 所示。

图 6-14　设置语言

用户设置完语言后，需要设置语言输入方式，如图 6-15 所示。

图 6-15　设置输入法

接着，用户可以连接自己的在线账号，如谷歌账号等，如图 6-16 所示。

图 6-16　关联在线账号

用户完成这些设置后，就会出现"一切都已就绪"字样，单击下方的蓝色按钮，用户便会进入 Fedora 23 Workstation 的主界面了。

之后可以更新 Fedora 23 程序包。

即便是刚刚安装/升级了 Fedora 23，仍然可能会有需要更新的程序包。毕竟，Fedora 总是使用自带的每个软件的最新版本，程序包更新版的发布相当频繁。

要想运行更新，使用下面这个命令，如图 6-17 所示。

#dnf update

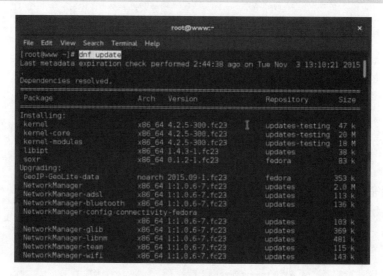

图 6-17　更新软件包

6.3　思考与练习

1. 安装 Fedora 23 Worksation，建议在虚拟机上实现。

第7章 Fedora 桌面系统的使用

本章主要介绍 Fedora 桌面操作系统的使用，包括登录、GNOME 桌面的使用、网络配置和常用命令行的使用。

7.1 登录、注销与关机

登录、注销与关机操作是用户进入操作系统的第一类操作。Fedora 也存在登录、注销和关机操作，界面与 Windows 系统相似。

7.1.1 开机与登录

计算机开机后，会进入系统选择界面，如图 7-1 所示。

图 7-1 系统选择界面

选择好操作系统，按〈Enter〉键，进入系统登录界面，如图 7-2 所示。

图 7-2 系统登录界面

单击"未列出"链接后系统会提示输入用户名。输入用户名（通常为 root）后单击"下一步"按钮，如图 7-3 所示。

接着输入密码，单击"登录"按钮，如图 7-4 所示，进入 Fedora 系统桌面，如图 7-5 所示。

图 7-3　输入用户名

图 7-4　输入密码

图 7-5　Fedora 系统桌面

7.1.2　锁屏、注销与关机

进入 Fedora 系统桌面后，单击右上角的 按钮，展开后会看到关机、锁屏和设置等按钮，如图 7-6 所示。

图 7-6　关机、锁屏和设置等按钮

1. 锁屏

单击锁屏按钮，系统进入锁屏模式，界面如图 7-7 所示。

向上滑动鼠标，提示输入密码，如图7-8所示。输入正确的密码后即可解锁。

图7-7　锁屏模式界面

图7-8　密码输入界面

2. 关机及重新启动

单击关机按钮，弹出关机选项，并提示若不选择则在60 s后自动关机，如图7-9所示。

图7-9　关机选项

单击"关机"按钮，系统将关闭计算机；单击"重启"按钮，系统将重新启动计算机。

3. 注销和切换用户

在关机选项中选择 root 选项，在展开的菜单中有"注销"和"切换用户"选项，如图7-10所示。

选择"注销"选项，操作系统开始进行注销，系统提示如图7-11所示。

图7-10　"注销"和"切换用户"选项

图7-11　系统注销

选择"切换用户"选项，再选择其他用户重新登录。登录方式与系统登录相同。

7.2 使用 GNOME 桌面

GNOME 即 GNU 网络对象模型环境（The GNU Network Object Model Environment），是 GNU 计划的一部分，是开放源码运动的一个重要组成部分。GNOME 的目标是基于自由软件，为 UNIX 或者类 UNIX 操作系统构造一个功能完善、操作简单、界面友好的桌面环境，它是 GNU 计划的正式桌面。

7.2.1 查看 GNOME 桌面系统版本

在终端中输入：gnome – about，打开"关于 GNOME 桌面"窗口，如图 7–12 所示。在这个窗口中可以查看 GNOME 版本、发行版和创建日期等关于 GNOME 的信息。

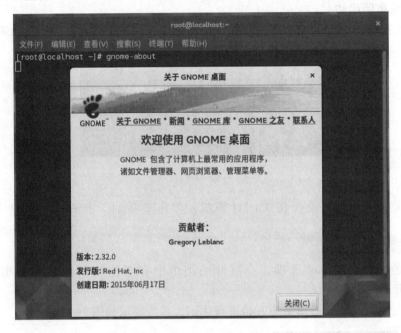

图 7–12 "关于 GNOME 桌面"窗口

7.2.2 使用 GNOME 桌面工具管理 Linux

1. 使用用户管理

在"全部设置"应用程序中选择"用户"选项，如图 7–13 所示。

打开 GNOME 的用户管理工具，如图 7–14 所示。

单击图 7–14 中的"＋"按钮，打开添加用户界面，如图 7–15 所示。

在其中可以选择的账号类型有两种：一种是"管理员"，另一种是"标准"，分别表示添加管理员用户和普通用户。同时填写用户名、全名、密码和验证，完成添加用户操作。

单击图 7–13 中的"－"按钮，可以删除用户。单击"－"按钮后弹出提示窗口，询问是否保留用户的主目录、电子邮件目录和临时文件，如图 7–16 所示。

图 7-13 "全部设置"应用程序

图 7-14 GNOME 用户管理工具

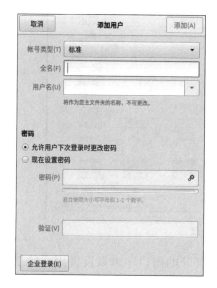

图 7-15 添加用户界面

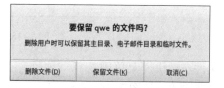

图 7-16 删除提示窗口

2. 管理文件和文件夹

GNOME 中的 Nautilus 是一个文件管理器。如果已经使用 GNOME 桌面，那么可能已经安装了 Nautilus；如果没有使用 GNOME，仍然可以下载并安装 Nautilus。

文件管理器的主要任务是导航文件系统，使用 Nautilus 就可以实现导航文件系统，甚至可以切换到浏览器模式。GNOME 文件管理器如图 7-17 所示。

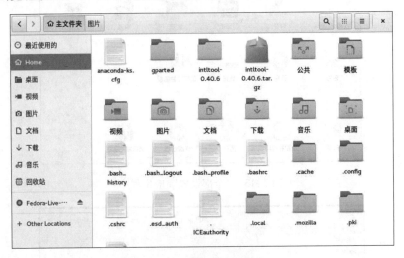

图 7-17　GNOME 文件管理器

在文件管理器中，可以单击文件夹从而逐层打开子文件夹，也可以右击任何文件夹或文件，在弹出的快捷菜单中执行使用文件管理器所执行的常见任务，如复制、重命名、打开、压缩，以及属性设置等，如图 7-18 所示。

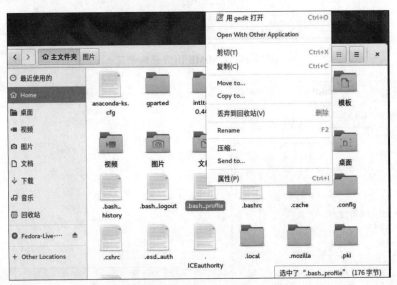

图 7-18　右键快捷菜单

在文件右键快捷菜单中选择"属性"命令，在打开的窗口中可以设置用户的基本属性、权限和打开方式，如图 7-19 所示。

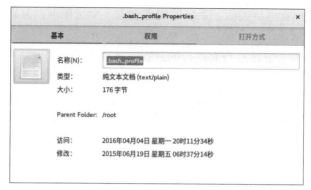

图7-19　文件属性对话框

其中"权限"设置如图7-20所示，包括所有者的访问权限设置、用户组的访问权限设置和其他用户的访问权限设置。权限类型包括"只读"和"读写"两种。

图7-20　权限设置

3. 系统监视器

选择应用程序内"工具"中的"系统监视器"，如图7-21所示，可以打开系统监视器。

图7-21　选择"系统监视器"应用程序

与 Windows 的进程管理器类似，系统监视器包含 3 个选项卡，分别是进程、资源和文件系统。

其中"进程"选项卡中显示当前运行的进程、所属用户、CPU 占用情况、进程 ID 和内存使用情况等，如图 7-22 所示。

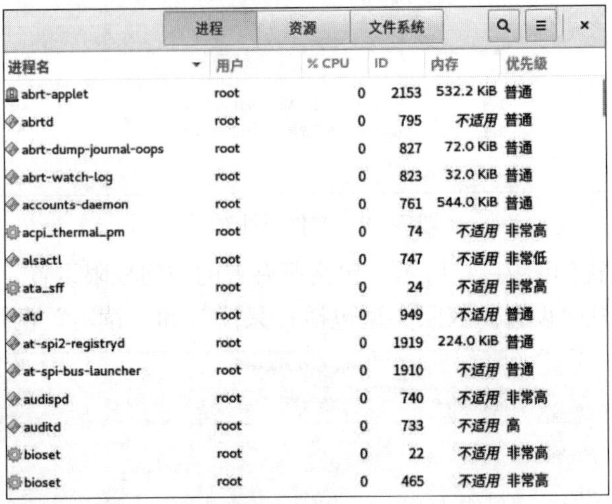

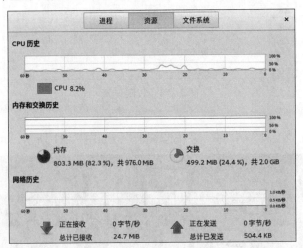

图 7-22 "进程"选项卡

"资源"选项卡中显示的是 CPU、内存和网络的历史使用情况，如图 7-23 所示。

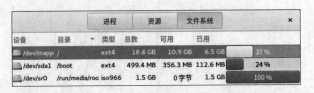

图 7-23 "资源"选项卡

"文件系统"选项卡中显示的是设备的使用情况，包括设备名称、目录、类型、存储空间、可用存储空间和已用存储空间等，如图 7-24 所示。

图 7-24 "文件系统"选项卡

7.3 Fedora 网络配置

要想使 Fedora 能够上网，只需要进行两步设置：第一步是让计算机连接到 Modem 或网关，第二步是让 Modem 或者网关连接到远程网络（因特网）。

在"全部设置"应用程序中选择"网络"选项，如图 7-25 所示。

图 7-25　选择"网络"选项

打开"网络"设置界面，如图 7-26 所示，在左边可以选择"有线"或"网络代理"两种方式连接网络，右边所示是当前采用有线的方式连接网络，并且展示当前的网速、IP 地址、硬件地址、路由和 DNS 的配置。右侧的"开启"按钮可以控制当前网络的开启和关闭。

图 7-26　"网络"设置界面

单击"添加配置"按钮，可以添加一项连接配置，单击右下方的配置按钮，可以修改当前配置，两种配置方式基本一致，这里介绍添加配置。单击"添加配置"按钮，打开"新配置"窗口，共有 4 个选项，分别是安全、身份、IPv4 和 IPv6。

在"安全"选项中，设置用户连接网络的安全信息，包括用户名、密码和加密方式，如图 7-27 所示。

图 7-27 "安全"选项设置

在"身份"选项中，可以填写 MAC 地址、克隆的地址、MTU 和防火墙，如图 7-28 所示。

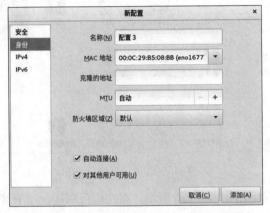

图 7-28 "身份"选项

IPv4 与 IPv6 选项操作基本一致，可以自动或手动的方式填写地址、DNS 和路由设置，填写正确后可以连接网络，如图 7-29 所示。

图 7-29 IPv4 配置

也可以在"网络"界面中单击"＋"按钮,添加其他类型的网络连接,如图 7-30 所示。

图 7-30　添加其他类型的网络连接

7.4　使用命令行

通过对 Linux 常用命令的学习,能够掌握 Linux 操作系统一些基本命令的用法,从而不用借助鼠标也能完成某些操作,如复制、删除、移动文件,创建账号,以及配置系统等,达到快速执行的目的。

7.4.1　认识命令行

1. 启动命令行

在 Fedora 的"活动"菜单中依次选择"应用程序"→"系统工具"→"终端"选项,可启动命令行,如图 7-31 所示。Fedora 默认使用 bash 作为命令行工具。

图 7-31　选择"终端"选项

启动终端后可以看到如图 7-32 所示的内容。

图 7-32　终端默认界面

root 用户的命令提示符是#，而普通用户的命令提示符都是 $ 。在提示符后面可以输入命令。

命令提示符之前的文字是可以自定义的（以后会讲到），其默认格式为"［用户名@计算机名 当前目录名]"，图 7-32 表示的含义就是"用户 root 目前位于名为 localhost 的计算机的一个名为～的目录中"。

在命令行中，～目录实际上表示的是用户的 home 目录（即 root 的 home 目录为/home/root)，用户每次登录时都会以 home 目录作为当前目录。

除了自己的 home 目录外，位于其他目录时都会显示目录的名称，如处于/bin 目录时，命令行显示为

［root@ localhost bin]#

2. 简单的命令：cd 和 ls

用户登录命令行后首先进入自己的 home 目录，如果想要改变目录，就使用 cd 命令，后面跟上要进入的目录，如图 7-33 所示。

图 7-33　cd 命令

除了 cd 命令，另外一个常用的命令是 ls，它可以列出目录下的内容。图 7-34 显示的是在根目录下执行 ls 命令。

图 7-34　ls 命令

3. 退出命令行

要退出命令行，使用 exit 命令即可，如图 7-35 所示。

图 7-35　exit 命令

7.4.2　命令的语法

在 Linux 的命令行里，执行命令的语法只有一种，即：命令［选项］［参数]。
- 命令：命令名称，前面提到的 cd 和 ls 就是命令。
- 选项：用于更改命令效果。

● 参数：有的命令执行时需要传入一些参数，如文件名或者路径名称。

图 7-34 中的语法中只使用命令，而没有使用［选项］和［参数］。下面加上参数，输入 ls －l，按〈Enter〉键，如图 7-36 所示。

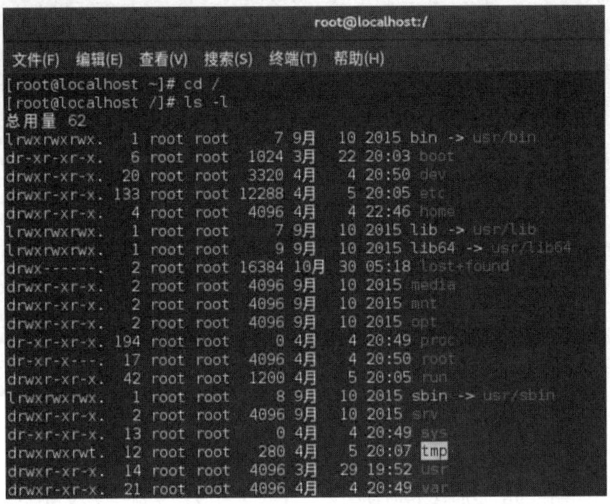

图 7-36　ls－l 命令返回信息

同样的命令，在加了选项之后就有了不一样的结果。单独使用 ls 命令时，只会显示当前目录下内容的名称，但加上选项 －l 以后就会显示更详细的列表 —— 包括权限、拥有者、大小和创建日期等。

在没有［参数］的情况下，直接使用 ls 命令是列出当前目录下的内容，当参数为目录时，则会列出参数中指定的目录中的内容。图 7-37 所示的例子就是列出 /home 目录中的内容（因为目前有两个普通用户 ckp 和 whj，所以列出了 ckp 和 whj 两项）。

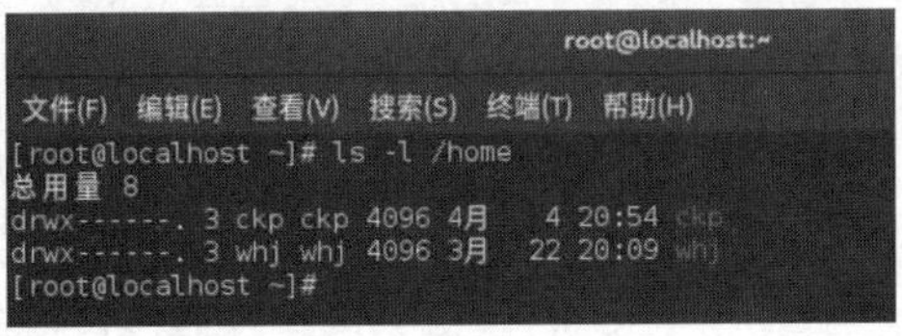

图 7-37　执行 ls－l /home 命令返回信息

7.4.3　常用命令

1. man 帮助命令

man：用来提供在线帮助，使用权限是所有用户。

格式：man　命令名

例如，［root@ localhost root]#man ls 表示查询 ls 命令的帮助信息，如图 7-38 所示。

2. 文件系统命令

文件系统命令是最常用也是最重要的一类命令。特别是当需要进行一些系统安装与配置时，往往需要进行创建路径、文件复制等工作。需要注意，文件操作一般都是不可逆的，在执行命令前需要对文件进行备份，以防止误操作。

图 7-38　man ls 命令返回信息

1）grep：在指定文件中搜索特定的内容，并将含有这些内容的行标准输出。

格式：grep［参数］文件名

参数 - v：显示不包含匹配文本的所有行。

参数 - n：显示匹配行及行号。

例如，［root@ localhost etc］# grep anon ∗. conf 命令用于搜索/etc 目录中扩展名为. conf 且包含 anon 字符串的文件，如图 7-39 所示。

图 7-39　grep 命令返回信息

2）mv：用来为文件或目录改名，或者将文件由一个目录移入另一个目录中，它的使用权限是所有用户。

例如，［root@ localhost root］#mv cjh. txt wjz. txt 命令将文件 cjh. txt 重命名为 wjz. txt。

3）find：在目录中搜索文件，它的使用权限是所有用户。

参数 - name：输出搜索结果，并且打印。

参数 - user：显示搜索文件的属性。

例如，［root@ localhost root］# find 　/ - name updatedb. conf 命令用于在整个目录中寻找一个文件名是 updatedb. conf 的文件，如图 7-40 所示。

图 7-40　find 命令返回信息

3. 系统管理常用命令

Linux 系统把设备都作为文件系统来处理，如中央处理器、内存、磁盘驱动器、键盘、鼠标甚至用户都是文件。熟悉 Linux 常用的文件系统管理命令，对 Linux 的正常运行是很重要的。下面介绍对系统和用户进行管理的一些命令。

1）useradd：用来建立用户账号和创建用户的起始目录，使用权限是超级用户。

例如，［root@ localhost root］#useradd ckp 命令用于建立一个新用户账户 ckp。

2）passwd：修改账户的登录密码，使用权限是所有用户。

例如，［root@ localhost root］#passwd ckp 命令用于给 ckp 设置密码。

3）kill：用来中止一个进程。

例如，［root@ localhost root］#kill – pid 1919 命令用于强行杀掉一个进程号为 1919 的进程。

4）date：显示并设置当前日期时间。

例如，［root@ localhost root］#date 命令用于显示当前系统时间，如图 7-41 所示。

图 7-41　使用 date 命令显示系统时间

4. 网络操作常用命令

由于 Linux 系统是在 Internet 上起源和发展的，因此拥有强大的网络功能和丰富的网络应用软件，尤其是 TCP/IP 网络协议的实现尤为成熟。Linux 的网络命令比较多，其中一些命令如 ping、ftp、telnet、route 和 netstat 等在其他操作系统上也能使用，但也有一些 UNIX/Linux 系统独有的命令，如 ifconfig、finger 和 mail 等。Linux 网络操作命令的特点是命令参数选项多且功能强。

1）ifconfig：查看和更改网络接口的地址和参数，包括 IP 地址、网络掩码和广播地址，使用权限是超级用户。

格式：ifconfig ＜网络适配器名＞［IP netmask 子网掩码］＜up|down＞

参数 – interface：指定网络接口名。

参数 broadcast address：设置接口的广播地址。

例如，［root@ localhost root］#ifconfig eth0 192.168.1.15 netmask 255.255.255.68 broadcast 192.168.1.158 up 命令表示给 eth0 接口设置 IP 地址 192.168.1.15，并且马上激活它。

2）ping：检测主机网络接口状态，使用权限是所有用户。

格式：ping［参数］＜IP|域名＞

参数 - c：设置完成要求回应的次数。

参数 - s：设置传输回应包的大小。

例如，［root@ localhost root］#ping www. baidu. com 命令用于记录 ping 的路由过程，如图 7-42 所示。

图 7-42　ping 返回信息

3）netstat：检查整个 Linux 网络状态。

例如，［root@ localhost root］#netstat － a 命令显示处于监听状态的所有端口，如图 7-43 所示。

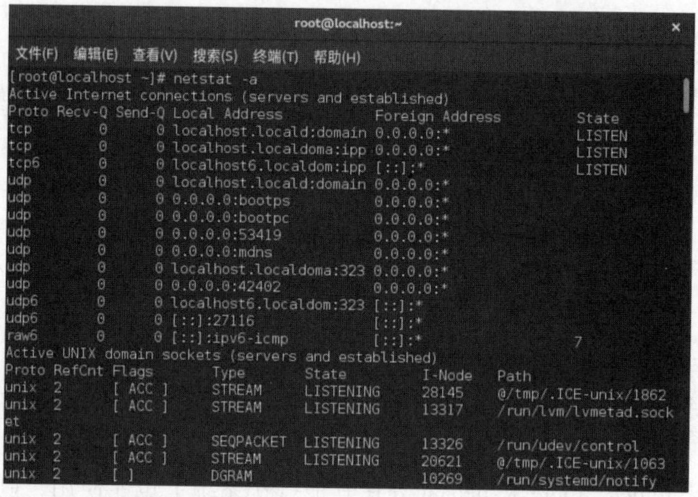

图 7-43　netstat 命令返回显示

7.5　思考与练习

1. Fedora 桌面系统与 Windows 桌面系统在使用上有什么区别？
2. 简述 GNOME，它的常用功能有哪些？
3. GNOME 是如何进行网络连接的？
4. Linux 命令的格式是什么？
5. 有哪些常用的 Linux 命令？

第8章 Linux 应用程序的安装和管理

安装和管理应用程序是使用 Fedora 操作系统的必备技能。

本章讨论在 Fedora 系统下,如何通过 yum 命令安装和升级应用程序,如何管理 RPM 软件包,以及如何从源代码安装应用程序等问题。最后给出了常用应用程序的推荐列表,以供读者使用参考。

8.1 使用 yum 命令安装和升级应用程序

yum (Yellow dog Updater,Modified) 是杜克大学为了提高 RPM 软件包安装效率而开发的一个在 Fedora、RedHat 及 CentOS 中的 Shell 前端软件包管理器。基于 RPM 包管理,能够从指定的服务器自动下载 RPM 包并且安装,可以自动处理依赖性关系,并且一次安装所有依赖的软件包,无须烦琐地一次次下载和安装。

yum 的基本操作包括软件的安装(在线、本地)、升级(在线、本地)和卸载,另外还有查询等其他功能。

yum 的理念是使用一个中央仓库(repository)管理一部分甚至一个 Linux 发行版应用程序的相互关系,根据计算出来的软件依赖关系进行相关的升级、安装和删除等操作,减少了令 Linux 用户头疼的软件依赖问题。

一般这类软件通过一个或多个配置文档描述对应的 repository 网络地址,通过 HTTP 或 FTP 协议在需要的时候从 repository 获得必要的信息,下载相关的软件包。这样,本地用户通过建立不同的 repository 描述说明,在有 Internet 连接时就能方便地进行系统的升级维护工作。另外,假如需要使用代理,可以用 http_proxy 和 ftp_proxy 这些 shell 里面的标准环境变量设定。

8.1.1 在线安装

如果在 Linux 系统中没有安装 yum,则可以到官网 http://yum.baseurl.org/下载最新的 yum 软件包:yum-3.4.3.tar.gz。使用 8.3 节中讲解的方式进行安装。

设定好了本地的 yum 之后,就能很方便地进行软件的安装。比如要使用数据库系统 mysql,只要输入下面的命令行即可,系统就自己在线获取相关软件并进行安装工作,如图 8-1 所示。

```
[root@ localhost ~ ]# yum install mysql
```

从图 8-1 中可以看到,yum 首先会自动检查应安装软件包 mysql 的依赖关系。例如,可以看到本来只想安装的是 mysql,结果 yum 检测到 mariadb、mariadb-common 和 mariadb-config 也需要进行安装。当用户确认之后,yum 会自动下载这些软件包,如图 8-2 所示。

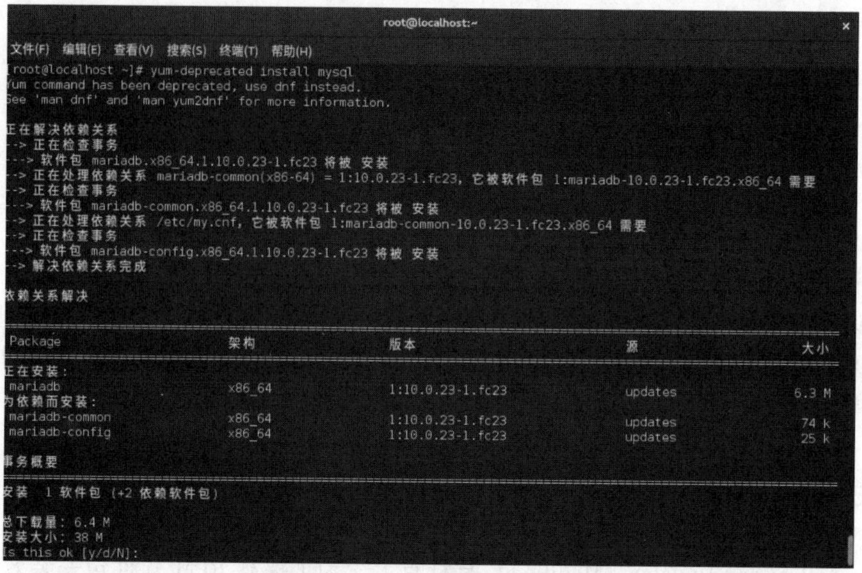

图 8-1 mysql 安装示意图（一）

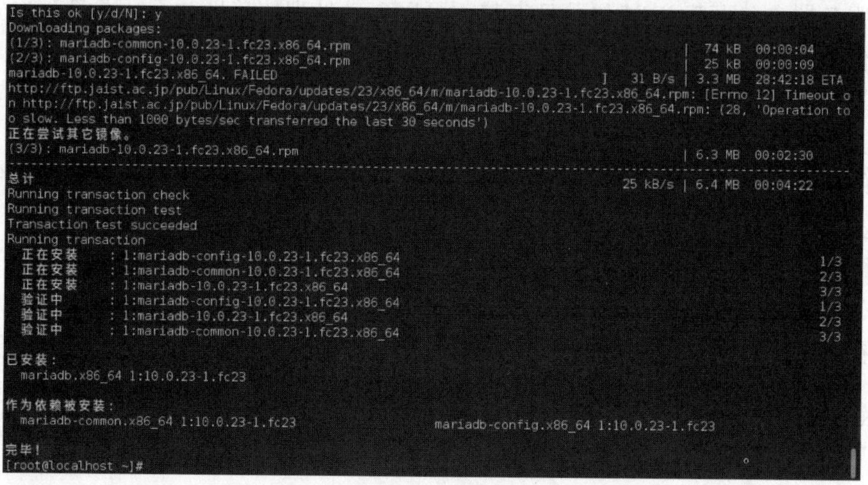

图 8-2 mysql 安装示意图（二）

更为方便的是，从图 8-2 中还可以发现，在线下载安装包的过程中，若出现超时等错误，yum 也能尝试该软件包的其他镜像点继续进行下载。例如，图 8-2 中的软件包 mariadb - 10.0.23 - 1. fc23. x86_64. rpm 下载发生故障后，从其他的镜像点又继续下载成功。

仔细的读者可能还会发现，在图 8-1 中，所使用的 yum 命令稍有不同。这是因为 Linux 发行版 Fedora 从版本 Fedora 22 之后抛弃了 yum 包管理器，取而代之的是 DNF（见图 8-3）。原因是 yum 已被认为是一个死亡的项目。yum 有三大缺陷：无文件描述的 API、糟糕的依赖解决算法和对重构内部功能束手无策。而第三个问题与第一个问题息息相关。DNF 是 yum 的一个分支，致力于避免这些问题。DNF 能运行在 Python 2 和 Python 3 上，也能与 yum 在系统中共存。用户仍然可以下载 yum 包，但 yum 可执行文件会被重命名为 yum - deprecated（见图 8-4）。

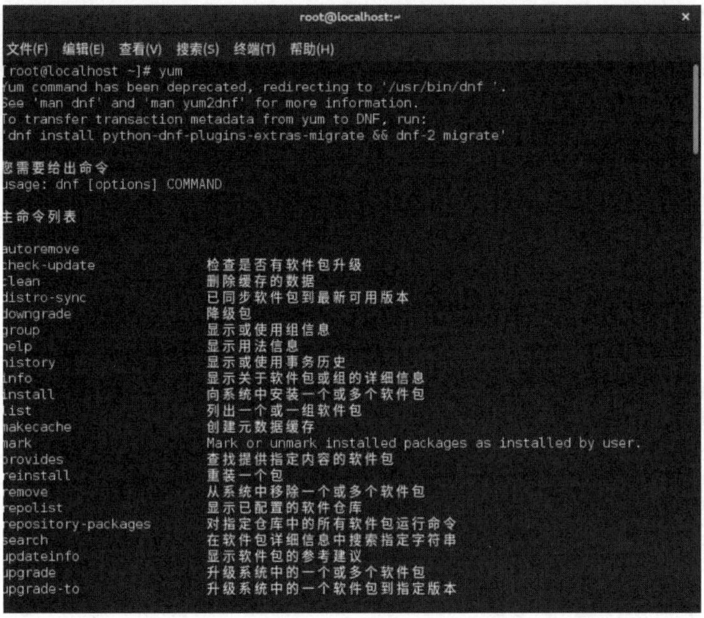

图 8-3　yum 使用的提示

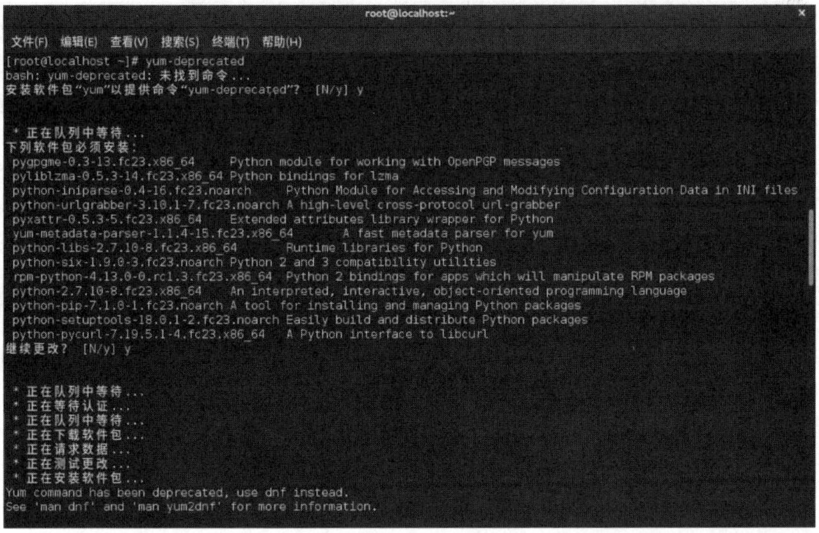

图 8-4　yum – deprecated 取代方案

8.1.2　本地安装

在 Linux 主机中使用 yum 工具在线升级和安装软件时，往往受到网络连接速度和带宽的限制，导致软件安装耗时过长甚至失败。特别是当有大量服务器或大量软件包需要升级时，更新的缓慢程度可能令人难以忍受。

相对而言，本地 yum 源服务器最大的优点在于局域网的快速网络连接和稳定性。有了局域网中的 yum 源服务器，即便在 Internet 连接中断的情况下，也不会影响其他 yum 客户端的软件升级和安装。

下面同样以安装数据库系统 mysql 为例来说明使用 yum 进行本地安装的方法。

1）首先到官网上下载基于 yum 源安装的 mysql 包。进入 mysql 的下载页面 downloads 中选择 Yum Repository 选项。

网址为 http://dev.mysql.com/downloads/repo/yum/。

选择页面如图 8-5 所示。然后，根据操作系统选择相应的 mysql 安装版本。例如，编者的 Linux 系统是 Fedora 23，选择 mysql57 – community – release – fc23 – 7. noarch. rpm 进行下载，如图 8-6 所示。

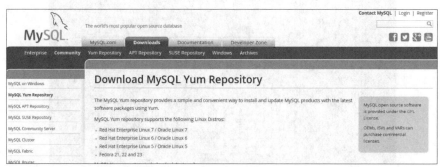

图 8-5　选择 Yum Repository 选项

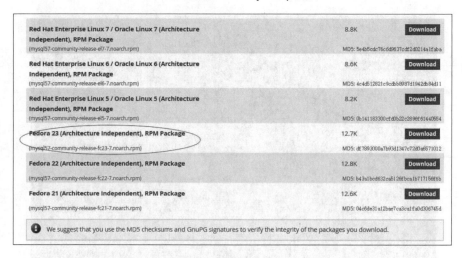

图 8-6　根据操作系统选择相应的安装版本

2）下载了安装包后，可以通过如下命令查看一下这个包里面有什么。

```
rpm  – qpl mysql57 – community – release – fc23 – 7. noarch. rpm
```

结果如图 8-7 所示，里面包含了 3 个文件。

```
[root@localhost 下载]# ls
mysql57-community-release-fc23-7.noarch.rpm
[root@localhost 下载]# rpm -qpl mysql57-community-release-fc23-7.noarch.rpm
警告: mysql57-community-release-fc23-7.noarch.rpm: 头 V3 DSA/SHA1 Signature, 密钥 ID 5072e1f5: NOKEY
/etc/pki/rpm-gpg/RPM-GPG-KEY-mysql
/etc/yum.repos.d/mysql-community-source.repo
/etc/yum.repos.d/mysql-community.repo
[root@localhost 下载]#
```

图 8-7　查看包中的内容

3）使用 rpm 安装 mysql57 – community – release – fc23 – 7. noarch. rpm 如下，如图 8 – 8 所示。

rpm – ivh mysql57 – community – release – fc23 – 7. noarch. rpm

```
[root@localhost 下载]# rpm -ivh mysql57-community-release-fc23-7.noarch.rpm
警告: mysql57-community-release-fc23-7.noarch.rpm: 头 V3 DSA/SHA1 Signature, 密钥 ID 5072e1f5: NOKEY
准备中...                          ################################# [100%]
正在升级/安装...
   1:mysql57-community-release-fc23-7 ################################# [100%]
[root@localhost 下载]#
```

图 8-8   安装 rpm 包

安装上这个包以后就会自动配置好 yum 源，在 yum 库中生成以下几个包，如图 8-9 所示。

```
mysql-community-client.i686              5.7.11-1.fc23          mysql57-community
mysql-community-client.x86_64            5.7.11-1.fc23          mysql57-community
mysql-community-common.i686              5.7.11-1.fc23          mysql57-community
mysql-community-common.x86_64            5.7.11-1.fc23          mysql57-community
mysql-community-devel.i686               5.7.11-1.fc23          mysql57-community
mysql-community-devel.x86_64             5.7.11-1.fc23          mysql57-community
mysql-community-embedded.i686            5.7.11-1.fc23          mysql57-community
mysql-community-embedded.x86_64          5.7.11-1.fc23          mysql57-community
mysql-community-embedded-compat.i686     5.7.11-1.fc23          mysql57-community
mysql-community-embedded-compat.x86_64   5.7.11-1.fc23          mysql57-community
mysql-community-embedded-devel.i686      5.7.11-1.fc23          mysql57-community
mysql-community-embedded-devel.x86_64    5.7.11-1.fc23          mysql57-community
mysql-community-libs.i686                5.7.11-1.fc23          mysql57-community
mysql-community-libs.x86_64              5.7.11-1.fc23          mysql57-community
mysql-community-libs-compat.i686         5.7.11-1.fc23          mysql57-community
mysql-community-libs-compat.x86_64       5.7.11-1.fc23          mysql57-community
mysql-community-server.x86_64            5.7.11-1.fc23          mysql57-community
mysql-community-test.x86_64              5.7.11-1.fc23          mysql57-community
```

图 8-9   yum 库中的安装包

4）使用 yum install 安装 mysql。例如，只安装 mysql 的服务端和客户端，可以使用以下命令。

yum – y install MySQL – client MySQL – server

📖 这里用到了 rpm 的查看和安装命令。关于 RPM 的使用，将在 8.2 节中详细讨论。

8.1.3   其他功能

除了在线安装和本地安装外，yum 还有很多其他的功能。例如，人们经常会碰到这样的情况，想安装一个软件，只知道它和某方面有关，但又不能确切知道它的名称。这时 yum 的查询功能就起作用了。可以用 yum search keyword 命令来进行搜索，例如，要安装一个即时通信软件，但又不知到底有哪些，这时不妨用 yum search messenger 指令进行搜索，yum 会搜索所有可用 rpm 的描述，列出所有描述中和 messeger 有关的 rpm 包，于是可能会得到 gaim、kopete 等，并从中选择。又比如，有时安装了一个包，但又不知其用途，此时可以用 yum info packagename 这个指令来获取信息。

这里列出了一些常用的功能，想要了解更多，大家可到网上搜索或参考 yum 的 help 帮助查看。

1. 安装

- yum install：全部安装。
- yum install package1：安装指定的安装包 package1。
- yum groupinsall group1：安装程序组 group1。

2. 更新和升级

- yum update：全部更新。
- yum update package1：更新指定程序包 package1。
- yum check – update：检查可更新的程序。
- yum upgrade package1：升级指定程序包 package1。
- yum groupupdate group1：升级程序组 group1。

3. 查找和显示

- yum info package1：显示安装包信息 package1。
- yum list：显示所有已经安装和可以安装的程序包。
- yum list package1：显示指定程序包安装情况 package1。
- yum groupinfo group1：显示程序组 group1 信息。
- yum search string：根据关键字 string 查找安装包。

4. 删除程序

- yum remove | erase package1：删除程序包 package1。
- yum groupremove group1：删除程序组 group1。
- yum deplist package1：查看程序 package1 的依赖情况。

5. 清除缓存

- yum clean packages：清除缓存目录下的软件包。
- yum clean headers：清除缓存目录下的 headers。
- yum clean oldheaders：清除缓存目录下旧的 headers。
- yum clean, yum clean all（ = yum clean packages；yum clean oldheaders）：清除缓存目录下的软件包及旧的 headers。

8.2　管理 RPM 软件包

RPM 是 Red Hat Package Manager 的缩写，本意是 Red Hat 软件包管理，顾名思义就是 Red Hat 公司的软件包管理，现在应为 RPM Package Manager 的缩写。Fedora、Red Hat、Mandriva、SUSE、YellowDog 等主流发行版本，以及在这些版本基础上二次开发都在使用 RPM。RPM 包中除了包括程序运行时所需要的文件外，还有其他的文件：一个 RPM 包中的应用程序，有时除了自身所带的附加文件保证其正常以外，还需要其他特定版本文件，这就是软件包的依赖关系。

RPM 虽然是为 Linux 而设计的，但是它已经移植到 SunOS、Solaris、AIX 和 Irix 等其他 UNIX 系统上了。RPM 遵循 GPL 版权协议，用户可以在符合 GPL 协议的条件下自由使用和传播 RPM。

RPM 包可分为两大类：一类是二进制类包，包括 rpm 安装包和调式信息包等；第二类是源码类包，包括源码包和开发包。RPM 包的结构一般如图 8-10 所示。

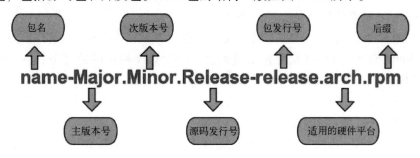

图 8-10　RPM 包结构

其中，包名即为软件名称，使用的硬件平台包括：i386（适用于 Intel 80x86 平台）、x86-64（64 位的 PC 架构）和 noarch（不区分硬件架构）。

例如，PPM 包的文件名称bash-3.0-19.2.i386.rpm 中，各参数的含义如下。

- bash：软件名称。
- 3.0-19.2：软件的版本号。
- i386：软件所运行的最低硬件平台。
- rpm：文件的扩展名，用来标识当前文件是 rpm 格式的软件包。

RPM 有五种基本的操作功能：安装、卸载、升级、查询和验证。这些功能仅需要用"rpm + 选项 + rpm 包"就能轻易实现。

1. RPM 软件包的安装与卸载

通用命令格式为：rpm［options］rpmfile

其中 option 可以为以下几个参数。

-i｜--install：安装指定软件。

-v｜--verbose：显示安装过程。

-e｜--erase：卸载指定软件。

-h｜--hash：以#的方式显示安装进度条，一个#为 2%。

--nodeps：忽略依赖关系。

--test：测试安装。

-U：升级 + 安装（如果之前有安装则升级，如果之前没有安装则安装）。

常用的软件包安装选项有以下几个。

rpm -ivh rpmfile

rpm -Uvh rpmfile

rpm -e rpmfile（删除文件只需要指定包名）

2. RPM 软件包的升级

　　# rpm -U（or--upgrade）options file1.rpm … fileN.rpm

参数：file1.rpm…fileN.rpm 指软件包的名称。详细选项： -h（或--hash）Linux 软件安装时输出 hash 记号； --oldpackage 新版本降级为旧版本；

−−test 只进行升级测试；−−excludedocs 不安装软件包中的文件；−−includedocs 安装文件；−−replacepkgs 强制重新安装已经安装的软件包；−−replacefiles 替换属于其他软件包的文件；−−force 忽略软件包及文件的冲突；

−−percent 以百分比的形式输出软件安装的进度；−−noscripts 不运行预安装和后安装脚本；−−prefix NEWPATH 将软件包安装到由 NEWPATH 指定的路径下；−−ignorearch 不校验软件包的结构；−−ignoreos 不检查软件包运行的操作系统；

−−nodeps 不检查依赖性关系；−−ftpproxy HOST 用 HOST 作为 FTP 代理；−−ftpport HOST 指定 FTP 的端口号为 HOST。

通用选项：−v 显示附加信息；−vv 显示调试信息；−−root DIRECTORY 让 RPM 将 DIRECTORY 指定的路径作为根目录，这样预软件安装程序和后软件安装程序都会被安装到这个目录下；−−rcfile FILELIST 设置 rpmrc 文件为 FILELIST；−−dbpath DIRECTORY 设置 RPM 资料库所在的路径为 DIRECTORY。

3. RPM 软件包的查询

```
# rpm  −q(or−−query) options pkg1…pkgN
```

查询已安装的软件包。详细选项：−p PACKAGE_ FILE 查询软件包的文件；−f FILE 查询 FILE 属于哪个软件包；−a 查询所有安装的软件包；

−−whatproVides CAPABILITY 查询提供了 CAPABILITY 功能的软件包；−g group 查询属于 group 组的软件包；−−whatrequires CAPABILITY 查询所有需要 CAPABILITY 功能的软件包。选项：−i 显示软件包的概要信息；

−l 显示软件包中的文件列表；−c 显示配置文件列表；−d 显示文件列表；−s 显示软件包中文档列表并显示每个文件的状态 −；−scripts 显示 Linux 软件安装、卸载和校验脚本；−−queryformat（or−−qf）以用户指定的方式显示查询信息；

−−dump 显示每个文件的所有已校验信息；−−proVides 显示软件包提供的功能；−−requires（or−R）显示软件包所需的功能。

通用选项：−v 显示附加信息；

−vv 显示调试信息；−−root DIRECTORY 让 RPM 将 DIRECTORY 指定的路径作为根目录，这样预软件安装程序和后软件安装程序都会安装到这个目录下；−rcfile FILELIST 设置 rpmrc 文件为 FILELIST；−−dbpath DIRECTORY 设置 RPM 资料库所在的路径为 DIRECTORY。

例如，查看系统中包含 x11 字符串软件包的前 3 行如下。

```
# rpm  −qa │ grep  −i x11 │ head  −3
```

4. RPM 软件包的验证

RPM 包使用了 gpg 非对称加密机制，这样可以用来验证软件包的完整性和来源的合法性。

```
# rpm  −V(or−−verify,or−y) options pkg1…pkgN
```

将要校验的软件包选项：−p PACKAGE_FILE 校验 PACKAGE_FILE 所属的软件包；−a 校验所有的软件包；−g group 校验所有属于组 group 的软件包。

详细选项：－－noscripts 不运行校验脚本；－－nodeps 不校验依赖性；－－nofiles 不校验文档属性。

通用选项：－v 显示附加信息；－vv 显示调试信息；－－root PATH 让 RPM 将 PATH 指定的路径作为根目录，这样预软件安装程序和后软件安装程序都会把软件安装到这个目录下；－－rcfile FILELIST 设置 rpmrc 文件为 FILELIST；－－dbpath DIRECTORY 设置 RPM 资料库所在的路径为 DIRECTORY。

5. 校验软件包中的文件语法

```
# rpm  － K( or －－ checksig) options file1. rpm…fileN. rpm
```

参数：file1. rpm…fileN. rpm 软件包的文件名；Checksig －－ 详细选项；－－ nopgp 不校验 PGP 签名。

通用选项：－v 显示附加信息；－vv 显示调试信息；－－rcfile FILELIST 设置 rpmrc 文件为 FILELIST。

8.3 从源代码安装应用程序

从源代码开始安装应用程序是 Linux 系统中常用的一种方式。这种方式在 Windows 系统中比较少见，但是对于 Linux 用户来说是一种重要的技术。

8.3.1 准备工作

前面两节讨论了包管理工具，其在很大程度上简化了软件安装过程。但是还需要了解在 Linux 系统中下载源代码，并从源代码中安装程序的方法，这是 Linux 最大的优势。它可以控制那些要安装的源代码选项，编译到新生成的软件中。一些程序包可能除了使用源代码安装外，别无他选；而且预编译程序并没有把全部参数都开放。因此，对于很多 Linux 系统的管理员来说，这种方法已成为必备的技巧。

在学习如何从源代码编译和安装应用程序之前，首先必须确认系统已安装上用于开发的软件包，否则编译时就会出错。以下软件包是使用 C 语言进行编译时所需要的。

- gcc：GNU C 编译器。
- make：make 命令，用于通过 makefiles 制作二进制文件。
- glibc：一些重要的函数库。
- glibc － devel：制作可执行程序所需要的标准头文件。
- binutils：编译程序所需要的一些工具。
- kernel － devel：Linux 内核（Kernel）的源文件，在重建内核时会用到。
- rpm － build：rpmbuild 工具，可使用源代码制作 RPM 软件包。

要确认是否有这些软件包，可使用上节讲解的 rpm 命令：rpm － q［package］，查询一个或多个软件包是否已安装。如果缺少某些软件包，则请下载并安装相应的软件包。

8.3.2 使用源代码进行安装

首先要获得程序的源代码。许多源代码会被压缩成为 . tar 格式，这是源代码进行打包的最简单方式。这些文件通常以 .tar.gz 作为扩展名。因为 tar 程序本身并不对文件做任何压缩,只进行打包,所以 .tar 文件还需要用 gzip 软件进行压缩,形成以 .gz 为扩展名的文件。这些文件通常使用 tar xpfz 命令来解压缩。大多数软件开发者会在软件安装包中包含目录结构,所以安装时没必要再人工创建目录。不过,可以把文件解压缩到一个空目录中进行安装,这是比较好的习惯。

这里以 GParted 安装为例介绍使用源代码方式进行安装的步骤和方法。GParted 是一款 Linux 系统下功能非常强大的分区工具,和 Windows 系统下的"分区魔术师"类似,操作方法和界面也很相似。GParted 可以方便地创建和删除分区,也可以调整分区的大小和移动分区的位置,对系统维护非常有用。

1)到 GParted 官网 http://gparted.sourceforge.net 下载最新的源码,如图 8-11 所示。

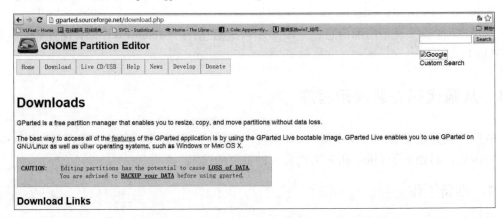

图 8-11　GParted 下载网页

选择 GParted Application Source Code 中的 Source code directory(.tar.bz2),下载文件:gparted - 0.25.0.tar.gz,2016 - 01 - 18 发行,3.2MB。

2)在用户目录中创建一个 gparted 目录,将安装文件复制到该目录中。例如,若以 root 身份登录系统,就复制到/root/gparted 目录下。

3)将源代码压缩文件 gparted - 0.25.0.tar.gz 使用 tar 命令进行解压。一般使用参数 xvzf 进行解压,如果是 bz2 格式的文件,应使用 jxvf 解压,如图 8-12 所示。

4)成功解压缩源代码文件后,接下来应该在安装前阅读 readme 文件和查看其他安装文件。尽管许多源代码文件包都使用基本相同的命令,但是有时在阅读这些文件时就能发现一些重要的区别。例如,有些软件包含一个可以完成全部安装工作的脚本程序。在正式安装之前阅读这些说明文件,通常会为安装节约大量的时间。另外,通常解压缩后产生的文件中有 Install 文件,该文件为纯文本文件,详细讲述了该软件包的安装方法。图 8-13 显示了查看到的相关文件。

5)如果解压文件中有 MakeFile 文件,就可以开始进行编译了。命令为:# make 。如果没有 MakeFile 文件,则执行第 6 步,生成 MakeFile 文件。

make 可以把源代码编译成为可执行的二进制代码,用来进行系统安装。编译的过程视软件的规模和计算机性能的不同,所耗费的时间也不同。

这个命令阶段是最有可能出现问题的阶段,因为 Linux 的变种版本太多,可能不支持源

图 8-12　GParted 解压

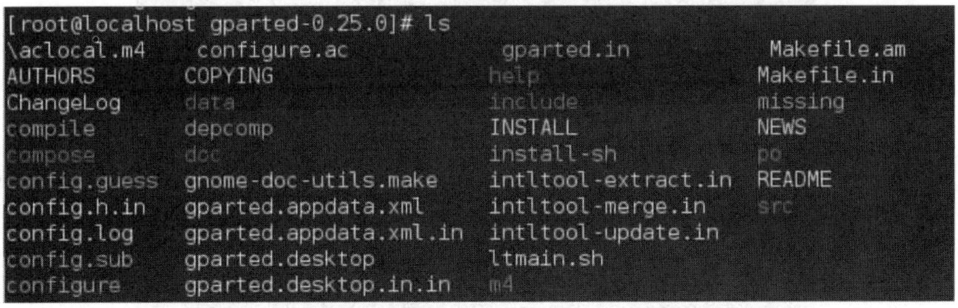

图 8-13　查看文件

代码。如果有问题出现在库文件上，那么看看自己是否有完整的 Linux 开发版。另外出现问题时，可以访问开发者站点并提供自己的 Linux 版本站点，通常这些站点都会帮助查找安装时所需要的文件。另外，还可以使用搜索引擎，看看是否有人早已碰到过该问题，并给出了解决问题的方法。图 8-14 所示为 MakeFile 文件生成后的编译过程。

6）找到一个名为 configure 的可执行脚本程序。它用于检查系统是否有编译时所需的库，以及库的版本是否满足编译的需要，为编译工作做准备。执行该程序，命令为：# ./configure ，如果有任何遗漏，就会输出一个错误信息，并且创建一个 config.cache 文件来保存这个失败的安装信息。如果想继续进行安装，重新运行 configure，就需要使用命令 rm 删除 config.cache 文件，这样，可保证 configure 能再次进行所有的安装检测。

如果想把软件安装到指定目录，使用 # ./configure －－prefix＝指定目录。图 8-15 所示为执行脚本程序的过程及生成的 MakeFile 文件。

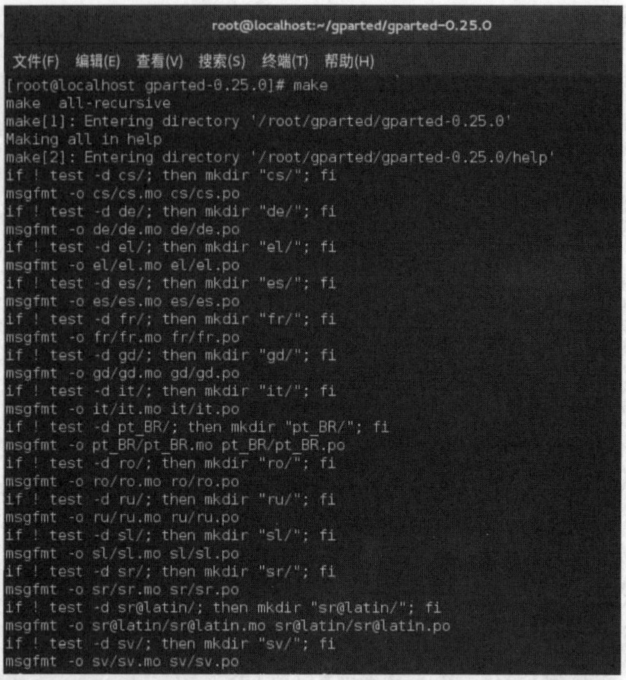

图 8-14　make 编译

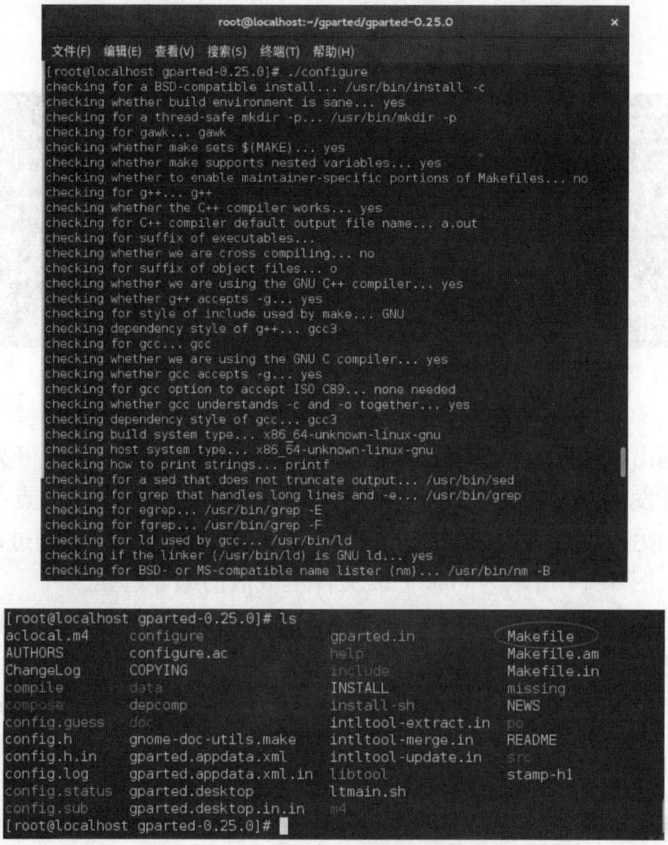

图 8-15　配置文件运行及生成的结果

7）成功编译后，输入如下命令开始安装。

```
# make install
```

该命令将把源代码的编译结果安装到系统，这些结果通常是二进制代码或库文件。主要方法是复制这些文件到合适的目录下，成为系统文件。标准目录通常是/usr/local/bin、/usr/local/sbin 和/usr/local/lib，不过也有可能有变化。

要使用这个命令，必须拥有根权限，否则就不能把文件复制到指定的目录。一种方法是以根权限运行所有的命令，这时为了安全，应该检查脚本的安全性，因为以根权限运行脚本的任何命令，都相当于在根权限下运行每个命令行。

8）安装完毕，清除编译过程中产生的临时文件和配置过程中产生的文件。输入如下命令。

```
# make clean
# make distclean
```

此时就可以运行 gparted 了。图 8-16 所示为运行 gparted 程序的效果图。

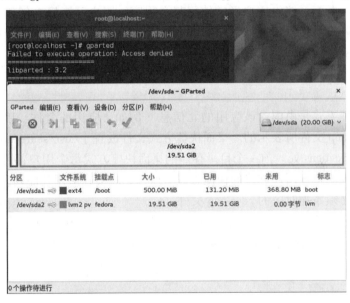

图 8-16　gparted 运行效果图

8.4　把应用程序的图标添加到桌面上

要想把应用程序图标添加到桌面上，要先确保已设置了"桌面上显示图标"。方法如下。

1）安装 gnome – tweak – tool。

2）在"终端"下输入命令 gnome – tweak – tool，选择"桌面"选项，设置"桌面图标"为"开启"，如图 8-17 所示。

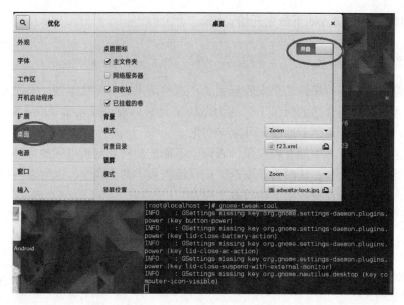

图 8-17　开启"桌面"图标

　　如果在 Linux 桌面系统中用户经常使用某个程序，用户可能想去创建一个"桌面快捷方式"，以便在桌面上只要双击一下快捷方式就可以启动它。虽然不少带有图形界面的程序会在安装时自动在桌面上创建快捷方式，但还有一些图形界面程序或者命令行程序可能需要手动创建快捷方式。下面给出一种 Fedora 系统中在桌面上添加"桌面快捷方式"的方法。

　　一个桌面快捷方式是由内含该应用的元信息（例如，应用的名称、启动命令或者图标位置等）的 .desktop 文件所表示的。桌面快捷方式文件放置于/usr/share/applications 或者～/.local/share/applications 处。前一个目录存储的桌面快捷方式每个用户都可以使用，而后一个目录则含有仅仅为特定用户创建的快捷方式。所以，想要在应用程序列表中出现某一应用程序的图标，就必须添加对应的 .desktop 文件。

　　例如，以上节安装的 gparted 程序为例，为之建立一个桌面快捷方式。使用 gedit 命令新建一个 gparted.desktop 文件，保存在/usr/share/applications/中，如图 8-18 所示。

图 8-18　desktop 文件内容

注意 .desktop 文件的几个属性项。

- Type = Application #类型为可执行程序。
- Name = #应用程序名称。
- Comment = #注释。
- Icon = #图标。
- Exec = #程序文件位置。
- Terminal = # 是否打开终端。
- Categories = #程序类型。

将 .desktop 文件放到/usr/share/applications 或者 ～/.local/share/applications 处，就可以将图标放在桌面上，如图 8–19 所示。双击该图标，就可以快速执行 gparted 应用程序了。

图 8–19　desktop 图标

8.5　常用应用程序推荐列表

Linux 作为一个开源系统，其上支持的优秀应用程序也层出不穷，包罗万象。在这里仅列出一些常用的应用程序供大家参考。

1. 网页浏览

1）Firefox：当前最火的浏览器，支持很多扩展和插件，也包含很多漂亮的主题。

2）Mozilla：前身是 Netscape，集网页浏览、新闻组、网页设计和电子邮件于一体的浏览器，被捆绑在 Windows 操作系统里面的 IE 挤垮之后，现为开源代码软件。

2. 聊天软件

1）LumaQQ：Linux 下兼容 QQ 的客户端，用 Java 语言编写，支持自定义表情、手机短信、显示等级和 QQ 群等功能。

2）Gaim：一个多功能的聊天工具，几乎支持所有的聊天协议，如 icq、MSN 和 jabber 等，安装 OpenQ 插件后可支持 QQ。

3. E-mail 客户端

Evolution：GNOME 默认的邮件客户端，支持 POP3、IMAP4 和 SMTP 等协议，有联系人、邮件、日历和任务等功能。

4. 下载工具

1）wget：最常用的、基于文本的下载工具。它的图形界面应用是 gwget。

2）CoralFTP：一个用 Python 写的 FTP 客户端，在建立站点时可以选择站点的文件目录编码，对中文支持较好。

3）lftp：一个基于文本的 FTP 工具，简单易用，支持中文。

4）bittorrent：基于文本的 BT 下载工具，图形端界面为 bttorrentgui。

5）Azureus：用 Java 语言编写的 BT 下载工具，功能强大，但占用资源多，且不稳定。

6）ktorrent：KDE 套件中的 BT 下载工具，功能和界面类似于 BitCommet。

5. 文本编辑软件

1）kate、kwrite、kedit：KDE 中的文本编辑器，三者界面类似。其中以 kate 功能最强，支持语法加亮，能编辑大文件等。

2）gedit：GNOME 的文本编辑器，支持多页面。

3）vim、emacs：命令行的文本编辑软件。二者是 Linux 中最常用的软件。

4）ghex（GNOME）、khexedit（KDE）：十六进制编辑软件。

6. 音频、视频播放和编辑软件

1）beep – media – player：和千千静听一样，仿 Winamp 的音频播放软件。可播放包括 .apc、.wma 在内的几乎所有的音频格式。

2）rhythmbox：GNOME 默认的音乐播放器，以 gstreamer 为核心，能播放几乎所有的格式。

3）sound – juicer：GNOME 默认的 CD 抓轨软件。默认能抓取为 .ogg、.flac 和 .wav 格式，也可以自己添加其他格式。

4）audacity：一个跨平台的音频编辑软件，能在 Linux、Windows 和 Mac 平台上运行。支持 .wav、.mp3 和 .ogg 格式的编辑，功能强大。

5）mplayer：最强的视频播放软件，支持目前几乎所有的音频视频格式、流媒体协议、换肤和外挂字幕。软件为命令行形式，图形界面为 gmplayer。

6）mencoder：mplayer 中的视频转换软件。命令行形式，几乎所有 mplayer 能播放的格式都可以转换。

7. 办公套件

1）openoffice.org：与 Microsoft Office 的兼容性较好，能直接输出为 pdf。

2）koffice：KDE 的办公套件

8. 图像处理软件

1）gimp：类似于 Photoshop 的图像处理软件，功能要比 Photoshop 强大。

2）dia：矢量图作图软件，对应 Windows 中的 cisco，可画电路图、流程图等。

3）inkscape：类似于 CorelDraw 的矢量图作图软件。

9. 图片浏览软件

1）gthumb：类似于 ACDSee 的看图软件，支持缩略图，支持全屏，并且还具有调整图像、转化格式、旋转和裁剪等功能。

2）eog：类似于 Windows 中的图片传真查看器。

10. 编程软件

1）vim + gcc + gdb：最原始的也是最流行的 Linux 开发环境。

2）常用语言：perl、python、tcl/tk 和 shell 等。

3）Kdevelop：KDE 下 C/C++集成开发套件。

4）Anjuta：GNOME 下的 IDE，能开发 C/C++、perl 和 python 等。

5）Eclipse：一个开放的、可扩展的 IDE，主要开发 Java 程序，也能开发 C/C++等，有大量的维护者编写插件。

8.6 思考与练习

1. Kate 是一款优秀的编辑器，提供了大量便捷的文本操作，如搜索、替换、更改文字大小写，以及加入和拆分行、拼写检查等。它支持 CVS，在开源协同的条件下为人们的日常工作带来了方便。其官网为 http://kate - editor. org/。

1）请使用 yum 确认自己的系统中是否安装了 Kate。

2）如果已经安装，请卸载 Kate。

3）如果没有安装，请使用 yum 的两种方法安装 Kate。

4）使用源代码安装 Kate 应用。

5）为安装的 Kate 建立一个桌面快捷方式。

2. 从 8.5 节常用应用程序推荐列表中找出自己感兴趣的一种软件，选用两种以上的方法对其进行安装，并建立桌面快捷方式。然后运行该软件，并熟悉它。

第9章 Linux 服务器环境配置

本章将介绍 JSP 和 PHP 运行环境的安装与配置，分别包括 Sun JDK、Tomcat 的安装与配置，Apache 与 PHP 运行环境的安装与配置，以及两者都需要的 MySQL 的安装及初始化。

9.1 Java 开发环境的安装与配置

本节主要讲解如何在 Linux 上安装 JDK，以及环境变量的配置。

使用过 Fedora 的人都应该知道，在大多数发行版本里，通常内置的 Java 开发套件是 Open JDK，它与 Sun JDK 并不是同一个软件，为了开发需要，很多时候都会卸载原有的 Open JDK，然后安装合适的 Sun JDK（目前属于 Oracle 公司所有）。这两者之间既有联系，也有区别。

相同之处在于，Open JDK 是 JDK 的开源版本，以 GPL（General Public License）协议的形式发布（open 指的就是开源）。在 JDK 7 发布时，Open JDK 已经作为 JDK 7 的主干开发，Sun JDK 7 是在 Open JDK 7 的基础上发布的，其大部分源代码都相同，只有少部分源代码被替换掉，使用 JRL（Java Research License，Java 研究授权协议）发布。至于 Open JDK 6 则更是有其复杂的一面，Open JDK 6 是 JDK 7 的一个分支，并且尽量去除 Java SE 7 的新特性，使其尽量符合 Java 6 的标准。关于 JDK 和 Open JDK 的区别，可以归纳为以下几点。

- 授权协议的不同。Open JDK 采用 GPL V2 协议，而 Sun JDK 则采用 JRL。两者协议虽然都是开放源代码的，但 GPL V2 允许在商业上使用，而 JRL 只允许个人研究使用。Open JDK 不包含 Deployment（部署）功能（Browser Plugin、Java Web Start 和 Java 控制面板）。
- Open JDK 源代码不完整。在采用 GPL 协议的 Open JDK 中，Sun JDK 的一部分源代码因为产权的问题无法开放给 Open JDK 使用，其中最主要的部分就是 JMX 中的可选元件 SNMP 部分的代码。因此将这些不能开放的源代码做成插件，以供 Open JDK 编译时使用，也可以选择不使用插件。而 Iced Tea 则为这些不完整的部分开发了相同功能的源代码（Open JDK 6），使 Open JDK 更加完整。由于产权的问题，很多产权不是 Sun 的源代码被替换成一些功能相同的开源代码，例如，字体栅格化引擎使用 Free Type 代替。
- Open JDK 只包含最精简的 JDK。Open JDK 不包含其他的软件包，比如 Rhino Java DB JAXP……，并且可以分离的软件包也都是尽量分离，但这些包大多数都是自由软件，用户可以自己下载加入。

不能使用 Java 商标。这个很容易理解，在安装 Open JDK 的计算机上，输入 java – version 显示的是 Open JDK，但是如果是使用 Iced Tea 补丁的 Open JDK，则显示的是 Java。

Java 开发需要一个 Java 开发环境（JDK）。这里给出官方的下载地址：http://www.oracle.com/technetwork/java/javase/downloads/jdk8 - downloads - 2133151.html，选择扩展名为 tar.gz 的文件下载（注意 32 位和 64 位的区别）。

1. 下载并解压

从网站上下载 jdk - 8u73 - linux - i586.tar.gz，当然也有更新的版本可以提供下载。将 jdk - 8u73 - linux - i58.gz 放入 Fedora 中，然后解压到/usr/java，这里解压的文件夹名没有特殊要求，保持前后一致即可，如图 9-1 所示。

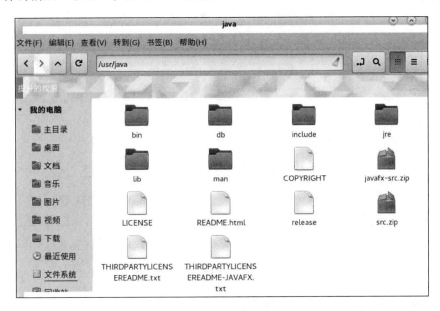

图 9-1 解压文件

编辑配置文件，将以下内容加入到/etc/profile 文件的末尾（可以使用图形界面操作，使用 gedit 编辑和保存文件），具体路径要根据实际情况调整。

```
export JAVA_HOME = /root/Desktop/jdk1.8.0_23
export PATH =$PATH:$JAVA_HOME/bin
export CLASSPATH = .:$JAVA_HOME/lib/tools.jar:$JAVA_HOME/lib/dt.jar
```

2. 使配置文件起效，要完全起效需要重新启动系统

执行命令：source /etc/profile。

3. 检查 Java 安装是否正确

输入命令：java - version。

如果结果如图 9-2 所示，则表示 JDK 安装配置成功。

```
[root@fedora23 ~]# java -version
java version "1.8.0_73"
Java(TM) SE Runtime Environment (build 1.8.0_73-b02)
Java HotSpot(TM) Client VM (build 25.73-b02, mixed mode)
```

图 9-2 检测 JDK 版本

4. 测试 Java 开发环境是否配置正确

编写一个 Java 程序，测试配置环境是否正确。用 vi 编辑源程序代码。

```
[root@ localhost ~]# vi a. java
```

输入程序代码，如下所示。

```
public class a{
    public static void main(String[ ] args)
    {
        System. out. println("loujilin");
    }
}
```

编译并运行程序。

编译 a. java 程序，如图 9-3 所示。

运行 a. java 程序，如果结果输出如图 9-4 所示，则说明 Java 运行环境配置成功。

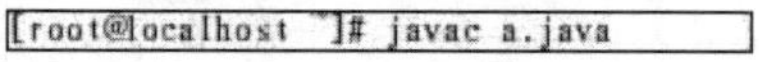

```
[root@localhost ~]# javac a.java
```

图 9-3　编译源文件

```
[root@fedora23 ~]# java a
loujilin
```

图 9-4　运行 Java 程序

9.2　Tomcat 服务器的安装与配置

J2EE 开发主要是浏览器和服务器进行交互的一种结构。逻辑都是在后台进行处理，然后再把结果传输给浏览器。可以看出服务器在这种架构中是非常重要的。实际开发中主要使用两种 Java 的 Web 服务器：Tomcat 和 WebLogic Server（WLS）。这里首先简单介绍一下这两款服务器，然后再说明两者的联系和区别。

WebLogic 是美国 BEA 公司出品的应用服务器，确切地说是一个基于 Java EE 架构的中间件，用纯 Java 开发，最新版本 WebLogic Server 9.0 是迄今为止发布的最卓越的 BEA 应用服务器。BEA WebLogic 是用于开发、集成、部署和管理大型分布式 Web 应用、网络应用和数据库应用的 Java 应用服务器，将 Java 的动态功能和 Java Enterprise 标准的安全性引入大型网络应用的开发、集成、部署和管理之中，完全遵循 J2EE 1.4 规范。

Tomcat 服务器是一个免费、开源的 Web 应用服务器，是 Apache 软件基金会的 Jakarta 项目中的一个核心项目，由 Apache、Sun 和其他一些公司及个人共同开发而成。因为 Tomcat 技术先进，性能稳定，运行时占用的系统资源少，扩展性好，支持负载平衡与邮件服务等开发应用系统常用的功能，而且关键一点是它是免费的，因而深受 Java 爱好者的喜爱并得到了部分软件开发商的认可，成为目前比较流行的 Web 应用服务器。而且由于开源，它还在不断改进和完善，任何一个感兴趣的程序员都可以更改它或在其中加入新的功能。

WebLogic 与 Tomcat 服务器的相同点为：WebLogic 和 Tomcat 都是基于 Java 的基础架构来满足实时处理需求，不同的版本与 JDK 版本的兼容有所不同；因为都要与前台交互，所以它们都基于 Sun 公司的 Servlet 来实现。

两者的不同点为：WebLogic 更加强大。WebLogic 是 J2EE 的应用服务器，包括 EJB、JSP、Servlet 和 JMS 等，是全能型的，是商业软件中排名第一的容器，并提供其他如 Java 编辑等工具，是一个综合的开发及运行环境。WebLogic 应该是 J2EE Container（Web Container + EJB Container + XXX 规范）。Tomcat 只能算是 Web Container，是官方指定的 JSP&Servlet 容器。只实现了 JSP/Servlet 的相关规范，不支持 EJB。不过 Tomcat 配合 Jboss 和 Apache 可以实现 J2EE 应用服务器功能。

两者在扩展性方面的区别如下。

用 WebLogic 运行标准的 Java 可能并不是最好的方式，WebLogic 中支持它自己的一些东西。而这些东西虽然是在纯 Java 基础上开发的，但在其他的软件工具中却可能找不到。

WebLogic Server 既实现了网页群集，也实现了 EJB 组件群集，而且不需要任何专门的硬件或操作系统支持。网页群集可以实现透明的复制、负载平衡，以及表示内容容错。

无论是网页群集还是组件群集，对于电子商务解决方案所要求的可扩展性和可用性都是至关重要的。共享的客户机/服务器和数据库连接，以及数据缓存和 EJB 都增强了性能表现。这是其他 Web 应用系统所不具备的

所以，在扩展性方面 WebLogic 远远超越了 Tomcat。但是 Tomcat 开源免费。WebLogic 不开源不免费。

Tomcat 是免费开源的 JSP、Servlet 引擎、入门级别的 Web 服务器，刚入门的 IT 人使用 Tomcat 简单易上手。而且它是一个轻量级应用服务器，最重要的是它免费，所以在中小型系统和并发访问用户不是很多的场合下被普遍使用，是开发和调试 JSP 程序的首选。Tomcat 比较轻巧，消耗资源较少。当然，对于大项目，使用 WLS 肯定再合适不过，而且 Tomcat 也无法满足太多的应用需求。但是，WLS 的费用也是不可小觑的。

Tomcat 软件可以从 http://mirrors.cnnic.cn/apache/下载，这是中国的镜像网站，速度较快。在本文中下载的 Tomcat 安装程序是 apache – tomcat – 8.0.32. tar. gz。

注意：在安装 Tomcat 之前应该安装并配置好 Java 程序的开发环境 JDK，在上一节中已经演示了如何安装和配置 jdk1.8.0_23。

为了方便使用，将安装程序改名为 tomcat8，安装 Tomcat 的过程主要就是解压文件，配置系统变量，然后启用，如果需要，可以将其纳入开机自启动。

1. 找到文件下载位置，解压文件（见图 9-5），将其移动到目的地址

也可维持原地，只不过为了目录功能清晰，最好能够移至/usr/local/目录下，这步操作完全可以在图形界面下完成。

为了方便起见，将解压后的文件移动到/usr/local/tomcat8/下，其中 tomcat8 为新建文件夹，如图 9-6 所示。

Tomcat 安装目录的含义如下。

- bin：存放启动和关闭 Tomcat 的脚本程序。
- conf：包含 Tomcat 的不同配置文件。Tomcat 的主要配置文件为 server. xml。
- work：存放 JSP 编译后产生的 class 文件。

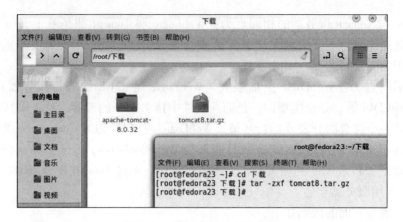

图 9-5　解压 Tomcat 安装文件

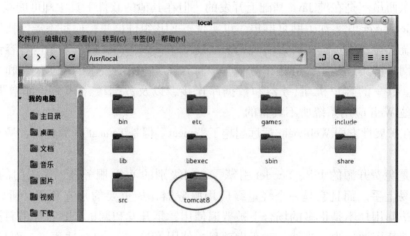

图 9-6　移动文件夹

- webapp：存放应用程序示例，要部署的 Web 应用程序也要放到此目录下。
- logs：存放日志文件。
- comm：存放公用 jar 文件。
- server：存放 Tomcat 服务器的 jar 文件。
- shared：存放共享的 jar 文件。

2. 设置环境变量

同样可以通过图形化操作，使用 gedit 编辑/etc/profile 文件，如图 9-7 所示。但重点是在文件的末尾加入以下内容（JDK 和 Tomcat 的具体路径需依据用户的实际名称设置）。

```
export JAVA_HOME = /usr/java/
export CLASSPATH =$CLASSPATH:$JAVA_HOME/lib:$JAVA_HOME/jre/lib:$CATALINA_
BASE/lib
export CATALINA_BASE = /usr/local/tomcat6
export CATALINA_HOME = /usr/local/tomcat6
export PATH =$PATH:$JAVA_HOME/bin:$JAVA_HOME/jre/bin:$CATALINA_BASE/bin
```

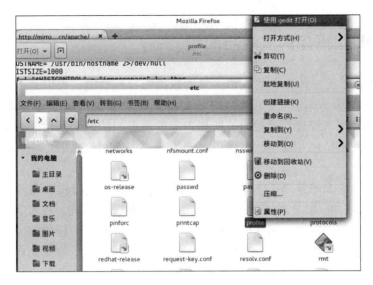

图 9-7　编辑配置文件

需要注意的是，在上一节中已经设置了部分参数，所以要注意查漏补缺。

3. 启动 Tomcat 服务

首先使刚才修改的配置文件有效，执行命令：source /etc/profile。

然后进入 tomcat8 目录，执行 startup. sh 命令，启动 Tomcat 服务，如图 9-8 所示。

```
[root@fedora23 ~]# cd /usr/local/tomcat8
[root@fedora23 tomcat8]# startup.sh
Using CATALINA_BASE:    /usr/local/tomcat8
Using CATALINA_HOME:    /usr/local/tomcat8
Using CATALINA_TMPDIR:  /usr/local/tomcat8/temp
Using JRE_HOME:         /usr/java
Using CLASSPATH:        /usr/local/tomcat8/bin/bootstrap.jar:/usr
in/tomcat-juli.jar
Tomcat started.
[root@fedora23 tomcat8]#
```

图 9-8　启动 Tomcat 服务

在 Tomcat 服务启动后，可以在浏览器的地址栏中输入 http://localhost：8080/，如果出现如图 9-9 所示的欢迎界面窗口，则说明 Tomcat 安装成功。

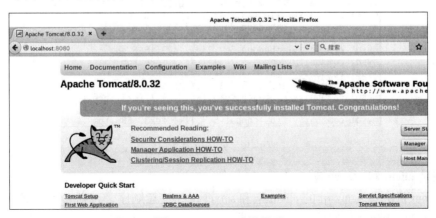

图 9-9　Tomcat 欢迎界面

9.3 MySQL 数据库的安装与配置

如果读者正在寻找一种免费的或不昂贵的数据库管理系统，可以有下列几个选择，如 MySQL、mSQL 和 Postgres（一种免费的但不支持来自商业供应商引擎的系统）等。在将 MySQL 与其他数据库系统进行比较时，所要考虑的最重要的因素是性能、支持、特性（与 SQL 的一致性、扩展等）、认证条件、约束条件和价格等。相比之下，MySQL 具有许多吸引人之处。

MySQL 是瑞典的 MySQL AB 公司开发的一款可用于各种流行操作系统平台的关系数据库系统，它具有客户机/服务器体系结构的分布式数据库管理系统，目前属于 Oracle 旗下公司。MySQL 完全适用于网络，用其建造的数据库可在因特网上的任何地方访问，因此，可以和网络上任何地方的任何人共享数据库。MySQL 具有功能强、使用简单、管理方便、运行速度快、可靠性高及安全保密性强等优点。MySQL 用 C 和 C++ 编写，可以工作在许多平台（UNIX、Linux 和 Windows）上，提供了针对不同编程语言（C、C++ 和 Java 等）的 API 函数；使用核心线程实现多线程，能够很好地支持多 CPU；提供事务和非事务的存储机制；快速的基于线程的内存分配系统；MySQL 采用双重许可，用户可以在 GPL 条款下以自由软件或开放源码软件的方式使用 MySQL 软件，也可以从 Oracle 公司获得正式的商业许可。

除了以上特点，MySQL 还有一个最大的特点，即在诸如 UNIX 这样的操作系统上，它是免费的，可从因特网上下载其服务器和客户机软件。并且还能从因特网上得到许多与其相配的第三方软件或工具。而在 Windows 系统上，其客户机程序和客户机程序库是免费的。

先从官网下载 MySQL 的安装文件（rpm 安装包），然后将其解压缩至合适的文件夹，使用 rpm 命令安装，然后启动服务。稍后登录 MySQL，更改密码（从 MySQL 5.7 以后，初始密码不为空）。具体步骤如下。

1. 下载并解压缩文件至合适的文件夹（只要便于访问即可）

下载地址为 http://dev.mysql.com/downloads/mysql/，操作系统选择 Fedora，这里为了方便起见，将压缩文件重命名为 mysql57.tar，解压后的文件如图 9-10 所示，主要安装 client 和 server 部分。

```
[root@fedora23 下载]# tar -xvf mysql57.tar
mysql-community-client-5.7.11-1.fc23.i686.rpm
mysql-community-embedded-devel-5.7.11-1.fc23.i686.rpm
mysql-community-libs-5.7.11-1.fc23.i686.rpm
mysql-community-embedded-5.7.11-1.fc23.i686.rpm
mysql-community-common-5.7.11-1.fc23.i686.rpm
mysql-community-test-5.7.11-1.fc23.i686.rpm
mysql-community-server-5.7.11-1.fc23.i686.rpm
mysql-community-embedded-compat-5.7.11-1.fc23.i686.rpm
mysql-community-devel-5.7.11-1.fc23.i686.rpm
mysql-community-libs-compat-5.7.11-1.fc23.i686.rpm
```

图 9-10 解压缩安装包

2. 安装 client 和 server 端

使用 rpm 依次安装 mysql 的 client 端和 server 端，注意顺序，否则 MySQL 服务有可能无法启动。但是由于包的依赖性关系，需要先安装其他两个安装包，如图 9-11 所示。

```
[root@fedora23 my]# sudo rpm -ivh mysql-common.rpm
警告: mysql-common.rpm: 头V3 DSA/SHA1 Signature, 密钥 ID 5072e1f5: NOKEY
准备中...                          ############################## [100%]
正在升级/安装...
   1:mysql-community-common-5.7.11-1.f############################## [100%]
[root@fedora23 my]# sudo rpm -ivh mysql-libs.rpm
警告: mysql-libs.rpm: 头V3 DSA/SHA1 Signature, 密钥 ID 5072e1f5: NOKEY
准备中...                          ############################## [100%]
正在升级/安装...
   1:mysql-community-libs-5.7.11-1.fc2############################## [100%]
[root@fedora23 my]# sudo rpm -ivh mysqlclient.rpm
警告: mysqlclient.rpm: 头V3 DSA/SHA1 Signature, 密钥 ID 5072e1f5: NOKEY
准备中...                          ############################## [100%]
正在升级/安装...
   1:mysql-community-client-5.7.11-1.f############################## [100%]
```

图 9-11　安装 MySQL 组件

当然也可以强制安装，而忽略包的依赖关系，如图 9-12 所示

```
[root@fedora23 my]# sudo rpm -ivh mysqlserver.rpm --force --nodeps
警告: mysqlserver.rpm: 头V3 DSA/SHA1 Signature, 密钥 ID 5072e1f5: NOKEY
准备中...                          ############################## [100%]
正在升级/安装...
   1:mysql-community-server-5.7.11-1.f############################## [100%]
```

图 9-12　强制安装

使用命令 systemctl start mysqld. service 启动 MySQL 服务

3. 重设 MySQL 密码

MySQL 5.7 的初始密码随机生成，而不像早期版本那样为空。解决这一问题的办法之一就是更改配置文件使用无密码方式登录，修改密码后，重新改回密码登录方式。具体步骤如下。

1）打开/etc/my. cnf 文件，在末尾添加 skip – grant – tables = 1，如图 9-13 所示

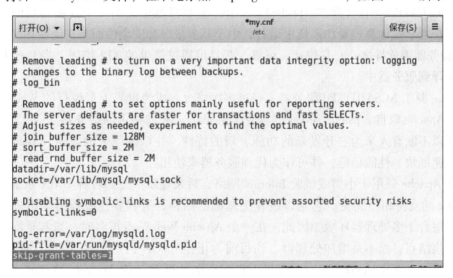

图 9-13　修改 my. cnf 文件

2）保存配置文件后，使用命令 systemctl restart mysqld 重启 MySQL 服务。

3）登录 MySQL，修改 MySQL 数据库中的 user 表的密码，具体执行过程如下所示。

```
[root@fedora23 ~]# mysql  - u root
mysql > use mysql;
mysql > update user set authentication_string  = password('root'), password_expired  ='N', password_
last_changed  = now( ) where user ='root';
mysql >  quit;
```

4）再次修改/etc/my. cnf 文件，去除刚添加的内容 skip - grant - tables = 1，重启 MySQL
服务，这时 MySQL 已经可以用新设置的密码登录了，如图 9-14 所示。

```
[root@fedora23 ~]# systemctl restart mysqld
[root@fedora23 ~]# mysql -u root -proot
mysql: [Warning] Using a password on the command line interface can be insecure.
Welcome to the MySQL monitor.  Commands end with ; or \g.
Your MySQL connection id is 2
Server version: 5.7.11 MySQL Community Server (GPL)

Copyright (c) 2000, 2016, Oracle and/or its affiliates. All rights reserved.

Oracle is a registered trademark of Oracle Corporation and/or its
affiliates. Other names may be trademarks of their respective
owners.

Type 'help;' or '\h' for help. Type '\c' to clear the current input statement.
```

图 9-14　使用新设置的密码登录

用户如果想要得到更好的客户端管理体验，可以安装第三方的管理软件，如 navicat 等。

9.4　Apache 服务器的安装与配置

Apache HTTP Server（简称 Apache）是 Apache 软件基金会的一个开放源码的网页服务
器，可以在大多数计算机操作系统中运行，由于其多平台和安全性而被广泛使用，是最流行
的 Web 服务器端软件之一。它快速、可靠，并且可通过简单的 API 扩展，将 Perl/Python 等
解释器编译到服务器中。

Apache 源于 NCSA HTTPd 服务器，经过多次修改，成为世界上最流行的 Web 服务器软
件之一。Apache 取自 a patchy server 的读音，意思是"充满补丁的服务器"，因为它是自由
软件，所以不断有人来为它开发新的功能、新的特性，并修改原来的缺陷。Apache 的特点
是简单、速度快、性能稳定，并可作为代理服务器来使用。

本来 Apache 只用于小型或试验 Internet 网络，后来逐步扩充到各种 UNIX 系统中，尤其
是对 Linux 的支持相当完美。它是以进程为基础的结构，进程要比线程消耗更多的系统开
支，不太适合于多处理器环境。因此，在一个 Apache Web 站点扩容时，通常是增加服务器
或扩充群集结点，而不是增加处理器。到目前为止，Apache 仍然是世界上用得最多的 Web
服务器，市场占有率达 60% 左右。世界上很多著名的网站，如 Amazon、Yahoo!、W3 Con-
sortium 和 Financial Times 等都使用 Apache。

Apache 的诞生非常富有戏剧性。当 NCSA 的 WWW 服务器项目停顿后，那些使用该服
务器的人们开始交换他们用于该服务器的补丁程序，他们也很快认识到成立管理这些补丁程
序的论坛是非常必要的。就这样，诞生了 Apache Group，后来这个团体在 NCSA 的基础上创

建了 Apache。

对比 MySQL 直接使用安装包中出现的因包依赖关系而引起的安装失败，使用 dnf 方式安装 Apache 使得程序的安装更为简洁，具体步骤如下。

1）使用 dnf 命令安装 Apache（而不是惯用的 yum 命令），如图 9-15 所示。

```
[root@fedora23 下载]# dnf install httpd
文件 0:33:56上一次的元数据过期检查在 Thu Mar 24 13:34:11 2016之前进行。
依赖关系解决。
================================================================
软件包                        架构              版本
================================================================
安装：
 apr                          i686             1.5.2-2.fc23
 apr-util                     i686             1.5.4-2.fc23
 fedora-logos-httpd           noarch           22.0.0-2.fc23
 httpd                        i686             2.4.18-1.fc23
 httpd-filesystem             noarch           2.4.18-1.fc23
 httpd-tools                  i686             2.4.18-1.fc23

事务概要
================================================================
安装  6 Packages

总下载：1.7 M
安装大小：4.5 M
确定吗？[y/N]: y
```

图 9-15　使用 dnf 命令安装 Apache

2）安装完成后，启动 Apache，使用如下命令。

```
systemctl start  httpd. service
```

3）设置 Apache 随机自启，使用如下命令。

```
systemctl enable httpd. service
```

要检测安装是否成功，可打开浏览器，在地址栏中输入 http://127.0.0.1，如果出现如图 9-16 所示的界面，则表示安装成功。

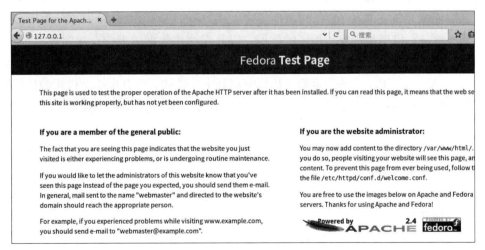

图 9-16　Apache 欢迎页面

9.5　PHP 环境的安装与配置

现在市场上的网站开发技术基本上可归结为两大阵营，即 PHP 阵营和 JSP 阵营。但对接触网站开发不久的用户来说，看到的往往只是它们的表相，只是明显的价格差异，却很难看出它们之间的实际差异。

PHP（Hypertext Preprocessor）是一种嵌入 HTML 页面中的脚本语言。它大量地借用 C 和 Perl 语言的语法，并结合自己的特性，使 Web 开发者能够快速地写出动态页面。

PHP 是完全免费的开源产品，Apache 和 MySQL 也同样免费开源，在国外非常流行，PHP 和 MySQL 搭配使用，可以非常快速地搭建一套不错的动态网站系统，因此国外大多数主机系统都配有免费的 Apache + PHP + MySQL。通常认为这种搭配的执行效率比 IIS + ASP + Access 要高，而要使用后者还必须另外付费给微软。

PHP 的语法和 Perl 很相似，但是 PHP 所包含的函数却远远多于 Perl，PHP 没有命名空间，编程时必须努力避免模块的名称冲突。一个开源的语言虽然需要简单的语法和丰富的函数，但 PHP 内部结构的天生缺陷导致了 PHP 不适合于编写大型网站。

JSP（Java Server Pages）是 Sun 公司推出的一种动态网页技术。JSP 技术是以 Java 语言作为脚本语言的，熟悉 Java 语言的人可以很快上手。

JSP 本身虽然也是脚本语言，但是却和 PHP、ASP 有着本质的区别。PHP 和 ASP 都是由语言引擎解释执行程序代码，而 JSP 代码却被编译成 Servlet 并由 Java 虚拟机执行，这种编译操作仅在对 JSP 页面的第一次请求时发生。因此普遍认为 JSP 的执行效率比 PHP 和 ASP 都高。

JSP 是一种服务器端的脚本语言，其最大的好处就是开发效率较高。JSP 可以使用 JavaBeans 或者 EJB（Enterprise JavaBeans）来执行应用程序所要求的更为复杂的处理，但是这种网站架构因为其业务规则代码与页面代码混为一团，不利于维护，因此并不适应大型应用的要求，取而代之的是基于 MVC 的 Web 架构。MVC 的核心思想是将应用分为模型、视图和控制器三部分。模型是指应用程序的数据，以及对这些数据的操作；视图是指用户界面；控制器负责用户界面和程序数据之间的同步。通过 MVC 的 Web 架构，可以弱化各个部分的耦合关系，并将业务逻辑处理与页面及数据分离开来，这样，当其中一个模块的代码发生改变时，并不影响其他模块的正常运行，所以基于 MVC 的 Web 架构更适应于大型应用开发的潮流。

因此，国外很多大型企业系统和商务系统都使用以上的 MVC 架构，能够支持高度复杂的基于 Web 的大型应用。

综上所述，对于轻量级、个人开发而言，PHP 是不二之选，而 JSP 更适合于大型公司或者服务平台的开发。

dnf 命令同样适用于 PHP 环境的安装，如图 9-17 所示。

安装与 MySQL 相关的组件，如图 9-18 所示。

重启 Apache，使用如下命令。

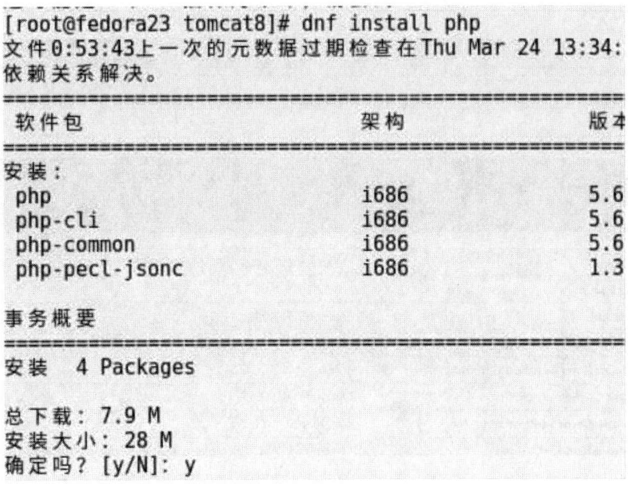

```
[root@fedora23 tomcat8]# dnf install php
文件0:53:43上一次的元数据过期检查在 Thu Mar 24 13:34:
依赖关系解决。

====================================================
软件包                        架构              版本
====================================================
安装：
php                          i686              5.6
php-cli                      i686              5.6
php-common                   i686              5.6
php-pecl-jsonc               i686              1.3

事务概要
====================================================
安装    4 Packages

总下载：7.9 M
安装大小：28 M
确定吗? [y/N]: y
```

图 9-17　使用 dnf 命令安装 PHP

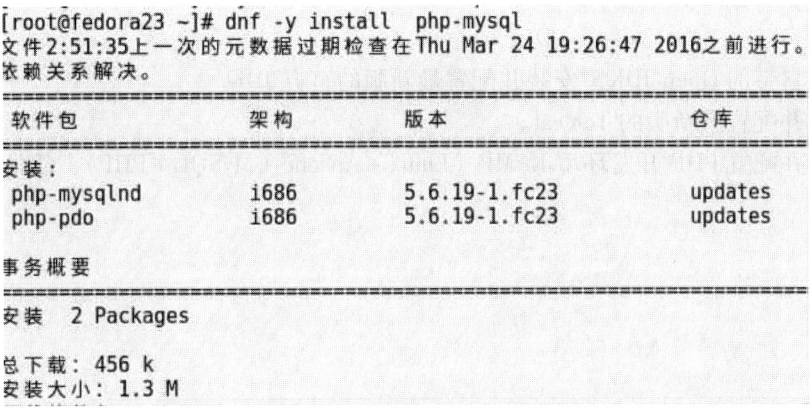

```
[root@fedora23 ~]# dnf -y install  php-mysql
文件2:51:35上一次的元数据过期检查在 Thu Mar 24 19:26:47 2016之前进行。
依赖关系解决。

===========================================================================
软件包                 架构            版本                      仓库
===========================================================================
安装：
php-mysqlnd           i686            5.6.19-1.fc23             updates
php-pdo               i686            5.6.19-1.fc23             updates

事务概要
===========================================================================
安装   2 Packages

总下载：456 k
安装大小：1.3 M
```

图 9-18　安装 MySQL 组件

```
systemctl restart httpd. service
```

　　编辑测试文件 index. php，放到/var/www/html/下即可，在地址栏中输入 http://
127. 0. 0. 1/index. php，结果如图 9-19 所示。
　　测试文件内容如下：

```
< ?php
echo "欢迎来到 fedora 的世界";
phpinfo( ) ;
? >
```

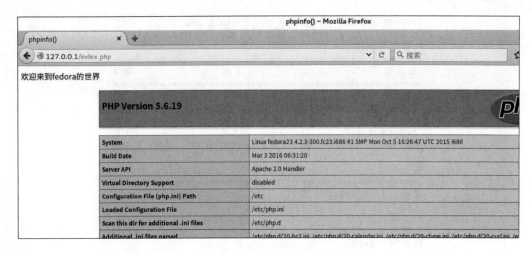

图 9-19 PHP 测试页

9.6 思考与练习

1. 移除自带的 Open JDK，安装并配置最新版的官方 JDK。

2. 安装并配置最新版的 Tomcat。

3. 安装并配置 PHP 开发环境 LAMP（Linux + Apache + MySQL + PHP），软件版本要尽可能新。

第 10 章　Linux 环境下 C 语言编程基础

Linux 系统下的程序设计，多数情况下使用的是 C 语言。本章带领读者初步认识 Linux 系统下 C 语言程序设计的基本步骤和方法，了解和掌握世界上著名的编辑器及编译器 vi 和 gcc，了解 Linux 系统下如何使用 gdb 调试程序。

这里介绍 Linux 环境下进行 C 语言开发的常用工具，包括 vi 编辑器（源代码录入工具）、gcc 编译器（生成可执行代码的工具）和 gdb（调试工具）。

10.1　准备知识

10.1.1　vi 编辑器

vi（visual editor）是 Linux 和 UNIX 系统上最基本的文本编辑器，工作在字符模式下，可以执行输出、删除、查找、替换和块操作等众多文本操作，而且用户可以根据自己的需要对其进行定制。由于不需要图形界面，vi 是效率很高的文本编辑器。尽管在 Linux 系统上也有很多图形界面的编辑器可用，但 vi 在系统和服务器管理中的功能是那些图形编辑器所无法比拟的。

vi 编辑器并不是一个排版程序，它不像 Word 或 WPS 那样可以对字体、格式和段落等其他属性进行编排，它只是一个文本编辑程序，而且没有菜单，只有命令。vi 有 3 种基本工作模式：命令模式、插入模式和底行模式，如图 10-1 所示。

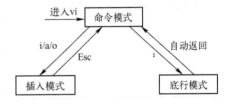

图 10-1　vi 工作模式

1. 命令模式

当执行 vi 后，首先会进入命令模式（这是默认的模式）。在这个模式中，输入的任何字符都被视为命令。可以使用键盘上的上下左右按键来移动光标，可以删除字符或者删除整行，也可以复制和粘贴文件数据，以及进入插入模式或底行模式。

2. 插入模式

在命令模式下输入相应的插入命令，即可进入插入模式。插入模式唯一的功能是进行文字数据的输入，按〈Esc〉键可以回到命令模式。命令模式的常用命令如表 10-1 所示。

表 10-1　命令模式常用命令表

命　　　令	说　　　明
i	从光标所在位置前开始插入文本
I	从光标所在行的第一个非空白字元前开始插入
a	在光标当前所在位置后追加文本

命　　令	说　　　明
A	从光标所在行最后面的地方开始追加文本
o	在光标所在行下面插入新的一行，并将光标置于该行行首
O	在光标所在行上面插入新的一行，并将光标置于该行行首

3. 底行模式

在命令模式下输入 < : >，可以进入底行模式。该模式可以保存文件或离开 vi 编辑器，以及其他设置，如查找或替代字符串等。

在 Linux 的终端中，在系统提示符后输入 < vi >，或者加上参数文件名（该文件名可以是新文件，也可以是已存在的文件），便可以进入 vi 编辑器。

命令模式下保存并退出：输入 < ZZ >。

在命令模式下，输入 < : > 进入〔Last Line Mode〕底行模式。底行模式下可输入如下命令。

- : w filename（输入 < w filename > 将文章以指定的文件名 filename 保存）。
- : wq（输入 < wq >，存盘并退出 vi）。
- : q!（输入 < q! >，不存盘强制退出 vi）。
- : x（执行保存并退出 vi 编辑器）。

退出的常用命令如表 10-2 所示。

表 10-2　常用的退出命令

命　　令	说　　　明
: q	退出 vi
: q!	强制离开 vi，放弃存盘
: wq	存盘并退出
ZZ	存盘退出
: w	存盘但不退出
: w filename	将编辑内容保存为名为 filename 的文件

注意：如果不知道现在处于什么模式，可以多按几次〈Esc〉键，以便确定进入命令模式。

10. 1. 2　gcc 编译器和 gdb 调试器

1. gcc 编译器

gcc 是 GNU Cmpiler Collection 的简称，它是 GNU 项目中符合 ANSI C 标准的编译系统，能够编译用 C、C ++ 和 Objective C 等语言编写的程序。gcc 不仅功能十分强大，结构也非常灵活。最值得称道的一点就是，它可以通过不同的前端模块来支持各种语言，如 Java、Fortran、Pascal、Modula – 3 和 Ada 等。

gcc 是可以在多种硬件平台上编译出可执行程序的超级编译器，与一般的编译器相比，平均效率要高 20% ～ 30%。gcc 支持编译的一些源文件的扩展名及其解释如表 10-3 所示。

表 10-3   gcc 支持编译的一些源文件的扩展名及其解释

扩 展 名	对应的语言	扩 展 名	对应的语言
. c	C 原始程序	. ii	已经过预处理的 C++ 原始程序
. C	C++ 原始程序	. s	汇编语言原始程序
. cc	C++ 原始程序	. S	汇编语言原始程序
. cxx	C++ 原始程序	. h	头文件
. m	Objective-C 原始程序	. o	目标文件
. i	已经过预处理的 C 原始程序	. a/. so	编译后的库文件

gcc 将程序编译成一个可执行文件要经过以下 4 个步骤。

1）预处理（也称预编译，Preprocessing）：gcc 先调用 cpp 程序进行预处理，对源代码文件中的头文件、预编译语句进行分析。

2）编译（Compilation）：调用 cc 进行编译，根据源代码生成汇编语言。

3）汇编（Assembly）：调用 as 将上一步的结果生成扩展名为 . o 的目标文件。

4）链接（Linking）：调用 ld 将目标文件进行链接，最后生成可执行文件。在链接阶段，所有的目标文件被安排到可执行程序中恰当的位置上，同时，该程序所调用的库函数也从各自所在的库中链接到合适的地方。

gcc 命令的使用方法为：gcc［参数］源文件［参数］［目标文件］

gcc 的主要参数及说明如表 10-4 所示。在 10.2 节中将结合案例进行详细说明。

表 10-4   gcc 的主要参数表及说明

命 令	说 明
– c	只进行编译，不链接
– S	只进行编译，不汇编，生成汇编代码
– E	只进行预编译
– g	在可执行文件中包含调试信息
– o file	用来指定输出文件名，此名称不能与源文件同名。默认为 a. out
– v	显示 gcc 的版本信息
– I directory	在头文件的搜索路径列表中添加 directory 目录
– L directory	在库文件的搜索路径列表中添加 directory 目录
– static	链接静态库
– llibrary	链接名为 library 的库文件

2. gdb 调试器

调试是所有软件工程师都要进行的工作。如何提高软件工程师的开发效率，更好、更快地定位程序中的问题，从而加快程序开发的进度，是大家经常要面对的问题。

Linux 系统下的 gdb 调试器，是一款 GNU 组织开发并发布的程序调试工具。它是一个交互式工具，虽然它没有图形化的友好界面，但是其强大的功能足以与很多商业化的集成开发工具媲美。它可完成以下调试任务。

1）设置断点。

2）监视程序变量的值。

3）程序的单步执行。

4）修改变量的值。

在进行应用程序的调试之前，要注意 gdb 调试的是可执行文件，而不是如 .c 这样的源代码文件。因此，需要先通过 gcc 编译生成可执行文件才能用 gdb 进行调试。详细的 gdb 使用方法将在 10.3 节中结合实例进行说明。

10.2 Linux 简单 C 程序实现

首先，以一个最简单的 Linux C 程序为例，说明在 Linux 环境下 C 语言程序设计的基本步骤。

【例 10-1】 设计一个 C 程序，要求在屏幕上输出"第一个 Linux C 程序！"。

步骤 1：设计并编辑源程序代码

此程序中的主函数体内只有一个输出语句，printf 是 C 语言中的输出函数。双引号内的字条串原样输出。"\n"是换行符。即在输出"第一个 Linux C 程序！"后回车换行。语句最后用分号结束。程序编辑使用 vi 文本编辑器，在终端中的输出如下。

```
［root@ localhost root］#vi 10-1.c
```

接着依次按〈Esc〉键→〈i〉键→输入文字内容，输入程序代码如下。

```
/*10-1.c 程序:在屏幕上输出"第一个 Linux C 程序！"*/
#include    < stdio. h >
int main( )
{
    printf("这是第一个 Linux C 程序！\n");
    return 0;
}
```

注意：输入完成后存盘，按〈Esc〉键，输入":wq"并按〈Enter〉键。

步骤 2：编译程序

编译程序前，请确认 C 源程序文件的存在，打开 Linux 终端输入 ls 命令，查看当前目录下是否有 10-1.c 文件。

输入如下命令，将 10-1.c 程序编译成可执行文件，文件名为 10-1。

```
［root@ localhost root］#gcc 10-1.c  - o 10-1
［root@ localhost root］#
```

若编译时没有出现错误信息，说明程序编译成功。如果有出错提示，则需要修改源程序中的错误，直至正确后才能继续下一步骤。

步骤 3：运行程序

编译好 10-1.c 程序后，可执行文件是 10-1，可以用 ls 命令查看当前目录下是否新生成了 10-1 文件（绿色字符表示）。若要执行这个可执行文件，输入"./10-1"，此时系统会出现运行结果，输出"第一个 Linux C 程序！"，终端中的显示如下所示。

```
［root@ localhost root］#ls
10-1.c    10-1
```

```
[root@ localhost root]#./10-1
第一个 Linux c 程序!
```

📖 gcc 编译的常用格式如下。

    gcc   C 源文件   - o   目标文件名

或: gcc   - o   目标文件名   C 源文件

或: gcc   C 源文件   //此时, 目标文件名默认为 a.out

上面介绍了 gcc 将程序编译成一个可执行文件要经过预处理、编译、汇编和链接 4 个步骤。下面通过实例来具体看一下 gcc 是如何完成这些步骤的。

【例 10-2】 设计一个程序, 输入两个整数, 求和后输出。通过使用 gcc 参数, 控制 gcc 的编译过程, 了解 gcc 的编译过程。

1) 使用 vi 编辑源程序, 生成源程序文件 10-2.c。

2) 使用 gcc 的 - E 参数预处理, 生成经过预处理的源程序文件 10-2.i。

3) 接着用 gcc 的 - S 参数编译, 生成汇编语言程序文件 10-2.s。

4) 然后用 gcc 的 - c 参数汇编, 生成二进制文件 10-2.o。

5) 最后用 gcc, 把 10-2.o 和链接库文件链接成可执行文件 10-2。

步骤 1: 编辑源程序代码

程序代码如下。

```
/ * 10-2.c 程序:求和程序 * /
#include    < stdio. h >
int main( )
{
    int a,b,sum;
    printf("请输入第一个数:\n");
    scanf("% d",&a);
    printf("请输入第二个数:\n");
    scanf("% d",&b);
    sum = a + b;
    printf("两数之和是:% d\n",sum);
    return 0;
}
```

步骤 2: 预处理阶段

在该阶段, 编译器将上述代码中的 stdio.h 编译进来, 在此可以用 gcc 的参数 - E 控制, 让 gcc 只在预处理结束后停止编译过程。输入下列代码。

```
[root@ localhost root]#gcc 10-2.c - o 10-2.i - E
[root@ localhost root]#vi 10-2.i
```

此处, 参数 - o 是指目标文件, .i 文件为已经过预处理的 C 源程序。用文本编辑器 vi 可以查看。图 10-2 显示了文件 10-2.i 的部分内容。

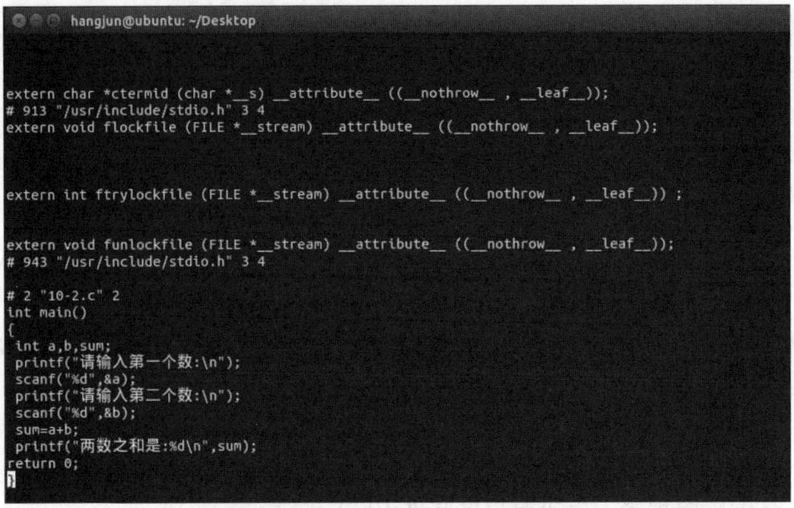

图 10-2　已经预处理过的部分内容

由此可见，gcc 确实进行了预处理，把 stdio. h 的内容插入到了 10-2. i 文件中。

步骤3：编译阶段

在编译阶段，gcc 首先要检查代码的规范性、是否有语法错误等，以确定代码实际要做的工作。在检查无误后，gcc 把代码翻译成汇编语言。在此可以用 gcc 的参数 – S 控制，让 gcc 只进行编译，产生汇编代码。输入下列命令。

```
[root@ localhost root]#gcc 10-2. i    – o    10-2. s – S
[root@ localhost root]#vi    10-2. s
```

在此处，参数 – o 是指目标文件，. s 文件为汇编语言源程序。用文本编辑器 vi 可以查看，图 10-3 显示了文件 10-2. s 的部分内容。

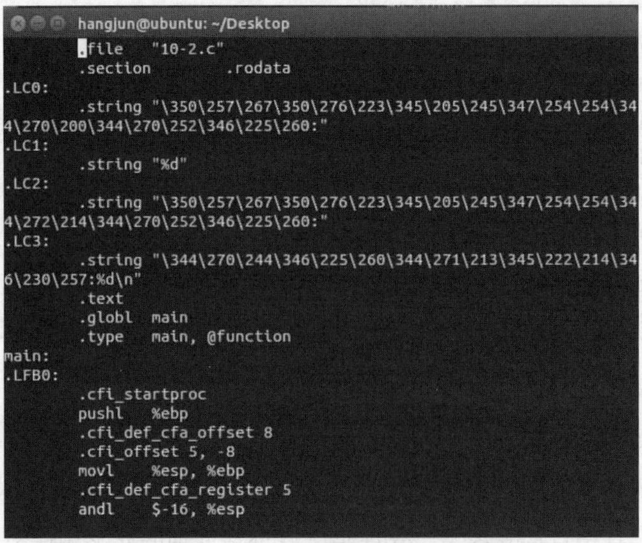

图 10-3　汇编语言源程序的部分内容

186

步骤4：汇编阶段

汇编阶段是把编译阶段生成的.s文件转成目标文件。可用gcc的参数 - c控制，让gcc只进行汇编，即把汇编代码转化为二进制代码。使用如下。

```
[root@ localhost root]#gcc 10-2.s    -o    10-2.o    -c
```

其中，参数 - o是指目标文件，.o为生成的目标文件。在终端中的显示如图10-4所示。

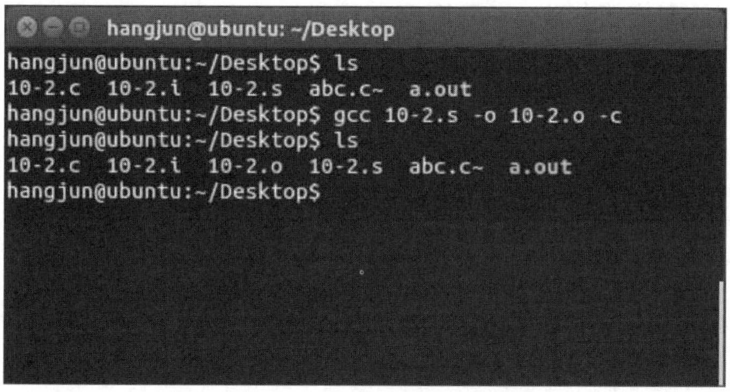

图10-4　汇编文件转成目标文件

步骤5：链接阶段

源程序10-2.c中用到了函数printf和scanf，但没有这两个函数的实现。从步骤2中包含进来的stdio.h文件中有printf和scanf的函数声明，但也没有函数的实现。那么，它们到底是如何实现的呢？

把程序中一些函数的实现链接起来，是链接阶段的工作。例如，Linux系统把printf和scanf函数的实现放在了libc.so.6库中。在没有参数指定时，gcc到系统默认路径/usr/lib下查找，链接到libc.so.6库，这样就有了printf和scanf函数的实现。

完成链接后，gcc就可以生成可执行程序文件了，如图10-5所示。

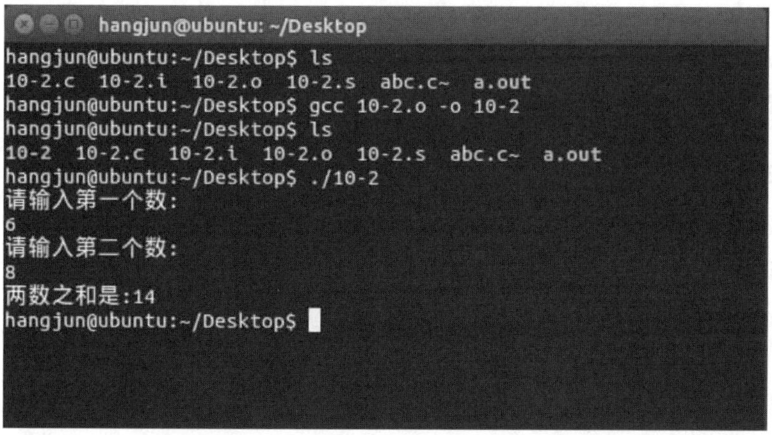

图10-5　链接后生成可执行程序

📖 gcc 在编译时默认使用动态链接库：编译链接时并不把库文件的代码加入到可执行文件中，而是在程序执行时动态加载链接库，这样可以节省系统开销。

gcc 有 100 多个可用参数，包括总体参数、警告和出错参数、优化参数，以及体系结构相关参数。下面结合实例来说明一些最常用的参数。

1. 总体参数

gcc 常用的总体参数如表 10-5 所示，其中一些已在前面的实例中有所涉及，在此主要讨论一下两个常用的库依赖参数：-I dir 和 -L dir。

表 10-5　gcc 总体参数表

参　数	含　义
-c	只进行编译不链接
-S	只进行编译不汇编，生成汇编代码
-E	只进行预编译
-g	在可执行程序中包含调试信息
-o file	把输出文件输出到 file 中
-v	显示 gcc 的版本信息
-I dir	在头文件的搜索路径中添加 dir 目录
-L dir	在库文件的搜索路径列表中添加 dir 目录
-static	链接静态库
-library	链接名为 library 的库文件

当头文件与 gcc 不在同一目录下时，要用 -I dir 编译。

【例 10-3】 设计一个程序，要求把输入的字符串原样输出，程序中的头文件自己定义，源程序文件为 10-3.c，自定义的头文件为 sio.h，放在目录/root 下。

"10-3.c" 程序代码如下。

```
#include <sio.h>
int main()
{
    char ch;
    while((ch = getchar())! = EOF)
        putchar(ch);
    return 0;
}
```

头文件 sio.h 的内容如下（仅有一行）。

```
#include <stdio.h>
```

正常编译 10-3.c 文件，输入下列代码。

```
gcc 10-3.c -o   10-3
```

由于 gcc 在默认的目录/usr/include 中找不到 sio.h 文件，而程序中包含了 getchar 和 put-char 这两个函数，编译器提示出错。因此，通过 −I dir 参数来指定包含头文件 sio.h 的位置：gcc 10-3.c −o 10-3 −I /root。

📖 在 include 语句中，<> 表示在默认路径/usr/include 中搜索头文件，使用引号表示在本目录中搜索。因此，将 10-3.c 中的#include < sio.h > 改为#include "sio.h" 后，不需要加 −I dir 参数也能正确编译。

参数 −L dir 的功能与 −I dir 类似，它能够在库文件的搜索路径列表中添加 dir 目录。

【例10-4】若有程序 10-4.c 用到目录/root/lib 下的一个动态库 libsunq.so，这样可通过 −L dir 指定/root/lib。但是它指定的仅是路径，而没有指定文件。这时就要用到 −library 参数，它可以指定 gcc 去找 libsunq.so。Linux 下的库文件命名时有一个规定：必须以 lib 这 3 个字母开头。因此，在使用 −l 指定链接库文件时可以省去前 3 个字母，即 −libsunq 也可简写为 −lsunq。这样可输入以下命令对程序 10-4.c 进行编译。

```
gcc 10-4.c −o 10-4.c −L /root/lib −lsunq
```

另外，当程序中使用了数学函数时，也需要注意在编译时使用的参数选项。

【例10-5】设计程序，输入一个实数，计算输出它的 sin 值。

源程序代码如下。

```
#include < stdio.h >
#include < math.h >                /* 文件预处理,包含数学函数库 */
int main( )
{
    double x,y;
    printf("请输入一个实数:");
    scanf("%lf",&x);
    y = sin(x);
    printf("sin(%lf) = %lf\n",x,y);
}
```

如果使用 gcc 的 −o 参数对 10-5.c 程序进行编译的命令如下。

```
gcc 10-5.c −o   10-5
```

结果会发现编译器报错，如图 10-6 所示。

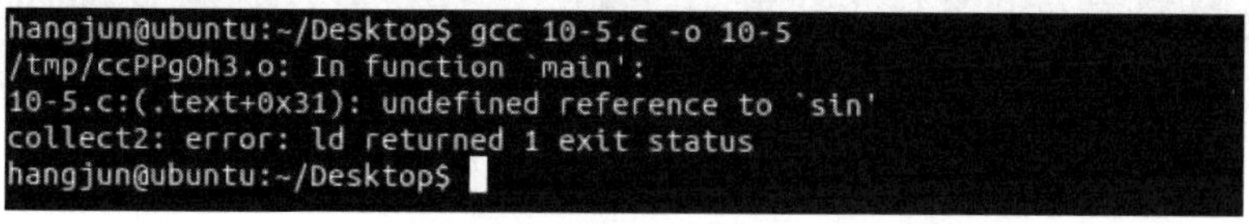

```
hangjun@ubuntu:~/Desktop$ gcc 10-5.c -o 10-5
/tmp/ccPPgOh3.o: In function `main':
10-5.c:(.text+0x31): undefined reference to `sin'
collect2: error: ld returned 1 exit status
hangjun@ubuntu:~/Desktop$ 
```

图 10-6　编译错误

虽然包含数学函数库，但还是提示没有定义函数 sin，原因是还需要指定函数的具体路径如下。

```
gcc 10-5. c - o   10-5 - lm
```

2. 警告和出错参数

gcc 常用的警告和出错参数如表 10-6 所示。

表 10-6　gcc 警告和出错参数

参　数	含　义
- ansi	支持符合 ANSI 的 C 程序
- pedantic	允许发出 ANSI C 标准所列的全部警告信息
- pedantic - error	允许发出 ANSI C 标准所列的全部错误信息
- w	关闭所有警告
- Wall	允许发出 gcc 提供的所有有用的警告信息
- werror	把所有的警告信息转化为错误信息，并在警告发生时终止编译

gcc 的警告信息对程序员编程非常有帮助，其中的 - Wall 参数是跟踪和调试的有力工具。如果在学习时养成使用此参数的习惯，对以后进行复杂的程序设计很有帮助。

下面结合实例对几个常用的警告和出错参数进行讨论。

【例 10-6】 设计一个程序，要求打印 "Hello World!"，里面包含一些非标准语法。熟悉 gcc 的常用警告和出错参数的使用。

源程序代码如下。

```
#include  < stdio. h >
void main( )
{
    long long temp = 1;
    printf( "Hello World! \n" );
    return 0;
}
```

使用常规的编译参数：gcc 10-6. c - o 10-6，出现了警告信息，但是也生成了可执行程序，并可输出运行结果，如图 10-7 所示。

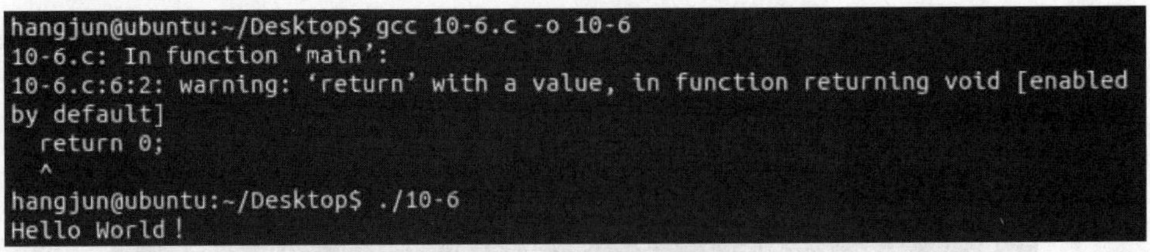

```
hangjun@ubuntu:~/Desktop$ gcc 10-6.c -o 10-6
10-6.c: In function 'main':
10-6.c:6:2: warning: 'return' with a value, in function returning void [enabled
by default]
  return 0;
  ^
hangjun@ubuntu:~/Desktop$ ./10-6
Hello World !
```

图 10-7　编译和执行信息

使用 - w 参数，可以关闭所有警告。

```
gcc 10-6. c - o 10-6  - w
```

显示不符合 ANSI C 标准语法的警告信息，可在 gcc 中加入 – ansi 参数。

> gcc 10-6. c – o 10-6 – ansi

如果要允许发出 ANSI C 标准所列的全部警告信息，则加 – pedantic 参数。

另外比较常用的是允许发出 gcc 提供的所有有用的警告信息：– Wall 参数。对于【例 10-6】，如图 10-8 所示。

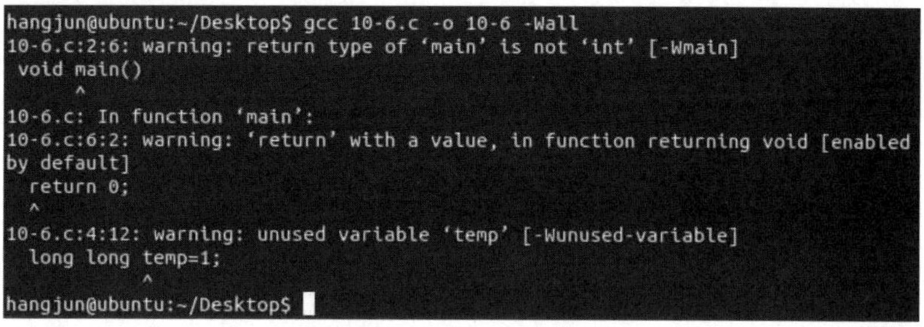

```
hangjun@ubuntu:~/Desktop$ gcc 10-6.c -o 10-6 -Wall
10-6.c:2:6: warning: return type of 'main' is not 'int' [-Wmain]
 void main()
      ^
10-6.c: In function 'main':
10-6.c:6:2: warning: 'return' with a value, in function returning void [enabled
by default]
  return 0;
  ^
10-6.c:4:12: warning: unused variable 'temp' [-Wunused-variable]
  long long temp=1;
            ^
hangjun@ubuntu:~/Desktop$
```

图 10-8 显示所有有用警告信息

3. 优化参数

代码优化是指编译器通过分析源代码，找出其中尚未达到最优的部分，然后对其重新进行组合，从而改善程序的执行性能。

gcc 提供的代码优化功能非常强大，它通过编译参数 – On 来控制优化代码的生成。其中 n 是一个代表优化级别的整数。对不同版本的 gcc 来说，n 的取值范围及其对应优化效果可能不完全相同，比较典型的范围是从 0 ~ 3。一般来说，数字越大，优化的等级越高，同时也就意味着程序的运行速度越快。Linux 程序员常用的优化参数是 – O2，因为它在优化长度、编译时间和代码大小之间取得了一个比较理想的平衡点。

下面通过一个实例讨论 gcc 代码的优化功能。

【例 10-7】设计一个程序，要求循环 8 亿次左右，每次都有一些可以优化的加减乘除运算。比较 gcc 的编译参数 – On 优化前后的运行速度。

源程序代码如下。

```
#include  < stdio. h >
double powern( double d, unsigned n)
{
        double x  = 1.0;
        unsigned j;
        for( j = 1; j < n; j ++ )
                x  *  = d;
        return x;
}
int main( void)
{
        double sum  = 0.0;
        double i;
```

```
        for(i = 1;i <= 800000000;i ++ )
              sum + = powern(i,i%5);
        printf("sum  = % g\n",sum);
        return 0;
    }
```

不加任何优化参数进行编译，代码如下。

```
    gcc 10-7.c - o 10-7
```

加 - O2 优化参数进行编译，代码如下。

```
    gcc - O2 10-7.c - o 10-7 - 1
```

用 Linux 系统提供的 time 命令，可统计出程序运行所需时间，使用方式如下。

```
    time ./[ command ]
```

使用如下两条命令，对比两次执行的输出结果如图 10-9 所示。

```
    time ./10-7
    time ./10-7-1
```

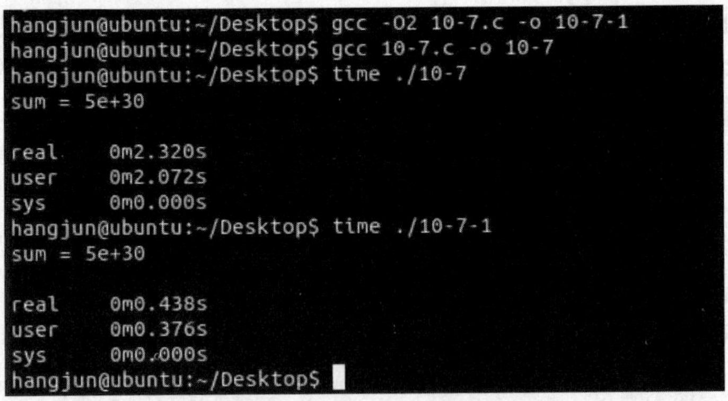

图 10-9   显示所有有用的警告信息

time 测量指定程序的执行时间，结果由 3 部分组成。
- real：进程总的执行时间，它和系统负载有关（包括进程调度和切换的时间）。
- user：被测量进程中用户指令的执行时间。
- sys：被测量进程中内核代用户指令执行的时间。

user 和 sys 的和被称为 CPU 时间。

从图 10-9 中不难看出，程序的性能的确得到了很大幅度的改善，由原来的 2.32 s 缩短到 0.438 s，优化后的程序运行时间不到原来的 1/5。

尽管 gcc 的代码优化功能非常强大，但首先还是要力求能够手工编写出高质量的代码。如果编写的代码简短，并且逻辑性强，编译器就不会做更多的工作，甚至根本用不着优化。

4. 体系结构相关参数

gcc 的体系结构相关选项如表 10-7 所示。这些体系结构相关参数在嵌入式的设计中会有较多的应用，需根据不同体系结构将对应的参数进行组合处理。

表 10-7　gcc 体系结构相关选项

参　　数	含　　义
– mcpu = type	针对不同的 CPU 使用相应的 CPU 指令。可选择的 type 有 i386、i486、pentium 及 i686 等
– mieee – fp	使用 IEEE 标准进行浮点数的比较
– mno – ieee – fp	不使用 IEEE 标准进行浮点数的比较
– msoft – float	输出包含浮点库调用的目标代码
– mshort	把 int 类型作为 16 位处理，相当于 short int
– mrtd	强行将函数参数个数固定的函数用 ret NUM 返回，节省调用函数的一条指令

10.3　程序查错及调试

调试是所有程序员都会面临的问题。读者熟知的 Windows 系统下的一些调试工具，如 VC 自带的设置断点、单步跟踪等，都受到了广大用户的赞赏。在 Linux 系统下有什么很好的调试工具呢？

gdb 就是在 Linux 系统下的一款由 GNU 组织发布的程序调试工具。gdb 可调试包括 C、C + +、Java、Fortran 和汇编等多种程序。虽然它没有图形化的友好界面，但是其强大的功能也足以与微软的 VC 工具等媲美。顺便说一下，gdb 的原始开发者是 Richard M. Stallman，是开源运动中的一位领袖级人物。

下面就通过实例来看一下 gdb 是如何调试程序的，使大家能够熟悉 gdb 的使用流程，并建议大家实际动手操作一下。

【例 10-8】设计一个程序，输入两个整数，输出其中的最大数。用 gdb 调试此程序。

源程序代码如下。

```
#include < stdio. h >
int max( int x, int y);
int main( )
{
    inti,j,maxnum;
    printf("请输入第一个整数:");
    scanf("%d",&i);
    printf("请输入第二个整数:");
    scanf("%d",&j);
    maxnum = max(i,j);
    printf("最大的整数是:%d\n",maxnum);
}
int max( int x, int y)
```

```
{
    if (x < y)
        return x;
    else
        return y;
}
```

编译程序：gcc 10-8.c -o 10-8，运行结果如图 10-10 所示。

```
hangjun@ubuntu:~/Desktop$ gcc 10-8.c -o 10-8
hangjun@ubuntu:~/Desktop$ ./10-8
请输入第一个整数：23
请输入第二个整数：5
最大的整数是：5
hangjun@ubuntu:~/Desktop$
```

图 10-10 程序编译和运行结果

很明显程序的运行结果是不正确的。下面使用 gdb 进行调试，看看问题出在哪里。

在编译时加上选项 -g，这样编译出的可执行代码中才包含调试信息，否则 gdb 无法载入该可执行文件。

```
gcc 10-8.c -o 10-8 -g
```

输入命令：gdb 10-8，进入 gdb 调试模式，如图 10-11 所示。

```
hangjun@ubuntu:~/Desktop$ gcc 10-8.c -o 10-8 -g
hangjun@ubuntu:~/Desktop$ gdb 10-8
GNU gdb (Ubuntu 7.7-0ubuntu3) 7.7
Copyright (C) 2014 Free Software Foundation, Inc.
License GPLv3+: GNU GPL version 3 or later <http://gnu.org/licenses/gpl.html>
This is free software: you are free to change and redistribute it.
There is NO WARRANTY, to the extent permitted by law.  Type "show copying"
and "show warranty" for details.
This GDB was configured as "i686-linux-gnu".
Type "show configuration" for configuration details.
For bug reporting instructions, please see:
<http://www.gnu.org/software/gdb/bugs/>.
Find the GDB manual and other documentation resources online at:
<http://www.gnu.org/software/gdb/documentation/>.
For help, type "help".
Type "apropos word" to search for commands related to "word"...
Reading symbols from 10-8...done.
(gdb)
```

图 10-11 进入 gdb 调试模式

可以看到，在 gdb 的启动画面中有 gdb 的版本号、使用的库文件等信息，在 gdb 的调试环境中，提示符是“(gdb)”。

调试程序都在提示符“(gdb)”后输入相应的命令，gdb 的命令有很多，可以在提示符“(gdb)”后输入 help 进行查找。常用的 gdb 命令如表 10-8 所示。

表 10-8 常用的 gdb 命令

命令格式	作用
list <行号> | <函数名>	查看指定位置的程序源代码
break 行号|函数名 <条件表达式>	设置断点

命 令 格 式	作　用
info break	显示断点信息
run	运行程序
print 表达式 | 变量	查看程序运行时对应表达式和变量的值
next	单步恢复程序运行，但不进入函数调用
step	单步恢复程序运行，且进入函数调用
continue	继续执行函数，直到函数结束或遇到新断点

1. 查看源文件

在 gdb 中输入 < l >（list）就可查看程序源代码，一次显示 10 行，如图 10-12 所示。

```
(gdb) l
1       #include <stdio.h>
2       int max(int x, int y);
3       int main()
4       {
5       int i,j,maxnum;
6       printf("请输入第一个整数：");
7       scanf("%d",&i);
8       printf("请输入第二个整数：");
9       scanf("%d",&j);
10      maxnum=max(i,j);
(gdb) l
11          printf("最大的整数是：%d\n",maxnum);
12      }
13      int max(int x, int y)
14      {
15              if (x<y)
16                      return x;
17              else
18                      return y;
19      }
20
(gdb)
```

图 10-12　查看源文件

从图 10-12 中可以看出，gdb 列出的源代码中明确地给出了对应的行号，这样可以大大方便代码的定位。

📖 "list + 行号"可查看指定位置的代码，如 list1 就是从第一行开始列出源代码。

---

2. 设置断点

在 gdb 中设置断点的命令是 b（break），后面跟行号或者函数名，如图 10-13 所示。

设置断点在调试程序中是一个非常重要的手段，它可以使程序运行到一定位置时暂停运行。这样就可以在断点处查看变量的值、堆栈情况等，从而找出代码的问题所在。

需要注意的是，在 gdb 中利用行号设置断点是指代码运行到对应行之前将其停止，如上例中，代码运行到第 13 行之前暂停（并没有运行第 13 行）。

如果不指定具体行号的断点设置，可在 b（break）后面跟函数名。例如，在上例中可以输入 break max，即在自定义的 max 函数处设置断点，和输入 break 13 的功能相同。

3. 查看断点信息

设置完断点后，可以用命令 info b（info break）查看断点信息，如图 10-14 所示。

```
(gdb) l 1
1        #include <stdio.h>
2        int max(int x, int y);
3        int main()
4        {
5        int i,j,maxnum;
6        printf("请输入第一个整数：");
7        scanf("%d",&i);
8        printf("请输入第二个整数：");
9        scanf("%d",&j);
10       maxnum=max(i,j);
(gdb)
11          printf("最大的整数是：%d\n",maxnum);
12       }
13       int max(int x, int y)
14       {
15              if (x<y)
16                      return x;
17              else
18                      return y;
19       }
20
(gdb) b 13
Breakpoint 1 at 0x80484e7: file 10-8.c, line 13.
(gdb)
```

图 10-13   设置断点

```
(gdb) l 1
1        #include <stdio.h>
2        int max(int x, int y);
3        int main()
4        {
5        int i,j,maxnum;
6        printf("请输入第一个整数：");
7        scanf("%d",&i);
8        printf("请输入第二个整数：");
9        scanf("%d",&j);
10       maxnum=max(i,j);
(gdb)
11          printf("最大的整数是：%d\n",maxnum);
12       }
13       int max(int x, int y)
14       {
15              if (x<y)
16                      return x;
17              else
18                      return y;
19       }
20
(gdb) b 13
Breakpoint 1 at 0x80484e7: file 10-8.c, line 13.
(gdb) info b
Num     Type           Disp Enb Address    What
1       breakpoint     keep y   0x080484e7 in max at 10-8.c:13
(gdb)
```

图 10-14   查看断点信息

gdb 在一个程序中可以设置多个断点。当有多个断点时，图 10 – 14 中的 Num 处会显示各个断点序号及相关信息。

4. 运行程序

运行程序，可以输入 r(run)，如图 10-15 所示。由于上一步中，在程序的 max 函数处设置了断点，因此，当程序运行到函数 max 时，发生了中断，在函数的第一条语句，即第 15 行的 if 语句处停了下来。

196

图 10-15　运行程序界面

gdb 默认从程序的第一行开始运行，如果要从程序中指定的行开始运行，则需要输入"r + 行号"。

5. 查看变量值

调试程序的主要工作就是查看断点处的变量值，程序运行到断点处会自动暂停，此时输入"p 变量名"即可查看相应变量的值，如图 10-16 所示。

图 10-16　变量值查看

调试程序时，可能需要修改变量值，程序运行到断点处时，输入"set 变量 = 设定值"，例如给变量 x 赋值为 1，输入 set x = 1。

gdb 在显示变量值时都会在对应值前加 $ n 标记，它是当前变量值的引用标记，以后再想引用此变量，也可以直接使用 $ n，以提高调试效率。

注意，查看变量值，不能在程序结束后进行。

6. 单步运行

在断点处输入 n(next)或者 s(step)，可以使程序进行单步运行，它们之间的区别在于：若有函数调用时，s 会进入该函数，而 n 不会进入该函数。在本例中，输入 n，执行当前断点语句，如图 10-17 所示。

图 10-17　单步运行

从图 10-17 中可以看到,下一条执行的语句为第 18 行:**return y**;然而,根据 x 和 y 的值,返回的应该是 x 的值。因此可以判断 if 条件判断有错,应该修改为 x > y。

7. 继续运行程序

在查看完变量或堆栈情况后,如前面的单步运行一样,也可以输入 c(continue)命令恢复程序的正常运行,把剩余的程序执行完,并显示执行结果,如图 10-18 所示。

图 10-18　继续运行并退出 gdb

8. 退出 gdb 环境

退出 gdb 环境只需输入 q(quit)命令即可,如图 10-18 所示。

10.4　思考与练习

1. 设计一个程序,要求在屏幕上输出:

****

* *

* *

****

2. 设计一个程序,要求输入一个数,如果此数大于 0,显示"输入的为正数",否则显示"输入的为零或负数"。

3. 用 gdb 调试器调试上面第 2 题中的程序,查看程序执行时每一步变量的值,熟悉 gdb 的使用流程。

4. 编写一个程序：根据输入的两个整数求平均值并且在终端输出，通过 gcc 编译器得到它的汇编程序文件。

5. 编写程序：打印输出所有的"水仙花数"，用 gdb 调试程序（给出步骤，至少 10 步以上）。所谓"水仙花数"是指一个 3 位数，其各位数字立方和等于该数本身。例如，153 就是一个水仙花数，因为 $153 = 1^3 + 5^3 + 3^3$。

6. 调试程序，发现并修改程序错误。

将输入的十进制整数 n 通过函数 DtoH 转换为十六进制数，并将转换结果以字符串形式输出。

例如，输入：79　　　　则输出：4F

　　　　输入：1234　　　则输出：4D2

```c
#include <stdio.h>
int DtoH(int n,char *str)
{
    int i,d;
    for (i=0;n!=0,i++)

    {
        d = n%16;
        if (d>=10)

            str[i]='0'+d;
        else
            str[i]='A'+d-10;
        n/=16;
    }
    return i;
}
main()
{
    int i,k,n;
    char str[80];
    scanf("%d",&n);
    k=DtoH(n,str);
    for (i=k-1;i>=0;i--)
        printf("%c",str(i));

    getch();
}
```

7. 调试程序，发现并修改程序错误。

程序从键盘输入一行字符串，所有字符依次向右循环移动 m 个位置并输出，移出的字符循环到最左边。

例如，输入：

123456789

3

则输出：

789123456

```
#include <stdio. h>
#include <string. h>
void shift_s(char a[ ],int n,int m)     /*a 数组的 n 个字符右移 m 个位置*/
{
    int i,j,t;
    for(i = 1;i < m;i ++ )
    {
        for (j = n;j > 0;j -- )
            a[j] = a[j + 1];        /*移位并复制*/
        a[0] = a[n];
    }
    a[n] = '\0';
}
main( )
{
    char stra[80];
    int i, n,m;
    gets(stra);
    n = strlen(stra);
    scanf("%d",&m);
    shift_s(stra,n,m);              /*函数调用参数*/
    puts( *stra);
    getchar( );                     /*本句无错;暂停程序,按任意键继续*/
}
```

第 11 章　构建 Linux 内核

随着 Linux 内核和 Linux 应用程序越来越成熟，越来越多的系统软件工程师开始涉足 Linux 开发和维护领域。他们中有些人是出于个人爱好，有些人是为公司工作，有些人是为硬件开发，有些人是为项目工作。不管哪一类人，都必须直面一个问题：内核的学习曲线变得越来越长，也越来越陡峭。系统规划不断扩大，复杂程度不断提高。新手很难跟上内核发展的步伐，但是随着技术的发展，以及内核开发者们的不懈努力，内核编译本身的难度是下降了的。在深入了解 Linux 内核世界，甚至加入内核开发者行列之前，可以首先体验内核的构建编译过程。

在本章中，将介绍 Linux 内核的一些基本知识，如从何处获取源代码，如何编译它，以及如何安装新内核等。

11.1　下载、安装和预备内核源代码

本节介绍内核构建的相关知识和所需要用到的环境。

11.1.1　相关信息和先决条件

1991 年，正在芬兰赫尔辛基大学就读的林纳斯・托瓦兹（Linus Torvalds）对于不能随心所欲地使用 UNIX 系统而耿耿于怀，由此他自主开发了一款全新的操作系统，并且将其发布到 Internet 上，Linux 系统由此诞生。

从一开始 Linux 就赢得了众多用户，实际上 Linux 成功的重要原因也在于它能快速吸引众多开发者、黑客对其代码进行修改和完善。由于 Linux 的许可证条款的约定，使它迅速成为多人合作的项目。到现在，Linux 被广泛移植到 Alpha、ARM、PowerPC 和 x86 – 64 等不同体系结构的计算机上。

Linux 是一个非商业化的产品，是一个因特网上的协作开发项目。尽管林纳斯被认为是 Linux 之父，并且到现在为止依然是一个内核维护者，但开发工作其实是由一个结构松散的工作组协力完成的。事实上，在因特网上任何人都可以开发内核。Linux 内核是自由公开的软件，使用 GPL 第 2 版作为限制条款，用户可以自由地获取内核代码并随意修改它，如果希望发布自己修改过的代码，就必须保证自己的代码也是开放的。

Linux 内核有两种：稳定的和处于开发中的。稳定的内核具有工业级的强度，可以广泛地应用和部署。而处于开发中的内核，许多东西变化得很快，而且由于开发者不断试验新的解决方案，内核常常发生剧烈的变化。

Linux 通过一个简单的命名机制来区分稳定的和处于开发中的内核，这种机制使用 3 个或者 4 个用 "." 分隔的数字来代表不同的内核版本。第一个数字是主版本号，第二个数字是从版本号，第三个数字是修订版本号，第四个可选的数字为稳定版本号。从版本号可以反

映出该内核是一个稳定版本还是一个处于开发中的版本：偶数表示稳定版本，奇数表示开发版本。

在开始 Linux 内核探索之前，还需要准备一下环境。为了避免实验对个人计算机可能带来的风险，建议使用虚拟机作为实验用机。这里推荐 Virtual Box，这是一款著名的跨平台开源虚拟机软件。

安装 Virtual Box 后，在其上安装一个 Ubuntu14 操作系统的虚拟实验机。编译以及为编译准备安装的软件，都需要比较高的权限，因此建议使用如下命令。

> **sudo passwd root**

给超级管理员配置一个密码，然后使用如下命令。

> *su*

输入超级管理员密码之后，在终端中将以超级管理员权限操作。

📖 Virtual Box 是一款开源虚拟机软件，是由德国 Innotek 公司开发、Sun Microsystem 公司出品的软件，在 Sun 被 Oracle 收购后正式更名为 Oracle VM VirtualBox，继续以 GNU General Public License（GPL）形式授权。VirtualBox 性能优异，简单易用，可以虚拟的操作系统包括 Windows 系列（包括从 Windows 3.1 以来所有的 Windows 系统）、Linux、OpenBSD、Mac OS X 甚至 Android 等系统。

11.1.2 下载和安装源代码

登录 Linux 内核的官方网站 **https://www.kernel.org**，如图 11-1 所示，可以获取所需版本的 Linux 内核源代码，例如，当前最新稳定版为 4.4.5。获取的协议支持 HTTP、Git 和 rsync，同时支持完整的压缩形式下载，也可以是增量补丁形式下载。

图 11-1 Linux 内核官网

以完整源码包为例，下载 linux－4.4.5.tar.xz 到本地。可首先由 xz－d linux－4.4.5.tar.xz 将 Linux－4.4.5.tar.xz 解压成 linux－4.4.5.tar；然后再用 tar.xvf linux－4.4.5.tar 来解包。解压该文件后将 linux－4.4.5 目录移动到/usr/src 目录下，然后输入以下命令。

ln－s linux－4.4.5 linux

然后进入/usr/src/linux 目录继续下面的操作。

内核代码的结构组织又称源代码树，它由一些目录组成，并且它们下面又包含许多子目录。源代码树的顶级目录及其描述如表 11-1 所示。

表 11-1　源代码树

目　录	描　述
arch	特定架构的源代码
block	块 I/O 层
crypto	加密 API
Documentation	内核源代码文档
drivers	设备驱动
firmware	使用某个驱动需要的设备固件
fs	VFS 和独立文件系统
include	内核头文件
init	内核启动和初始化
ipc	进程间通信
kernel	核心子系统，如调度器
lib	助手例行程序
mm	内存管理子系统和 VM
net	网络子系统
samples	示例，示范代码
scripts	用于生成内核的脚本
security	Linux 安全模块
sound	声音子系统
usr	用户空间代码（称为 initramfs）
tools	辅助 Linux 开发的工具
virt	虚拟化基础设施

在源代码树的根目录下包含了很多说明文件，例如，COPYING 是内核许可描述文件（即 GNU GPL v2），CREDITS 是参与 Linux 内核的开发人员名单，MAINTAINERS 列出了维护各个子系统和驱动的个人，Makefile 是内核 Makefile 的基础等。

除了源码包之外，还需要准备必需的工具，使用以下命令来安装它们。

apt－get install build－essential kernel－package libncurses5－dev fakeroot libqt4－*

除了从网站上下载内核源码包之外，也可以使用 Git。Git 是一个用来管理源代码的控制系统，使用以下命令。

这样 Git 就会下载并解压最新的源代码。

11.2 配置和编译 Linux 内核

本节将讨论根据应用需要进行 Linux 内核的配置和定制的方式，最后介绍编译内核的操作。

11.2.1 配置内核

在开始配置内核之前，首先需要通过 make mrproper 命令来清除所有的临时文件、中间文件和配置文件。对于刚刚从网上下载的内核，它肯定是干净的，make mrproper 并没有什么用，但这是一个很好的习惯，而且不会有什么副作用。

配置内核的方式有 config、menuconfig 和 xconfig 三种。

1) config：它是一种基于交互式的文本配置界面方式。它会逐一显示配置项，要求用户选择 yes、no 或 module，如图 11-2 所示。由于这个过程往往会耗费很长的时间，因此不推荐使用。

```
root@test:/usr/src/linux# make config
scripts/kconfig/conf  --oldaskconfig Kconfig
*
* Linux/x86 4.4.5 Kernel Configuration
*
64-bit kernel (64BIT) [N/y/?]
```

图 11-2 config 配置

2) menuconfig：它是一种基于 ncurse 库编制的简单图形界面工具，操作比文本配置界面要方便一些，如图 11-3 所示。

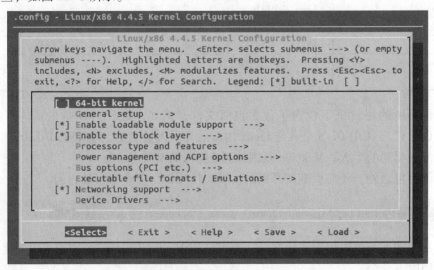

图 11-3 menuconfig 配置

3）xconfig：它是一种基于 Qt 的图形工具，适合在 XWindow 下使用，操作体验非常方便，如图 11-4 所示。

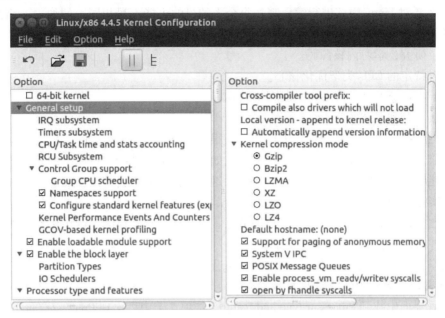

图 11-4　xconfig 配置

虽然有三种不同的配置内核方式，但是它们的目的是一致的，即要生成一个 .config 的文件。在配置过程中，项目会有三种选项需要用户选择。

- Y 或 yes 或打勾，表示将该项功能编译进内核。
- N 或 no 或取消打勾，表示不将该功能编译进内核。
- M 或 module 或在复选框中的一点，表示该功能被选定了，但是以模块（一种可以动态安装的独立代码片段）的形式生成。

配置的选项有时候也可能是字符串或整数，表示内核代码可以访问的值。

内核的配置项目有成千上万个，并且很多配置项彼此间存在着非常紧密的依赖关系，如果从零开始逐个配置，显然不是一个省心的办法。在很多情况下，都会有一个目标系统的旧版本内核配置文件，从这个内核配置文件开始新版本内核的配置，能够节省很多精力和时间。在这种情况下，首先将已有的内核配置文件复制到新内核源码目录下，并命名为 .config，参考命令如下。

cp /boot/config-4.2.0-27-generic ./.config

然后运行下列命令。

make oldconfig

这样，系统会询问用户如何处理已经进行了变动的内核配置。一般逐个按〈Enter〉键保持其默认值即可，因为旧的配置文件生成的内核已经可以在本机上使用。完成后可以使用 make menuconfig 或者 make xconfig 对新的内核配置做进一步微调。

11.2.2　定制内核

为什么要对 Linux 内核进行编译呢？每个人的目的可能不尽相同，例如，下面列举了一些可能的情况。

- 为了研究，学习内核源码。
- 针对特定的 CPU 类型优化核心。
- 为了支持新的硬件或者打开某项内核功能。
- 升级内核到最新的版本。
- 按照自己的要求定制和优化内核功能。很多 Linux 发行版本中的内核，为了获得更好的兼容性，会选择支持更早的硬件。比如，处理器，选择支持越早的处理器，就意味着能够在越多的计算机上运行。但是，这种选择同时也会带来性能上的损失，特别是当实际使用的处理器包含高级别的指令，而默认编译的内核并没有用到这些指令时。因此，根据实际使用计算机的硬件情况，对内核进行具体的定制优化，可以充分发挥硬件的性能。

下面举例说明常见的配置选项，以 xconfig 界面为例。

1. 配置内核支持的处理器型号

在配置界面中找到 Processor type and features 选项，选中后出现 Processor family 选项，在这里选择最接近实际处理器的类型，如图 11-5 所示。

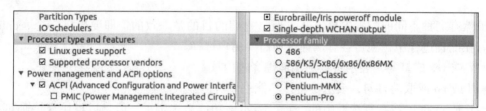

图 11-5　选择处理器

2. 配置内核支持模块

PC 包含的硬件差异性非常大，如果为了提供最好的兼容性，把所有的功能模块和驱动模块都编译进内核，就会造成内核映像尺寸过大，而且其中绝大部分模块或驱动在特定的 PC 上是不会用到的。

另外，从系统灵活性方面考虑，比如开发人员在开发某个驱动时，如果使用模块机制，只需单独编译驱动，然后动态加载，即可进行调试，而不必重新编译整个内核，甚至重启系统。

因此在编译内核时，需要启用内核的动态加载模块特性（Enable loadable module support），另外，还需要选中 Module unloading 项目，使模块能够动态地进行卸载，如图 11-6 所示。

3. 配置文件系统

Linux 内核支持多种文件系统。一般情况下，在本机上使用 ext4 文件系统，所以，这一项必须启用。ext4 文件系统驱动模块是向后兼容的，也就是说它也可以驱动 ext3 或 ext2 文件系统，如图 11-7 所示。

图 11-6　内核支持模块配置

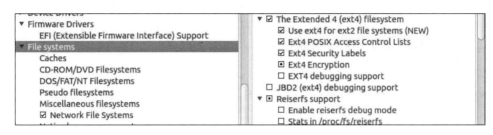

图 11-7　文件系统配置

11. 2. 3　编译

一旦内核定制完成，就可以使用一个简单的命令来编译它了。

```
make
```

Linux 4.4.5 内核在编译之前，首先应该执行 make dep 命令建立好依赖关系，该命令将会修改 Linux 中每个子目录下的 . depend 文件，该文件包含了该目录下每个目标文件所需的头文件（以绝对路径的方式列举）。

但是，在新的内核编译时，已经不需要再像运行 make dep 来确保关键文件处于正确的位置，也不需要再指定 bzImage 这样的编译方式或独立地编译模块。新内核中默认的 Makefile 规则都会替用户做好这一切事情。

关于编译的其他几个事项如下。

1. 减少编译时输出的垃圾信息

系统默认的编译过程中，屏幕上往往会展示完整详尽的信息。如果想尽量少地看到这些信息，但又不希望错过一些关键的警告信息甚至错误提示，可以使用以下命令。

```
make  > ../detritus
```

当需要查看编译的输出信息时，可以再查阅这个文件进行核对。当然也可以使用以下命令。

```
make  > /dev/null
```

这会把无用的输出信息重定向到永无返回值的"黑洞"：/dev/null。

2. 多个编译作业并发进行

make 程序能把编译过程自动拆分成多个并行运行的作业，其中每个作业独立地运行。这将极大地改善多处理器的利用率，也极大地提高了在多处理器上的编译速度。默认情况下 make 只有一个作业，为了可以使用多个作业编译内核，可以使用以下命令。

```
make  - jn
```

这里的 n 表示要产生并发作业的数量。在实际操作中，每个处理器一般可以接纳一个或者两个并发的作业，比如一个 4 核的处理器，可以使用下列命令。

```
make -j8 > /dev/null
```

11.3 安装内核、模块和相关文件

编译的过程将花费很长一段时间，其中也可能会遇到一些错误，通常是缺少某些依赖的项。当遇到错误时，仔细观察并分析提示的信息，补充安装缺少的程序包，然后再次启动内核编译，直至正确为止。

内核编译正常结束后，先通过以下命令安装各种模块。

```
make modules_install
```

系统会把模块安装到/lib/modules 目录下。

然后使用下列命令安装内核。

```
make install
```

系统会把编译文件夹里面的 bzImage 文件复制到/boot，同时还会复制 .config 和 System. map 文件。另外，负责引导系统和加载内核的 GRUB，会根据新安装的内核自动配置，把新内核作为默认启动项。

重启系统后，使用命令 uname 查看当前内核版本，如图 11-8 所示。

图 11-8　查看当前内核版本

11.4 GRUB：Linux 引导加载程序

计算机在启动时，首先由 BIOS 中的程序执行自检。自检通过后，根据 CMOS 的配置找到第一个可启动磁盘的 MBR 中的 Boot Loader 程序（一般在启动盘的第一个物理扇区，占 416 B），并把控制权交给 Boot Loader，然后由 Boot Loader 进一步完成操作系统内核的加载。当 Boot Loader 找到内核之后，就把控制权交给操作系统内核，由内核继续完成系统的启动。

可以看到，Boot Loader 是计算机启动过程中第二个要执行的程序，它是引导操作系统的关键程序。可以引导操作系统的 Boot Loader 主要有 LiLo、GRUB 及 Windows 系统下的 MBR 程序。其中，GRUB 是目前使用最为广泛，并且非常优秀的一款启动引导程序。

可以使用 GRUB Customizer 程序来简化 GRUB 的管理。安装 GRUB Customizer 的方法是使用以下命令。

- add‑apt‑repository ppa：danielrichter2007/grub‑customizer。
- apt‑get update。
- apt‑get install grub‑customizer。

安装后启动 GRUB Customizer，"列表配置"选项卡中排列的项目，正是操作系统引导菜单。在这个列表中，可以看到系统有两个不同版本的内核，其中 4.4.5 是当前默认引导的。如果要选择旧版本 4.2.0 内核的话，需要在其中右击，在弹出的快捷菜单中选择"上移"命令，直到移到第一项即可。完成设置后保存，并重启系统验证，如图 11-9 所示。

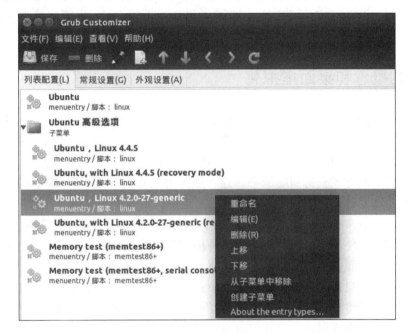

图 11-9 操作系统引导配置

📖 GRUB（GRand Unified Bootloader）是一个来自 GNU 项目的多操作系统启动程序。它允许用户在计算机内同时拥有多个操作系统，并在计算机启动时选择希望运行的操作系统。

11.5 思考与练习

1. 回顾编译 Linux 4.4.5 内核的步骤，准备一台实验虚拟机，体验编译安装新内核的过程。

第 12 章　Linux 应用案例（桌面云）

本章主要介绍云和桌面虚拟化的概念，以及 Linux 系统下的开源虚拟化技术。本章还安排了 oVirt 虚拟化管理平台的搭建实验，让读者进一步了解 Linux 虚拟化技术在桌面云项目中的应用。

12.1　云的概念和桌面虚拟化

云，或者说云服务，是基于因特网的相关服务的增加、使用和交付模式，通常涉及通过因特网来提供动态、易扩展且经常是虚拟化的资源。云是网络、因特网的一种比喻说法。过去往往用云来表示电信网，后来也用来表示因特网和底层基础设施的抽象。云服务指通过网络以按需、易扩展的方式获得所需服务。这种服务可以是 IT 和软件、因特网相关，也可是其他服务。它意味着计算能力也可作为一种商品通过因特网进行流通。

云计算的定义有多种。现阶段广为接受的是美国国家标准与技术研究院（NIST）的定义：云计算是一种按使用量付费的模式，这种模式提供可用的、便捷的、按需的网络访问，进入可配置的计算资源共享池（资源包括网络、服务器、存储、应用软件和服务），这些资源能够被快速提供，只需投入很少的管理工作，或与服务供应商进行很少的交互。

桌面虚拟化是指将计算机的操作系统进行虚拟化，以达到桌面使用的安全性和灵活性。可以通过任何设备，在任何地点、任何时间通过网络访问桌面系统。桌面虚拟化依赖于服务器虚拟化，在数据中心的服务器上进行服务器虚拟化，生成大量的、独立的桌面操作系统，同时根据专有的虚拟桌面协议发送给终端设备。用户终端通过以太网登录到虚拟主机上，只需要记住用户名和密码，即可随时随地通过网络访问自己的桌面系统。

12.2　基于 Linux 的虚拟化技术

本节介绍基于 Linux 的两个开源虚拟化项目：Xen 和 KVM（Kernel – based Virtual Machine）。

12.2.1　Xen 技术

Xen 是英国剑桥大学计算机实验室开发的一个虚拟化开源项目，是一个基于 x86 架构、发展较快、性能稳定、占用资源较少的开源虚拟化技术。Xen 可以在一套物理硬件上安全地执行多个虚拟机，与 Linux 是一个完美的开源组合，Novell SUSE Linux Enterprise Server 最先采用了 Xen 虚拟技术。Xen 特别适用于服务器应用整合，可有效节省运营成本，提高设备利用率，最大化利用数据中心的 IT 基础架构，赢得了 IBM、AMD、HP、Red Hat 和 Novell 等众多世界级软硬件厂商的高度认可和大力支持，已被国内外众多企事业用户用来搭建高性能的虚拟化平台。

1. 体系结构

Xen 监管程序（Hypervisor）运行在最高优先级（Ring 0）上，泛虚拟化的客户域运行在较低的优先级上（Ring 1 ～ Ring 3）。Xen/x86 泛虚拟化域的内核运行在优先级 1 上，而应用程序仍然运行在优先级 3 上。Xen 服务虚拟域拥有对整个（或部分）物理系统资源的管理功能，如块设备、显示和输入/输出等。整个结构如图 12-1 所示。

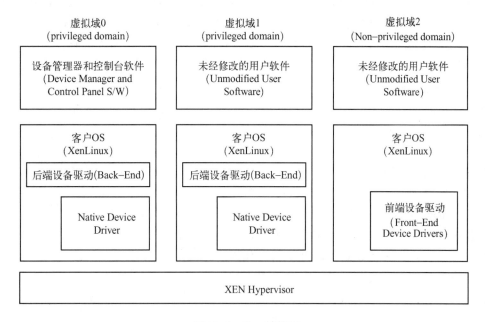

图 12-1　Xen 结构图

2. 工作原理

在 Xen 使用的方法中，没有指令翻译。虚拟技术是通过下列两种方法之一来实现的。一种方法是使用一个能理解和翻译虚拟操作系统发出的未修改指令的 CPU（此方法称为完全虚拟化或 Full Virtualization）。另一种方法是修改操作系统，从而使它发出的指令最优化，便于在虚拟化环境中执行（此方法称为准虚拟化或 Para Virtualization）。

在 Xen 环境中，主要有两个组成部分。一个是虚拟机监控器（VMM），也称 Hypervisor。Hypervisor 层在硬件与虚拟机之间，是必须最先载入到硬件的第一层。Hypervisor 被载入后，就可以部署虚拟机了。在 Xen 中，虚拟机称为 Domain。在这些虚拟机中，其中一个扮演着很重要的角色，就是 Domain 0，具有很高的特权。通常，在任何虚拟机之前安装的操作系统才有这种特权。

Domain 0 要负责一些专门的工作。由于 Hypervisor 中不包含任何与硬件对话的驱动，也没有与管理员对话的接口，这些驱动就由 Domain 0 来提供。通过 Domain 0，管理员可以利用一些 Xen 工具来创建其他虚拟机（Xen 术语为 Domain U）。这些 Domain U 也称无特权 Domain。

在 Domain 0 中，还会载入一个 Xend 进程。这个进程会管理所有的其他虚拟机，并提供这些虚拟机控制台的访问。在创建虚拟机时，管理员使用配置程序与 Domain 0 直接对话。

12.2.2 KVM 技术

KVM 是 Kernel – based Virtual Machine 的简称，是一个开源的系统虚拟化模块，自 Linux 2.6.20 之后集成在 Linux 的各个主要发行版本中。它使用 Linux 自身的调度器进行管理，所以相对于 Xen，其核心源码很少。KVM 目前已成为学术界的主流虚拟化技术之一。

KVM 的虚拟化需要硬件支持（如 Intel VT 技术或者 AMD V 技术），是基于硬件的完全虚拟化。而 Xen 早期则是基于软件模拟的 Para – Virtualization，新版本则是基于硬件支持的完全虚拟化。但 Xen 本身有自己的进程调度器、存储管理模块等，所以代码较为庞大。

1. KVM 架构

KVM 基本结构有两部分：一是 KVM 驱动，现在已经是 Linux kernel 的一个模块了，其主要负责虚拟机的创建、虚拟内存的分配、VCPU（Visual CPU，虚拟 CPU）寄存器的读写，以及 VCPU 的运行；二是 qemu，用于模拟虚拟机的用户空间组件，提供 I/O 设备模型访问外设的途径。

2. KVM 的工作原理

如图 12 – 2 所示，用户模式的 qemu 利用 libkvm 通过 ioctl 进入内核模式，KVM 模块为虚拟机创建虚拟内存，虚拟 CPU 后执行 VMLAUCH 指令进入客户模式，加载 Guest OS 并执行。如果 Guest OS 发生外部中断或者影子页表缺页之类的情况，会暂停 Guest OS 的执行，退出客户模式出行异常处理，之后重新进入客户模式，执行客户代码。如果发生 I/O 事件或者信号队列中有信号到达，就会进入用户模式处理。KVM 工作的流程如图 12-3 所示。

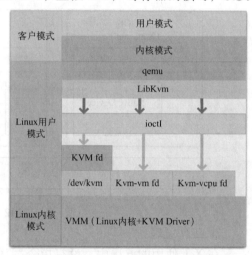

图 12-2　KVM 工作原理

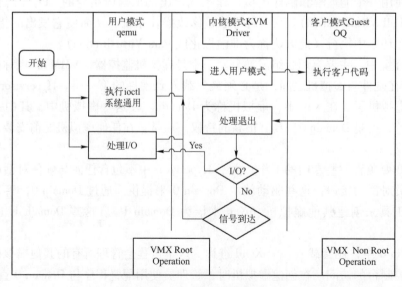

图 12-3　KVM 工作流程

12. 3 oVirt 虚拟化管理平台

oVirt，即 Open Virtualization，是基于 KVM 虚拟化技术的开源 IaaS 的项目，该项目起源于 Qumranet 公司，后被著名的 Linux 厂商红帽（Red Hat）收购后，在 2011 年开源为 oVirt 项目。作为一款开源的虚拟化管理平台，oVirt 得到了许多著名企业的支持，如红帽、IBM、Intel 和思科等。

本节将以实验的形式搭建一个测试的 oVirt 虚拟化管理平台，介绍 oVirt 的基本组成，以及平台中涉及的常见技术。

📖 IaaS（Infrastructure as a Service），即基础设施即服务。消费者通过 Internet 可以从完善的计算机基础设施中获得服务。这类服务称为基础设施即服务。基于 Internet 的服务（如存储和数据库）是 IaaS 的一部分。

---

12. 3. 1 oVirt 架构和运行基础

oVirt 由管理引擎（Engine）和计算结点（Node）两部分组成，如图 12-4 所示。

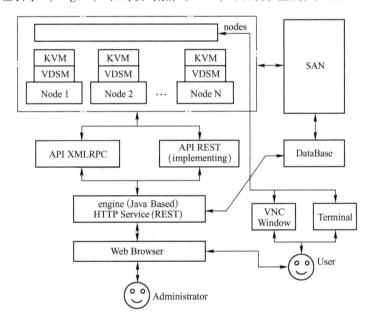

图 12-4 oVirt 逻辑结构图

管理引擎通过 HTTP 向外提供基于 Web 的管理功能，同时提供内建的网页服务，让用户和系统管理员使用。系统管理员通过网页可以创建、修改虚拟机及相关设备或用户权限，用户在拥有权限的情况下可以操作自己的虚拟机，并通过 VNC、Spice、RDP 或 SSH 登录自己的虚拟机。Engine 在整个系统中充当管理者的角色并对外提供管理服务，它挂载了自己的数据库记录整个系统中所有的虚拟机配置、各个计算结点的自身状态、系统的网络状态和存储器状态。管理的逻辑、状态及策略全部在管理引擎中设置与实现。Node 只负责功能上的实现，不进行任何状态的记录和任何策略的实现。

Engine 与 Node 之间的关系十分像 Linux 中驱动程序与应用程序的功能分割关系：驱动仅仅负责功能的实现，如设备的读、写、开启与关闭，如何使用这些功能则留给应用层。同样 Node 仅仅负责实现虚拟机与设备的创建与修改，以及资源的共享与保护，如何使用这些功能则交给 Engine 处理。Node 暴露两种基于网络的 API 与 Engine 交互：XMLRPC 与 REST。Engine 通过这些接口控制各个 Node 上功能的启动。当然用户也可以调用这些 API 进行第三方程序的开发。

计算结点可以由一个普通的 Linux 上安装 VDSM（Virtual Desktop Server Manager）构成，也可以由一个专为 oVirt 定制的 Linux 系统构成，如图 12-5 所示。在定制的情况下，Node 上的许多文件系统都是 RamDisk（基于内存的 Linux 磁盘设备），系统重启后其中的内容消失，从而保证了 Node 的无状态性。Engine/Node 的设计不仅方便将来的开发，更简化了用户的安装使用，在定制的情况下 Node 可以快速大量地部署。

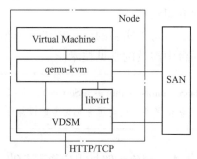

图 12-5　oVirt–Node 上运行的主要组件

每一个 Node 上都会运行一个 VDSM，实现网络、存储器、虚拟机的创建与修改功能。VDSM 的大部分代码都用在了存储系统上，其功能包括数据的组织、集群下的数据共享与保护以及故障恢复。通常情况下将每一个物理机当作一个 Node，运行一个 VDSM，Node 本身只携带少量存储器用以保存配置。一个集群中通常有一个 Engine 和数个 Node，这些 Node 通过网络连接到 SAN（Storage Area Network）存储上，VDSM 把 Node 上运行的虚拟机存储数据保存在 SAN 存储上，Node 本身为无状态的结点，重新启动后状态消失，从而保证了系统整体的可用性，一般情况下不会因用户的操作而使 Node 失效。一旦发生问题，通常一次重启即可恢复工作状态。

简单概括起来，VDSM 的功能主要有：负责 Node 的自动启动与注册；虚拟机的操作与生命周期管理；网络管理；存储管理；Host 与 VM（Virtual Machine）状态监视与报告；提供对虚拟机的外部干涉功能；提供内存与存储的合并与超支功能（Over Commitment）。

在云计算环境中，SAN 中往往存储着大量虚拟机使用的 Virtual Image，每个 Virtual Image 在任何时候都可能被任意 Node 访问。出于性能的考虑，Virtual Image 可能以文件或者数据块的形式出现。这些都对存储系统的设计提出了挑战。

为此，VDSM 基于以下原则设计了自己的存储系统。

- 高可用性：一群安装有 VDSM 的 Node 在组建集群时，没有潜在的单点故障，任何一个 Node 崩溃都不会影响整个集群的功能，它的角色会被其他 Node 取代。在 Engine 不可用的情况下，Node 将继续工作，用户对虚拟机的操作可以继续进行。
- 高伸缩性：添加 Node 和 SAN 几乎不需要用户的设置，Node 上的 VDSM 会自己注册自己。
- 集群安全性：一个 VDSM 对正在操作的 Virtual Image 进行排他性保护。
- 备份与恢复：Virtual Image 之间有相互关联的特性记录，可进行一系列引用或备份操作。
- 性能优化：利用多线程与多进程来减少操作堵塞状况。

Storage Domain（以下简程 SD）是 VDSM 中最基本的存储实体，所有 Virtual Image 和 Virtual Image 对应的元数据都会保存在其中。和 VDSM 中的 Storage Image 概念不同，这里的 Virtual Image 表示的是虚拟机程序用到的虚拟磁盘数据，特指虚拟机程序最终能够操作的文件或设备文件对象。元数据是描述 Virtual Image 相关数据大小、状态和锁等内容的一组数据集合。SD 包括两种类型：File Domain 和 Block Domain。File Domain 使用文件系统存储数据并同步操作，主要针对 NFS（Network File System）和 LOCALFS（Local File System）文件系统。在文件系统的帮助下，File Domain 拥有良好的 Virtual Image 操作能力，每一个虚拟机的存储数据（称为 Volume）和对应的元数据都以文件的方式保存。每一个 Domain 实际对应于 Host 文件系统上的一个目录，针对 NFS 文件系统 VDSM 还有额外的逻辑来处理相关意外与错误情况。而 Block Domain 直接操作原始的块数据，使用 Linux 的 LVM（Logical Volume Manager）功能来组织数据，主要针对 iSCSI（Internet Small Computer System Interface）、FCoE（Fibre Channel over Ethernet）等块设备。由于目标设备上通常没有一个文件系统来保证访问的安全性，VDSM 使用了邮箱机制来保证任意时刻只有一个 Node 可以修改 Block 上的内容，而其他 Node 则通过 Socket 邮箱发送自己的修改请求。因此它的操作请求速度和监视功能都会比 File Domain 弱一些。通常设备将使用 Linux 的 Device Mapper 机制进行一次映射，每一个 Domain 实际上是一个 Linux 中的 VG（Volume Group），元数据保存在其中的一个 Logic Volume 及其 Tag 上，虚拟机的 Volume 保存在另一个 Logic Volume 中。

Storage Pool（以下简称 SP）是一组 SD 的组合，目标是管理跨越 SD 之间的操作，也就是说 SD 之间互相的引用、备份、恢复和合并一般发生在一个 SP 之中。在数据中心里，一个 SP 抽象了一组 SD 的集合供外界的 Node 访问或者 Engine 管理，并且一个 SP 中的所有 SD 必须是同一类型，如 NFS 或者 iSCSI。

为了保证 SP 中的数据安全，一组 SP 中需要选择一个 SD 作为 Master Domain。这个 Domain 的不同之处在于它会保存 SP 中所有的元数据，保存一些异步请求或者任务的数据，保存所在 SP 的集群存储用到的锁。

为了简化管理，oVirt 中抽象出了 Data Center 概念，如图 12-6 所示，一个 Data Center 将拥有一组 Node Cluster 用来运行虚拟机，一个 Storage Pool 用来保存虚拟磁盘数据。Node Cluster 是一组专门用来运行虚拟机的 Node 的集合，运行在其中的虚拟机可以动态迁移到 Node Cluster 中的另外一个 Node 上。一个 Data Center 是一个完成 oVirt 所有功能的实体，在这个 Data Center 中用户可以创建虚拟机、备份虚拟机、配置虚拟机的 Storage Domain，以及动态迁移虚拟机。NodeEngine 有一些算法在开启时可以自动平衡 Data Center 中 Node 的负载。当然，oVirt 中可以存在数个 Data Center，它们之间的操作（如备份与恢复）不在本文的讨论范围之内，概括起来，可以说一个 Data Center 就是一个管理 Node Cluster 与 Storage Pool 的集合。

由于 Data Center 中所有的 Node 都拥有对 Data Center 中的 Storage Pool 的访问权限，因此 VDSM 实现了一个称为 SPM（Storage Pool Manager）的功能角色。在一个 Data Center 中，所有 Node 启动后会自动选出一个 Node 充当 SPM 的角色，该 Node 将运行 VDSM 上的 SPM 逻辑，负责完成以下功能：创建/删除/缩放所在 Data Center 中的 Image、快照和模板。这些操作的共同点是会影响 Storage Pool 中的元数据，如 SAN 上松散块设备的分配。为了保证元数据不被多个 Node 同时修改，SPM 拥有对 Storage Pool 中元数据的排他性操作权限，SPM

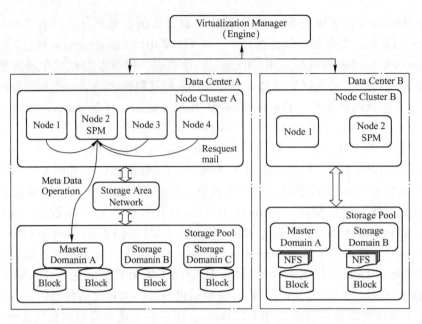

图 12-6　Data Center 结构图举例

使用集中式邮箱接受其他 Node 的相关请求，其他 Node 只能通过给 SPM 发送操作请求的方式修改元数据，最终的操作都由 SPM 线性完成，从而避免了存储器操作竞态的出现。为了兼顾效率，不修改元数据的普通操作，如数据读写，Node 可以不通过 SPM，自己直接访问 Storage Pool 完成。由于 SPM 是由一个普通 Node 充当的，因此当它因为外部原因失效后，系统将会选出另外的 Node 充当 SPM，从而保证系统能继续运行。

　　前面所说的抽象概念主要是为 VDSM 自己组织管理数据用的，而 Storage Image 和 Storage Volume 则是 VDSM 抽象出来以方便给虚拟机使用的概念，如图 12-7 所示。Storage Image 和前文所描述的 virtual image 不同，virtual image 是虚拟机程序看到的虚拟磁盘，一个 Storage Image 中往往包含很多 Storage Volume，每一个 Storage Volume 都可以作为一个 virtual image 传递给虚拟机作为虚拟磁盘使用。同一个 Storage Image 中的多个 Storage Volume 往往存在相互备份、相互引用等关系。当几个 Storage Volume 之间是引用的关系时，这几个 Storage Volume 集合组成一个 virtual image 传递给虚拟机，在虚拟机看来它操作的就是一个虚拟磁盘，只不过数据分布在一系列的 Storage Volume 上（这时把最外层的 Storage Volume 作为参数传递给虚拟

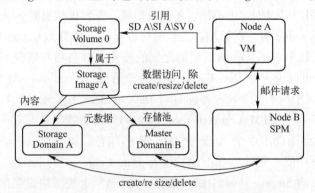

图 12-7　VM 使用 Storage Volume 示意图

216

机启动程序）。Storage Image 用来管理这样一组含有内在联系的 Storage Volume。在 Storage Domain 和 Storage Pool 建好后，VDSM 便可以通过 SPM 在指定的 Storage Domain 里创建 Storage Image 与 Storage Volume。创建虚拟机时需要 Storage Volume 作为参数。

Storage Over Commitment 是一个允许管理者分配比实际存储空间大的虚拟存储器给用户使用的技术。一个虚拟机所占用的实际存储空间可以比它所定义的存储空间小得多，只有当其中的存储数据真正增长时，其实际存储空间才会动态增长。如管理员定义 VM1 拥有 12 GB 的 Image，但系统启动后这个 Image 实际只占用了 10 MB 的存储空间。当用户在虚拟机安装软件后，Image 实际占用的空间才会增长。这种技术允许虚拟机不需要考虑实际机器的物理存储能力，做到存储器的共享与使用效率最大化。图 12-8 所示为 VDSM 对 LV 的动态扩展。

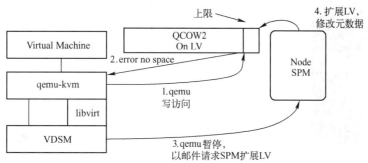

图 12-8　VDSM 对 LV 的动态扩展

Qemu 的几种存储格式都能提供这种动态伸缩能力，如 QCOW2 格式。VDSM 使用了 Qemu 的存储缩放功能，当使用的 Storage Domain 为 Logic Volume 时，VDSM 将会监视 Qemu 所标记的写入上限位置。当发现越界时，VDSM 将会请求 SPM 扩展 Logic Volume 的大小，从而完成空间的动态增长。

12.3.2　基于 CentOS 7 的环境准备

oVirt 平台支持安装在 Fedora、CentOS Linux、Red Hat Enterprise Linux 和 Scientific Linux 等操作系统上，这里以 CentOS 7（64 位）为例介绍环境准备。

为了节省不必要的性能开销，CentOS 需要以最小方式安装。

图 12-9 给出 CentOS 7 的引导界面，按键盘上的方向键，高亮显示 Install CentOS 7 菜单，按〈Enter〉键，接下来将出现如图 12-10 和图 12-11 所示的安装界面。现代的 Linux

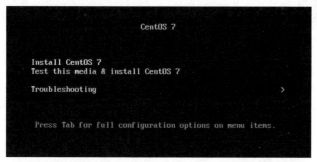

图 12-9　CentOS 7 安装欢迎界面

发行版本都对安装操作系统做了大量的优化，使得安装过程非常简单易用。因此，按照屏幕提示信息完成相应的操作即可。

图 12-10　选择键盘语言

图 12-11　安装细节

在图 12-11 所示的安装细节界面中，设置 SOFTWARE 选项组中的 SOFTWARE SELECTION 为 Minimal Install，表示为最简安装。在 SYSTEM 选项组中，需要选择安装的磁盘，设置好网络，如图 12-11 所示。

在安装程序包的过程中，可以进入 USER SETTINGS 选项组中的 ROOT PASSWORD，为超级管理员 root 设置一个密码，如图 12-12 所示。

图 12-12 设置密码

📖 CentOS（Community Enterprise Operating System）即社区企业操作系统，是著名的 Linux 发行版之一，由 Red Hat Enterprise Linux（红帽企业 Linux）依照开放源代码规定发布的源代码所编译而成。

12.3.3 ovirt – engine 安装

CentOS 7 安装完成后，使用超级管理员（root）账户登录。

- 为了系统更加安全，同时减少可能存在的系统错误，CentOS 需要在线更新操作系统。输入下列命令。

> **yum upgrade**

按〈Enter〉键后系统会向源请求当前操作系统的更新，并下载安装。

- 安装 oVirt 源。
  输入下列命令。

> **yum localinstall http：//resources. ovirt. org/pub/yum – repo/ovirt – release36. rpm**

按〈Enter〉键后系统会从 ovirt. org 官方网站上下载 oVirt 源配置程序包，并安装到系统内。

- 安装 oVirt 引擎（ovirt – engine）。
  输入下列命令。

> **yum install – yovirt – engine**

按〈Enter〉键后，操作系统会向 oVirt 源请求所需的程序包，逐个下载并安装。这一过程的速度视网络状态和计算机性能而定，会下载安装超过 400 MB 的程序包。

12.3.4 ovirt – note 安装

为了实验方便，将 ovirt – note 和 ovirt – engine 安装在同一物理主机上，因此直接在上节完成 ovirt – engine 的安装后，继续安装 All – In – One 程序包，以实现把 oVirt 的两个组成部分安装在同一物理主机上。输入下列命令。

> **yum install – y ovirt – engine – setup – plugin – allinone**

按〈Enter〉键后系统会从 ovirt. org 官方网站下载 All – In – One 相关程序包并安装。

12.3.5 操作系统设置

完成 oVirt 相关程序包的安装后，还需要对操作系统本身进行一些设置，从而更方便地配置 oVirt。

1. 设置操作系统主机名

修改/etc/hostname 文件，填入主机名，比如 host1。

修改/etc/hosts 文件，填入本机 IP 地址和带上域名的主机名，如 host1. test. org，IP 和主机名之间需要空开。

2. 确定虚拟机存储的空间

oVirt 默认将/var/lib/images 作为本地存储域，但该目录的可用空间在默认情况下比较少，可以考虑将/home 所在分区挂载到/var/lib/images 目录。

12.3.6 oVirt 配置

输入下列命令：

> **engine – setup**

系统将以命令行向导的形式配置 oVirt – engine。表 12–1 列出了向导过程中需要设置的项目。

表 12–1 oVirt – engine 配置项

项　　　目	值	备　　注
Configure Engine on this host	yes	
Configure VM Console Proxy on this host	yes	
Configure WebSocket Proxy on this host	yes	
Configure VDSM on this host?	yes	
Local storage domain path	空	表示默认/var/lib/images 作为本地存储域路径
Local storage domain name	空	表示默认本地存储域名称为 local_storage
Host fully qualified DNS name of this server	空	当前主机的 FQDN 名称，直接按〈Enter〉键表示默认
Do you want Setup to configure the firewall?	yes	
Firewall manager to configure（iptables）	iptables	表示自动配置 iptables 防火墙
Where is the Engine database located?	local	将引擎数据库安装在本地

项　　目	值	备　　注
Would you like Setup to automatically configure postgresql and create Engine database, or prefer to perform that manually?	空	表示自动配置引擎数据库并自动建立相关数据库，按〈Enter〉键表示默认
Application mode（Virt, Gluster, Both）	空	表示使用 Both
Engine admin password	管理员密码	需要输入两次
Default SAN wipe after delete（Yes, No）	空	按〈Enter〉键表示默认
Organization name for certificate	空	证书相关设置，按〈Enter〉键表示默认
Setup can configure apache to use SSL using a certificate issued from the internal CA. Do you wish Setup to configure that, or prefer to perform that manually?	空	表示自动配置
Do you wish to set the application as the default page of the web server?	空	表示默认设置
Configure an NFS share on this server to be used as an ISO Domain?	空	表示开启一个 NFS 共享用作平台的光盘存储域
Local ISO domain path	空	表示默认路径
Local ISO domain ACL	*	表示允许不受限制访问
Local ISO domain name	空	表示使用默认名称

收集完以上信息后，engine - setup 向导程序将自动处理安装所需的事项，这需要一段时间。配置完成后，oVirt 允许通过浏览器来打开管理平台，进行管理操作。

12.3.7　虚拟机的创建和管理

1. oVirt 管理平台页面

oVirt 平台搭建成功后，使用浏览器访问 engine 的地址，首先进入的是欢迎界面，如图 12-13 所示。

图 12-13　oVirt 欢迎界面

在欢迎界面上罗列了几个功能，主要有用户门户、管理门户、报表门户和控制台资源下载。其中用户门户是虚拟机最终使用者登录的入口；管理门户是管理员配置 oVirt，创建、管理虚拟机的入口；控制台资源是不同终端要打开虚拟机画面所需的资源。

选择"管理门户"选项，进入如图 12-14 所示的管理员登录界面。

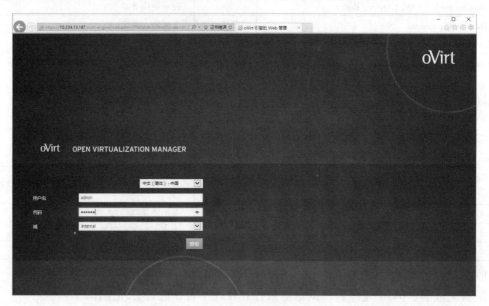

图 12-14　oVirt 管理员登录界面

输入配置 ovirt-engine 时的管理员账户和密码，设置"域"为 internal，单击"登录"按钮。

打开如图 12-15 所示的管理界面，其中左侧树目录能帮助用户理解 oVirt 平台的组成，右侧是主要操作功能，分类成若干个选项卡。

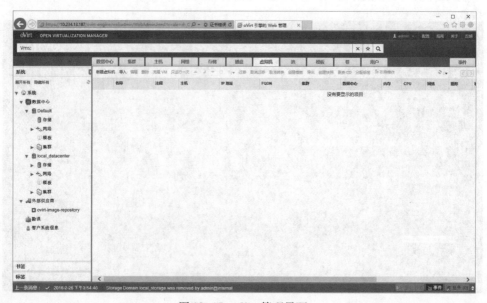

图 12-15　oVirt 管理界面

2. 创建虚拟机的准备

要创建虚拟机，必须准备相应的资源。以安装 Windows 7 操作系统为例，需要先准备安装光盘映像文件（iso 格式），另外，oVirt 平台也需要准备好光盘存储域。

在管理平台上选择"存储"选项卡，找到并选中 ISO_DOMAIN 存储域，如图 12-16 所示，在下方的详细信息中，找到该域的路径（/var/lib/exports/iso）。事实上，该路径就是主机上的某个目录。

图 12-16　oVirt 存储管理

进入主机命令行，编辑/etc/exports 文件，填写以下信息。

/var/lib/exports/iso 主机地址/主机子网(rw)

这段文字包含三个信息，第一部分是光盘存储域的实际路径，第二部分是主机的网络信息，第三部分是读写开关。

保存后启用主机的 NFS 服务。

回到管理平台中，在 ISO_DOMAIN 域下方的子选项卡中选择"数据中心"选项卡，单击"附加"链接，在弹出的对话框中单击"确定"按钮，如图 12-17 和图 12-18 所示。

图 12-17　附加到数据中心

图 12-18　附加后的状态

等待片刻后，该存储域即可成功附加到当前数据中心，绿色三角形即代表上线。选择"镜像"选项卡，默认是没有可用的镜像文件的，需要手动上传。

使用 SFTP 工具，将 Windows 7 的安装镜像文件上传至主机的光盘存储域目录下。

3. 创建虚拟机

选择"虚拟机"选项卡，单击"新建虚拟机"链接，如图 12-19 所示。

图 12-19　oVirt 虚拟机管理页面

弹出"新建虚拟机"对话框，配置虚拟机的相关属性，如图 12-20 所示。

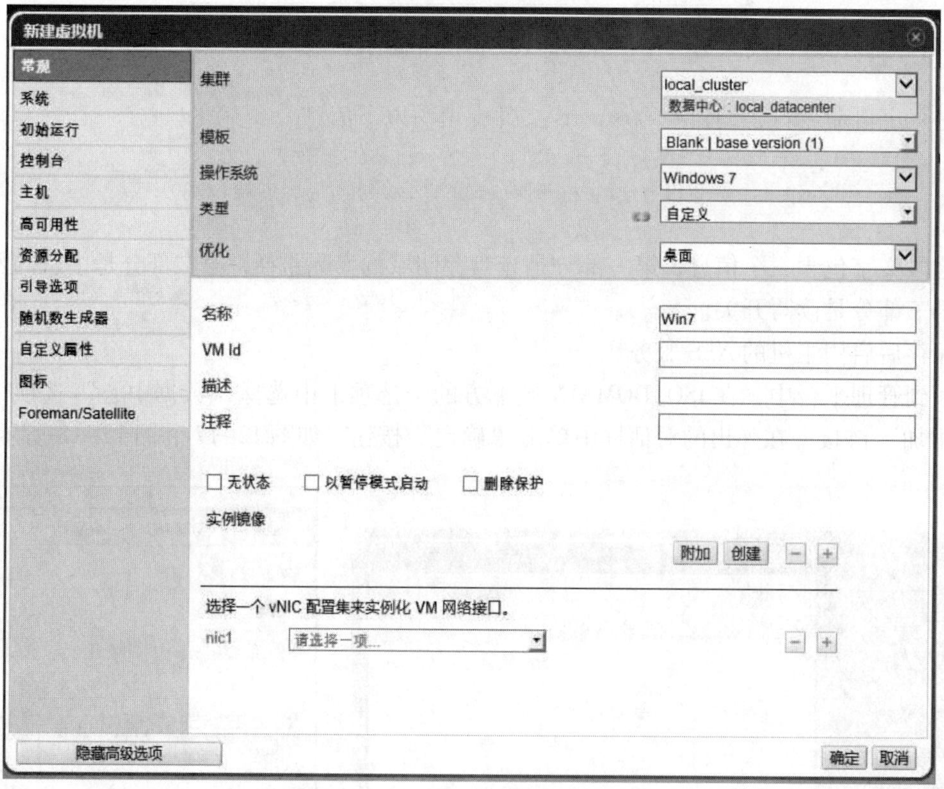

图 12-20　"新建虚拟机"对话框

其中名称、操作系统、优化、内存大小、虚拟 CPU 的总数和时区是必须配置的项目。完成这些项目配置后，单击"确定"按钮进行保存。

选中新创建的虚拟机，下方会显示子选项卡。需要在子选项卡内为该虚拟机配置网络接口和磁盘。

选择"网络接口"子选项卡，单击"新建"链接，弹出"新建网络接口"对话框，单击"确定"按钮，为该虚拟机添加一张虚拟网卡，如图 12-21 所示。

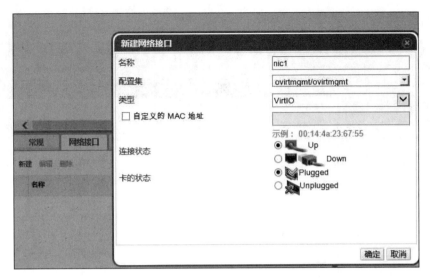

图 12-21 "新建网络接口"对话框

选择"磁盘"子选项卡,单击"新建"链接,弹出"新建虚拟磁盘"对话框,在其中填写虚拟磁盘的容量。在该对话框中,接口有 VirtIO、IDE 等选择,IDE 性能稍差,但是不需要加载额外驱动;分配策略有 Thin Provision 和 Preallocated 之分,Thin Provision 模式下磁盘空间按实际使用量计算,比较节省空间占用,Preallocated 模式下磁盘按实际空间占用。必需的参数配置完成后,单击"确定"按钮进行保存,磁盘的添加需要一定的时间,Thin Provision 会快于 Preallocated 模式,如图 12-22 所示。

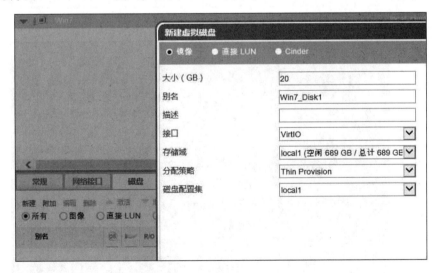

图 12-22 "新建虚拟磁盘"对话框

4. 安装操作系统

虚拟机创建完成后,就可以向虚拟机内安装操作系统了。在"虚拟机"选项卡中,选中刚刚创建的虚拟机,单击工具栏中的"只运行一次"链接,弹出"运行虚拟机"对话框,如图 12-23 所示。这里为这个虚拟机附加一个 CD,即 Windows 7 的安装光盘镜像。将"引导序列"列表框中的 CD-ROM 调整到第一位,单击"确定"按钮,虚拟机开始从 Windows 7

的安装光盘引导。

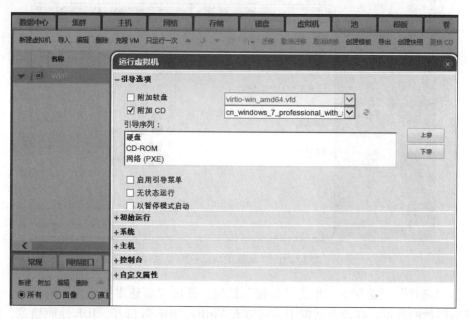

图 12-23　更换引导设备

当虚拟机成功引导后，在工具栏中单击"控制台"按钮，即可打开控制台插件，显示虚拟机的画面，如图 12-24 所示。

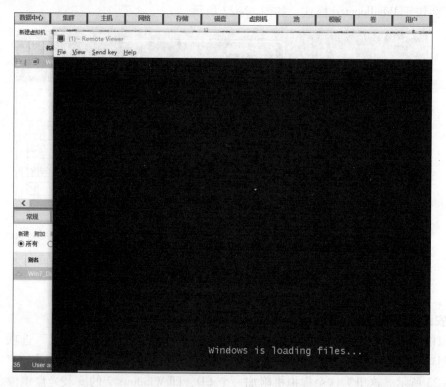

图 12-24　开始安装 Windows 7 操作系统

之后的操作和在普通计算机上安装操作系统基本一致。

12.3.8　大规模部署虚拟机

实际生产环境中，虚拟机往往是批量创建、部署和交付使用的。

以 Windows 操作系统为例，创建一个种子虚拟机，以正常方式安装好 Windows 操作系统及其他所需的软件，并且对系统和软件进行必要的调整和优化，然后使用 Windows 操作系统附带的 Sysprep 系统封装工具对系统进行封装。

封装后的虚拟机，通过工具栏中的"创建模板"链接来转换成模板。模板创建后，在 oVirt 的 Shell 命令行方式中，可以通过批量创建命令一次性创建若干个虚拟机。

批量创建的虚拟机在第一次启动时，Sysprep 会解开封装，就像全新的操作系统安装一样初始化系统。在 Sysprep 过程中加入自定义脚本，能够更加自由地设置批量创建的虚拟机的细节，如系统内软件调整优化等。

参 考 文 献

［1］William Stalling. 操作系统精髓与设计原理［M］. 陈向群，陈渝，等译. 6 版. 北京：机械工业出版社，2010.

［2］刘乃琦，蒲晓蓉. 操作系统原理、设计及应用［M］. 北京：高等教育出版社，2008.

［3］陆松年. 操作系统教程［M］. 北京：电子工业出版社，2014.

［4］胡军国，汪杭军，黄雷君. Linux 操作系统应用教程［M］. 北京：中国铁道出版社，2013.

［5］Abraham Silberschatz. Operating System Concepts［M］. 7 版. 北京：高等教育出版社，2012.

［6］IBM. The IBM Punched Card［OL］. www－03. ibm. com/ibm/history/ibm100/us/en/icons/punchcard/transform.

［7］CNblogs. Java 线程：概念与原理［OL］. www. cnblogs. com/riskyer/p/3263032. html.

［8］希赛教育. 数据库系统教材学习目录［OL］. www. educity. cn/zk/sjkyl/201305171025361325. htm.

［9］Linux 公社. KVM 架构与原理详解［OL］. www. linuxidc. com/Linux/2015－01/112328. htm.

［10］IBM Bluemix. oVirt 中的存储管理［OL］. www. ibm. com/developerworks/cn/cloud/library/1209_ xiawc_ ovirt.

［11］百度百科. 顺序文件［OL］. baike. baidu. com.

［12］百度百科. 散列文件［OL］. baike. baidu. com.

［13］百度百科. 文件逻辑结构［OL］. baike. baidu. com.

［14］百度百科. 文件目录［OL］. baike. baidu. com.